레일리의

음향학 연구의

성격과 성과

레일리의

음향학 연구의
성격과 성과

구자현 지음

KSi 한국학술정보(주)

"이 저술은 2006년 정부재원(교육인적자원부 학술연구조성사업비)으로
한국학술진흥재단의 지원을 받아 연구되었음(KRF-2006-814-H00001)."

소리의 과학으로서 음향학은 그 연원을 추적해 가면 고대까지 미치지만 근대적인 의미에서 음향학이 하나의 과학 분야로서 정립된 것은 19세기에 이르러서이다. 이렇게 음향학이 하나의 독립된 과학 분야로서 위상을 확보하는 과정에서 레일리(3rd Baron Rayleigh)의 역할은 매우 중요하다. 19세기 말부터 20세기 초까지 영향력 있는 영국의 과학자이자, 1904년 노벨 물리학 수상자인 레일리의 첫째가는 과학적 관심사는 음향학이었다. 케임브리지 대학을 졸업하면서 1860년대 후반에 시작된 레일리의 과학자로서의 경력 내내 레일리는 음향학적 진동과 연관된 실험적 및 이론적 연구에 매진하여 중요한 성과들을 많이 창출하였다.

19세기 내내 많은 연구자들을 끌어들였던 소리에 대한 연구는 실험적 연구와 수학적 연구가 긴밀한 연관을 맺지 않은 채 진행되고 있었다. 18세기 말에 클라드니의 무늬 발견으로 촉발된 음향학적 현상에 대한 관심은 많은 실험 연구자들이 소리와 진동에 관한 다양한 실험 연구를 하도록 이끌었으며 한편으로는 수학자들이 다양한 진동계에 대한 수학적 취급을 하도록 이끌었다. 이들 두 그룹의 연구자들은 동일한 분야에 종사한다는 의식 없이 연구에 종사하였으며 서로 간의 연구 결과를 긴밀히 주고받지도 않았다. 19세기 중반에 음향학 연구를 시작하였던 헬름홀츠는 실험적 음향학 연구뿐 아니라 음향학적 진동계에 대한 수학적 연구를 병행함으로써 새로운 전통을 시작하였으나 그의 저서인 『음의 감각』(Tonempfindungen)에는 실험적 연구에 논의가 집중되었다.

헬름홀츠의 공명기를 사용하는 실험으로 음향학 연구를 시작한 레일리는 실험적 연구를 계속 진행할 뿐 아니라 케임브리지 대학의 수학 우등졸업시험 1위의 영예를 차지한 수학적 능력을 발휘하여 수학적 진동 연구도 병행하여 1877년과 1878년에 『음향 이론』(The Theory of Sound)을 출판하였다. 이 책은 수학적 논의와 실험적 논의를 긴밀히 연결시킨 통합된 음향학 저술의 효시가 되었다. 이전의 음향학적 진동에 관계된 실험적 연구와 이론적 연구를 정리할 뿐 아니라 레일리 자신의 독창적인 연구를 망라한 『음향 이론』은 이후의 음향학 연구자들에 의해 수학적 및 실험적 논의에서 권위적인 저술로 사용됨으로써 음향학이 단일한 분야라는 인식을 확장시켰다. 뿐만 아니라 이 책은 진동 및 파동에 관한 일반론을 중요시하고 물리적 계를 수학적으로 취급하는 새로운 방법을 제시하여 비음향학적 물리학에서도 영향력을 행사했다.

이후에 지속된 수학적인 음향학 논의에서도 레일리는 케임브리지 대학에서 훈련받은 대로 라그랑주 방법을 근간으로 하는 해석학적 방법을 광범위하게 사용함으로써 계속 꾸준한 연구 성과를 내놓았다. 레일리는 수학적 이론이 단편적인 경험적 정보를 조직화하기 위해 꼭 필요하다는 입장을 취했으며 실험적 결과와 일치하는 수학적 이론을 얻기

위해 근사의 방법을 널리 채용하였다. 또 수학적 이론과 실험 결과의
일치를 확인하기 위해 정확한 수학표의 제작에도 큰 관심을 가졌다.

레일리의 수학적 이론가로서의 명성 때문에 그가 탁월한 음향학 실
험 연구자였다는 사실은 상대적으로 덜 알려져 있다. 레일리는 중요한
도구의 개선을 통해서 이후의 음향학 연구에 기여했을 뿐 아니라 자
신의 실험실에서 직접 제작한 실험 장치를 사용하여 중요한 실험적
발견을 이루어낸 실험가였다. 레일리는 실험실에서 음향학적 연구를
용이하게 만들어 줄 수 있는 도구로서 조절 가능한 음원을 제작하였
으며, 특히 그가 고안한 인공 새소리 발생장치는 짧은 파장의 소리를
발생시켜 실험실 규모의 음향학 실험을 용이하게 만들어 주었다. 또한
레일리는 음파를 감지하기 위한 시각적인 도구에 대한 요구에 부응하
여 민감 불꽃의 민감성을 향상시켰으며 민감 분사물에 대한 치밀한
연구를 수행하여 의미 있는 성과를 내놓았다. 또한 레일리는 음향학
실험을 정밀하게 수행하기 위한 회전속도 제어기와 소리의 절대적 세
기를 측정할 수 있는 공기진동 측정기를 고안하여 음향학 실험에 엄
밀성을 증진시켰다. 또한 레일리는 침묵점의 위치와 잔물결통의 진동
에 대한 치밀한 실험 설계와 실험 수행을 통해 관련된 논쟁을 종식시
켰다. 그리고 소리의 방향 지각에 대한 레일리의 선구적인 실험 연구
를 통해 사람은 높은 진동음의 경우에는 양쪽 귀에서 들리는 소리의
세기 차를, 낮은 진동음의 경우에는 양쪽 귀에서의 위상차를 감지하여
음원의 방향을 파악한다는 사실을 밝혀냈다.

이러한 기여점에 아울러 레일리의 실험 음향학 연구는 몇 가지 특
성이 두드러진다. 그는 실험 연구 초기부터 소리굽쇠와 공명기를 널리
사용하였으며 그것들을 이해하고 변형하여 도구의 유용성을 확장시켰
다. 또한 레일리는 소리와 빛의 유비에 입각하여 소리의 그늘, 반사,

간섭, 회절을 예견하고 독창적인 실험 장치를 사용하여 이것들을 실험
적으로 확증하였다. 또한 레일리는 음향학적 지식과 실험 능력을 공익
을 위해서 사용하기를 원했기에 다양한 기회에 이를 위해 노력하였다.
그는 오르간 파이프와 같은 악기와 종의 발음 원리를 이해하고 그것
들을 개선하기 위한 노력을 하였을 뿐 아니라 트리니티 하우스의 과
학 고문으로서 오래 일하며 안개 신호에 대한 연구를 수행하여 안개
신호 개선을 위한 실질적인 방안을 제시하였다. 또한 그는 왕립 연구
소에서 진행된 대중 강의에서 음향학적 실험을 시범 실험으로 채택하
여 효과적으로 대중과 과학을 친숙하게 만들어 음향학의 실용성을 증
진시켰다. 이와 같이 수학적 이론과 실험에 걸친 레일리의 음향학적
연구는 독창적인 연구 성과와 독특한 성격의 발휘를 통해 이후의 음
향학에 지속적으로 영향을 미쳤다.

이렇게 레일리가 음향학에 끼친 영향은 근본적이면서도 다각적이고
지속적이었다. 하지만 레일리가 음향학사에서 차지하는 위치의 중요성
에도 불구하고 그에 대한 과학사적 연구는 지금까지 제대로 이루어지
지 않았다. 음향학자들만이 레일리의 음향학 연구에 대한 어느 정도의
역사적인 연구를 수행하였지만 그러한 연구가 물리학사에서 차지하는
맥락에 대한 탐구는 미미하다. 그런 점에서 이 연구서는 레일리의 음
향학을 19세기와 20세기 초의 영국 물리학사의 맥락에서 살펴본 최초
의 연구이다. 이 주제에 대한 해외 학계의 관심은 대단해서 동일한 주
제를 다룬 저자의 논문들이 큰 호응을 얻고 있다. 이에 따라 국내에서
도 이러한 주제에 관한 연구서가 출간되어서 물리학사와 음향학사 전
반에 대한 국내 연구자들의 이해를 심화시키고 이와 관련된 연구를
수행하고자 하는 대학원생들에게 좋은 사전 연구 자료를 제공하는 것
이 필요할 시점에 이 책은 출간되었다. 또한 이 책은 음향학에 관심을

갖는 국내 과학자들에게도 음향학 분야의 발전에 관련한 포괄적인 지식을 얻는 데 도움을 줄 수 있으며 과학의 전반적인 발전에 관심이 있는 일반 독자들에게도 음향학사에 관련된 포괄적인 지식을 제공하게 될 것이다.

마지막으로 이 책의 출판까지 도움을 주신 분들에게 감사하고 싶다. 우선 과학사 공부를 시작하도록 동기를 부여하셨고 석사, 박사 과정을 통틀어 격려와 지도를 아끼지 않으시고 어렵게 공부하는 형편을 아시고 아버지처럼 물심양면으로 도와주신 김영식 선생님께 감사드린다. 그리고 미완의 글을 수없이 읽고 많은 조언과 방향 지시를 주신 홍성욱 선생님께도 감사드린다. 그리고 이 책의 주제를 잡는 데 결정적인 도움을 주셨고 관심과 격려를 베풀어주신 김동원 선생님께도 감사드린다. 또한 정진하는 학자로서의 본을 보여 주시고 과학철학의 기초를 닦게 해 주셨고 논문의 심사를 주관해 주신 장회익 선생님께 감사드린다. 그리고 유익한 교훈과 본으로 이끌어 주시고 논문의 발전을 위한 실질적인 조언을 해 주신 임경순 선생님께도 감사드린다. 또한 영국사의 기초를 닦게 해 주시고 논문을 꼼꼼히 읽고 세부적인 내용들을 지적해 주신 박지향 선생님께도 감사드린다.

이 밖에도 논문을 완성하고 졸업하기까지 본과 지도로 도움을 주셨던 많은 선생님들을 기억하며 감사드린다. 송상용 선생님께서는 서울대학교 과학사 및 과학철학 협동과정에 들어오기 전에 과학사의 기초를 닦게 도움을 주셨고 계속 따뜻한 관심과 격려를 베풀어 주셨다. 박성래 선생님과 오진곤 선생님께서는 학자로서의 본을 보여주시고 항상 멀리서도 성원해 주셨다. 조인래 선생님께서는 과학철학의 진수를 알게 해 주시고 항상 따뜻한 미소로 격려해 주셨고 김기윤 선생님께서는 생물학사에 대한 눈을 열어주셨고 김미경 선생님께서는 두 학기의 강의를 통해서 학문에 대한 도전과 열정을 보여주셨다. 황상익 선생님께서는 두 학기의 의학사 강의를 통해서 많은 것을 가르쳐주셨고 안병직 선생님께서는 서양사 강의를 통해서 공부하는 태도와 열정을 배울 수 있게 해 주셨다. 홍영남 선생님께서는 진화 이론에 관심을 갖는 결정적인 계기를 마련해 주셨고 이성규 선생님과 성영곤 선생님께서는 과학사 공부를 시작하는 나에게 이 학문에서 미래를 꿈꾸는 계기를 마련해 주셨고 김명자 선생님께서는 과학사 강의를 통해서 과학사에 흥미를 갖게 해 주셨다. 또한 김환석 선생님과 서이종 선생님께서는 과학사회학의 기초를 닦게 해 주셨다. 또한 동일한 주제에 대한 이후의 연구가 성공적으로 이루어지도록 지속적으로 도움을 주신 그래턴기네스(Ivor Grattan-Guinness) 교수님과 커티스 윌슨(Curtis Wilson) 교수님께도 감사를 드린다. 연구의 진척 과정에서 자료를 얻을 수 있도록 배려해 준 런던 임페리얼 칼리지(Imperial College London)의 사서들에게도 감사한다. 또한 이 책의 출간이 가능하도록 지원을 해 준 한국학술진흥재단에 감사한다. 더불어 책의 출판을 위해 애써주신 한국학술정보(주)의 출판사업부에도 감사를 드린다. 그리고 무엇보다도 생의 동반자로 이 연구의 시작부터 끝까지 격려와 위로와 지혜로서 저자를 돕는 역할을 즐거이 감당해온 아내 최윤정이 없었다면 이 책은 세상에 나올 수 없었을 것이다. 아내에게 감사하며 이 책을 바친다. 끝으로 이 모든 원조자들을 보내주시고 힘든 과정에서도 모든 일을 이루어 가시는 분, 모든 생의 과정에 일일이 개입하시는 하나님께 찬양을 돌린다.

차 례

약어표

Camb. Phil. Soc. Proc.	*Cambridge Philosophical Society Proceedings*
Lond. Math. Soc. Proc.	*London Mathematical Society Proceedings*
Phil. Mag.	*Philosophical Magazine*
Phil. Trans.	*Philosophical Transactions of the Royal Society*
Proc. Lond. Math. Soc.	*Proceedings of the London Mathematical Society*
Proc. Roy. Soc.	*Proceedings of the Royal Society*
Scientific Papers	*Scientific Papers by Lord Rayleigh*

🌺 1 🌺
서 론

   레일리(John William Strutt: Lord Rayleigh, 1842-1919)는 19세기 후반 영국 물리학자 중에서 가장 탁월한 몇몇 중 하나로 평가된다. 그의 업적은 맥스웰(James Clerk Maxwell), 윌리엄 톰슨(William Thomson), 스토크스(G. G. Stokes), J. J. 톰슨(J. J. Thomson)의 업적에 필적할 만하다. 1904년에 그는 비활성 기체 아르곤의 발견 공로로 영국 물리학자로서는 처음으로 노벨 물리학상을 수상하였다. 또한 레일리-진스(Rayleigh-Jeans) 법칙으로 알려진 흑체 복사에 관한 레일리의 설명은 웬만한 물리학 교과서에서도 쉽게 발견할 수 있으며, 레일리 산란(Rayleigh Scattering)은 하늘이 푸른색을 띠는 것을 설명하는 이론으로서 널리 알려져 있다. 또한 레일리는 케임브리지대학의 캐번디시(Cavendish) 연구소의 교수를 거쳐서 영국과학진흥협회(British Association for the Advancement of Science, BAAS) 회장 및 왕립학회(Royal Society in London) 회장 등을 비롯한 여러 가지 비중 있는 과학 관련 직책을 담당함으로써 실질적으로 19세기 말에서 20세기 초 영국 과학계에서 중심적인 역할을 했다.

레일리는 일생 동안 활발하게 과학적 연구에 종사하였으며 물리학 제 방면에 걸친 그의 연구 성과들은 물리학의 진로에 있어서 중요한 영향을 미쳤다. 특히 전문적인 세부 연구 영역에 있어 레일리의 기여는 방대하고 다각적이다. 그중에서도 가장 주목할 만한 성과로는 그의 저서인 『음향 이론』(The Theory of Sound)을 들 수 있다. 이 책은 근 50년간의 과학자로서의 경력 기간 동안 그가 남긴 유일한 저서로서 음향학에 대한 그의 특별한 관심을 대변해 주는 것이라 할 수 있다. 레일리는 그의 긴 연구 경력 기간 중 쓴 450편 가량의 논문 중 130편 가량에서 음향학과 관련된 주제들을 다루었다.[1] 이렇게 음향학은 레일리가 몸담은 다양한 연구 분야 중에서 가장 큰 비중을 차지하는 분야였으며 레일리는 평생 이 분야에 대한 관심을 지속시켰다.

일찍이 미국의 음향학자 브루스 린제이(R. Bruce Lindsay)는 현대 음향학에 있어서 레일리의 공적을 인정하여 『음향 이론』이 '현대 음향학의 신기원'을 이루었으며 이 책을 통해 음향학은 확고한 이론적 분야로서 정립되었고, 『음향 이론』은 출판 이후 수십 년간 음향학 연구에 있어 '정보의 광산'(mine of information) 역할을 했다고 평가했다.[2] 또한 Sounds of Our Times: Two Hundred Years of Acoustics에서 음향학자 로버트 베이어(Robert Beyer)는 레일리의 음향학에서의 공적은 "너무 대단해서 그를 정당하게 평가해서 뭔가를 간단하게 말하려는 사람은 누구든지 압도당해 당황하게 된다"고 말했다.[3]

그러나 비록 레일리의 음향학에 대한 선행 연구자들의 평가가 정당

---

1) R. Bruce Lindsay, "Historical Introduction" in J. W. S. Rayleigh, The Theory of Sound(New York: Dover Publications, 1945), 1권, xxv쪽.
2) 같은 글, xxvii쪽.
3) Robert T. Beyer, Sounds of Our Times: Two Hundred Years of Acoustics(New York: Springer-Verlag, 1999), 83쪽.

하다 할지라도 실제로 레일리의 음향학 연구가 구체적으로 어떠한 성격을 가졌고 어떤 측면에서 기여했는가를 이들이 상세히 밝혀주지는 않았다. 레일리의 음향학 연구에 대한 본격적인 연구가 아직 과학사학계에서나 음향학계에서 이루어지지 않았기 때문이다. 그나마 음향학사를 대략적으로 기술하면서 그 속에서 레일리의 음향학 연구를 살펴본 이들은 음향학자들뿐이었다. 레일리에 대해서 가장 많은 관심을 갖고 연구를 행한 이는 브루스 린제이일 것이다. 그는 1945년에 재인쇄된 레일리의 『음향 이론』의 서두에서 레일리의 생애와 음향학 연구를 소개했고 길리스피(Charles C. Gillispie)가 편집한 *Dictionary of Scientific Biography*의 '레일리'(Strutt, John William, Third Baron Rayleigh) 항목을 썼다.[4] 그러나 그조차 레일리의 『음향 이론』이나 레일리의 음향학 연구 내용에 대해서는 심층적으로 분석하지 않았다. 레일리의 음향학 연구에 대한 또 다른 상세한 서술은 베이어의 책에서 발견된다. 19세기에서 20세기에 걸쳐서 이루어진 음향학 연구사를 다루고 있는 그의 책에서 베이어는 10개 장 중 한 장을 레일리에 할애하였다.[5] 이것이 음향학에 있어서 레일리의 주요한 연구 성과들을 좀 더 자세히 요약해 주고 있지만 그것만으로는 『음향 이론』과 레일리의 음향학 연구의 성격이나 의의를 충분히 파악할 수가 없다.[6] 또한 이들 음향학

---

4) R. B. Lindsay, "Strutt, John William, Third Baron Rayleigh", in Charles Coulston Gillispie, ed. *Dictionary of Scientific Biography*(New York: Scribner, 1981), 13권, 101-105쪽.

5) 베이어가 음향학자 개인에게 한 장을 할애한 것은 레일리가 유일하다. Beyer, 앞의 책, 83-102쪽. 그다음으로 베이어가 비중을 둔 인물은 틴들과 헬름홀츠로 이 두 사람에 대해서 한 장을 할애했다. 같은 책, 55-82쪽.

6) 베이어의 『음향 이론』에 대한 평가는 다음과 같이 모호하다. "그 분야의 폭은 매우 포괄적이어서 흥미 있는 관찰자에게 그것을 읽어보기를 추천하는 것 외에는 여기에서 그것을 기술하는 합리적인 방법이 없을 것이다."

18

자들의 레일리에 대한 연구는 음향학적 연구 내용에만 집중함으로써 19세기 물리학사의 맥락에서 음향학적 연구의 위상과 성격의 변화에 레일리가 끼친 영향에 대해서는 거의 고려하지 않았다.

레일리의 음향학에 대한 연구가 과학사학계에서 제대로 이루어지지 않은 것은 19세기 물리학사에 있어서 음향학이 받아 온 홀대와 관련이 있다. 19세기 동안 음향학은 역학, 천체역학, 광학, 전자기학, 열역학 등과 함께 물리학자들의 많은 관심을 끌었던 연구 분야였다. 그럼에도 불구하고 그동안 과학사학자들은 19세기 음향학 연구에 관하여는 다른 주제와 비교해 볼 때 현저하게 적은 관심을 기울여 왔다. 피터 하만(Peter M. Harman)은 『에너지, 힘, 물질: 19세기 물리학』(*Energy, Force, and Matter: The Conceptual Development of Nineteenth-Century Physics*)을 집필하면서 음향학적 연구에 대해서는 전혀 언급하지 않았다.[7] 또한 독일을 중심으로 한 19세기 물리학사에 대한 광범위한 통찰을 이끌어 낸 책 *Intellectual Mastery of Nature*에서 융니켈(Christa Jungnickel)과 맥코막(Russell McCormmach)은 몇 군데에서 음향학에 관련하여 언급하였지만 전자기학, 열역학, 광학 등의 분야와 비교해 볼 때 그 비중이 극히 작게 취급되어 소리에 관한 연구가 어떻게 진척되었는지에 관하여는 그림조차 그릴 수가 없다.[8] 그

같은 책, 91쪽.

7) Peter M. Harman, *Energy, Force, and Matter: The Conceptual Development of Nineteenth-Century Physics*(Cambridge: Cambridge University Press, 1982). 물론 그의 책이 19세기 물리학 연구사를 총괄하려는 의도를 가지고 있지 않았기 때문에 음향학에 대한 논의는 빠뜨려도 무방하다고 말할 수 있겠지만 에너지, 힘, 물질에 관한 논의 외에도 소리와 전자기적 진동을 포함하는 진동 및 파동에 관한 광범위한 논의는 19세기 물리학에 있어서 매우 중요한 주제였음을 부인해서는 안 될 것이다.

8) Christa Jungnickel and Russell McCormmach, *Intellectual Mastery of*

밖에도 1980년대와 1990년대에 걸쳐서 과학사학자들에 의하여 19세기
물리학에 관한 괄목할 만한 저술들이 집필되었지만 이것들도 전반적
으로 19세기에 새롭게 관심을 끌었고 20세기 초 물리학의 변혁의 토
대를 이루었던 몇몇 분야들에 집중되었다.[9] 이러한 과학사학계의 19
세기 물리학에 관련된 논의는 소위 '음향학'이 19세기 동안 거의 물리
학자들의 관심을 끌지 못한 연구 분야였다는 인상을 주고 있다.[10]

그러나 이러한 인상은 상당 부분 왜곡된 것이다. 음향학 관련 분야
는 19세기 내내 과학자들의 관심을 끌었고 주요한 연구 주제의 하나
로서 여러 학술지들에 관련 논문들이 지속적으로 발표되었다. 19세기
동안 빌헬름 베버(Wilhelm Weber), 게오르크 옴(Georg Ohm), 마이클
패러데이(Michael Faraday), 구스타프 키르히호프(Gustav Kirchhoff),
헤르만 폰 헬름홀츠(Hermann von Helmholtz), 존 틴들(John Tyndall),

Nature: Theoretical Physics from Ohm to Einstein. 2. vols. (Chicago: The University of Chicago Press, 1986).

9) 이러한 저술로 중요한 몇 가지만 언급하면, Jed Z. Buchwald, *From Maxwell to Microphysics: Aspects of Electromagnetic Theory in the Last Quarter of the Nineteenth Century*(Chicago: The University of Chicago Press, 1985); Crosbie Smith and M. Norton Wise, *Energy and Empire: A Biographical Study of Lord Kelvin*(Cambridge: Cambridge University Press, 1989); Daniel M. Siegel, *Innovation in Maxwell's Electromagnetic Theory: Molecular Vortices, Displacement Current, and Light*(Cambridge: Cambridge Univ. Press, 1991); Bruce J. Hunt, *The Maxwellians*(Ithaca and London: Cornell Univ. Press, 1991); Kenneth L. Caneva, *Robert Mayer and the Conservation of Energy*(Princeton: Princeton University Press, 1993) 등이 있다.

10) 전문적인 과학사학자의 저술은 아니지만 최근에 나온 19세기 물리학사에 관한 Robert Purrington의 책도 전자기, 열, 에너지, 원자론에는 독립적인 장을 할애한 반면 음향학에 대한 취급은 전무하다. Robert D. Purrington, *Physics in the Nineteenth Century*(New Brunswick, New Jersey and London: Rutgers Univ. Press, 1997)를 보라.

윌리엄 톰슨, G. G. 스토크스(G. G. Stokes)를 포함하는 일류급 물리학자를 비롯해서 많은 연구자들이 음향학에 관련한 실험 및 이론 연구에 종사했다. 유명한 과학자들의 관심뿐만 아니라 19세기 음향학 연구의 비중을 그 출판된 논문 편수를 근거로 하여 판단할 때도 음향학의 비중은 결코 무시할 수 없다. 19세기의 물리학의 발전을 상세하게 기술해 주는 대표적인 저작으로 빙켈만(Adolf August Winkelmann)이 편집한 『물리학 편람』(*Handbuch der Physik*, 1909)의 2권의 제목은 『음향학』(*Akustik*)으로 여기에는 음향학에 관련된 연구 논문들 2,600편 이상이 언급되어 있다. 또한 가이거(Hans Geiger)와 쉘(Karl Scheel)이 편집하여 출판한 『물리학 편람』(*Handbuch der Physik*, 1927)의 8권의 제목도 『음향학』(*Akustik*)으로 여기에는 2,500편 이상의 음향학 논문이 언급되어 있다.[11] 이것으로 볼 때, 음향학은 19세기 동안 결코 소수만이 관심 갖는 연구 분야는 아니었다. 그럼에도 불구하고 이런 점이 제대로 알려지지 않은 것은 또 하나의 연구 주제가 되어야 할 것이다.[12]

---

11) Dayton C. Miller, *Anecdotal History of the Science of Sound: To the Beginning of the 20th Century*(New York: The Macmillan Co., 1935), 46쪽.

12) 가능한 한 가지 가설은 음향학이 20세기에 들어와 물리학에서 분리되어 공학에 더 가까운 독자적인 길을 갔기 때문에 연구자들 사이에서 19세기 음향학사도 물리학사의 일부로 간주하지 않으려는 의식이 은연중에 반영된 것이 아닌가 하는 추정이다. 또 한 가지는 20세기 초에 겪은 물리학의 큰 변혁의 과정에 핵심적인 분야가 아니었던 음향학은 그만큼 현대 물리학의 이해에 있어서 중요성이 크지 않은 것으로 평가되고 그러한 평가를 은연중에 19세기까지 소급시키려는 경향이 있기 때문이 아닌가 추정된다. 과학사학자들이 현대 과학에 의미 있는 것에만 집중하고 그 밖의 것은 무시하는 경향을 T. L. Hankins는 '진보적 요소'(progressive element)에 집중함으로써 역사에 폭력을 가하는 것으로 간주한다. Thomas L. Hankins, "The Ocular Harpsichord of Louis-Bertrand Castel; or The Instrument That Wasn't", *Osiris* 9(1994), 141쪽.

이런 점에서 이 책은 19세기 음향학 연구사의 공백을 메울 뿐 아니라 19세기 후반에서 20세기 초 동안 영국 물리학계의 중심적인 인물인 레일리의 연구 경력의 주요한 측면을 조명하기 위해 레일리의 음향학 연구의 성과와 성격에 주목할 것이다. 이 과정에서 필자는 레일리가 19세기 음향학의 진로에 끼친 영향을 물리학사의 맥락에서 살펴볼 것이다.

19세기 음향학 연구의 현황을 이해하는 것은 레일리의 음향학적 연구의 의의를 파악하는 데 기초가 된다. 이 책에서 이에 대한 논의의 상당 부분은 음향학자인 밀러(D. C. Miller), 린제이, 베이어의 연구에 의존하였고 몇몇 주제에 대해서는 필자의 독창적인 연구를 바탕으로 하였다. 특히 레일리의 음향학의 성격을 형성하는 데 중요한 영향을 미친 헬름홀츠와 틴들의 음향학을 이해하기 위해 필자는 1차 사료를 참조하였다.

이러한 배경적 지식을 바탕으로 필자는 『음향 이론』을 비롯한 레일리의 음향학 관련 논문들을 집중적으로 살펴봄으로써 레일리의 음향학을 이해하고자 했다. 이러한 분석 과정에서 이 책은 편의상 네 부분, 즉 초기 음향학 연구, 『음향 이론』, 이론적 연구, 실험적 연구를 분리시켜 취급할 것이다. 초기 연구의 취급에서는 레일리가 과학계에 입문한 지 10년 정도의 기간 동안 『음향 이론』과 같은 중요한 저술을 집필하는 음향학 전문가로 성장하는 과정을 주로 추적할 것이다. 『음향 이론』에 대한 분석을 따로 분리시켜 다루는 것은 이 책이 레일리의 과학자로서의 경력에서 갖는 중요성과 더불어 음향학의 진로에 끼친 영향력을 감안할 때 집중적인 분석이 필요하다고 판단했기 때문이다. 그리고 레일리의 소리에 관련한 이론적 연구와 실험적 연구가 항상 분리되어 이루어지지는 않았지만 이론적 연구와 실험적 연구의 특성을 더욱 명확하게 들어내기 위해서 이것들을 따로 취급하기로 했다. 하지만 이 사이에는 긴밀한 연관성이 있기 때문에 필자는 레일리의 이론적 연구를 취급하다가 이론과 실험과의 관련성을 언급하거나, 그의 실험적 연구에 대해 논의하다가 실험에 이론이 기여한 점에 대해서 언급함으로써 이 사이의 연관성을 드러낼 것이다.

특히 이론적 연구에 대한 논의에서는 레일리의 이론적 연구의 특성의 기원이 그가 케임브리지 대학에서 받은 교육과 긴밀하게 연결됨을 지적하고 레일리의 이론적 작업의 지속적인 생산성을 이러한 배경을 통해서 해석할 것이다. 또한 필자는 레일리가 이론적 탐구를 통해서 구축하고자 했던 음향학의 이론적 체계가 현실 세계와 어떠한 관련성을 맺는가를 살필 것이며 레일리의 이론적 연구에서 끊임없이 등장하는 근사(approximation)의 채용은 어떤 의미에서 정당화되고 그렇게 얻어진 이론적 결과는 그의 과학 연구 활동 속에서 어떠한 의미를 갖는 것이었는가도 살필 것이다.

실험적 연구에 관련한 논의에서는 실험 음향학자로서의 레일리의 면모를 부각시킬 것이다. 그동안의 레일리의 음향학에 대한 평가는 주로 그의 저서 『음향 이론』에 집중되었고 그러다 보니 레일리가 그의 경력 내내 탁월한 실험 연구자였다는 측면이 부각되지 못하였다. 이런 점을 시정하기 위하여 이 책은 레일리의 실험 음향학 연구에 대한 세세한 분석을 통해서 실험과 이론에 있어서 모두 균형 잡힌 연구자로서 활동했던 레일리의 면모를 드러낼 것이다. 더불어 레일리의 실험 연구에서 볼 수 있는 실험 도구들의 특성들, 빛과 소리 사이의 유비의 사용, 실험의 실용적 사용 등의 측면들에 주목함으로써 레일리의 실험 음향학의 독특한 면모를 부각시킬 것이다. 이것은 레일리의 연구의 독특성뿐 아니라 19세기 과학의 전반적인 특성에 대해서도 시사하는 바가 많을 것이다.

이것들을 논의하기 위해 이 책은 다음과 같은 구성을 가질 것이다.

2장은 레일리에 대한 소개와 그의 연구 경력에 있어서 음향학의 중심성에 대한 논의가 중심을 이룬다. 필자는 여기서 레일리의 생애와 주요 경력, 그의 연구 관심사, 그리고 그의 연구에 있어서의 음향학 연구의 위상에 대하여 살펴볼 것이다.

레일리의 음향학 연구의 배경을 주로 취급하는 3장은 19세기 전반과 19세기 후반의 소리에 대한 연구의 진행 상황에 대하여 살펴볼 것이다. 이 장에서 필자는 음향학사가 낯선 독자들에게 19세기 음향학의 주된 관심사와 연구의 성격, 주요 개념들을 소개함으로써 레일리의 음향학 연구를 이해할 수 있는 토대를 구축하도록 도울 것이다. 특히 레일리가 큰 영향을 받았던 헬름홀츠와 틴들에 대해서는 보다 자세한 분석을 수행할 것이다. 이 모든 논의를 통해 독자들은 19세기 동안 소리에 관한 다양한 연구가 하나의 연구 분야를 형성하고 있지 않았고 소리에 대한 상이한 접근법이 존재했음을 이해하게 될 것이다.

4장은 레일리가 과학계에 입문한 직후부터 『음향 이론』의 출판의 시기까지의 소리와 진동에 관한 연구 경력을 살펴봄으로써 레일리의 음향학 연구의 토대가 어떻게 형성되어 가는지를 제시할 것이다. 10여 년간에 걸친 이 기간 동안 레일리는 음향학의 권위자로서 성장하였고 그의 음향학 연구의 제반 특성들이 형성되었다. 필자는 이러한 초기의 괄목할 만한 연구 성과의 결과물로서 『음향 이론』이 집필되었음을 보일 것이다.

5장은 레일리의 저서인 『음향 이론』의 성격에 대한 다각적인 검토와 그 영향력에 대한 간략한 조망을 포함한다. 이 책의 명성에도 불구하고 이 책의 영향력의 원천이 무엇인가에 대한 심층적인 분석이 그

동안 이루어지지 않았으므로 이 장에서『음향 이론』의 내용에 대한 심층적인 분석을 바탕으로 이 책의 성격을 파악하려는 시도는 중요한 의미를 갖는다. 이를 통해 필자는『음향 이론』이 전적으로 수학적인 내용만을 취급한 성격의 책이 아니라 실험적 연구와 수학적 이론을 연결시켜 통합적인 음향학을 만들어 내는 데 기여한 의미 있는 저술임을 보일 것이다. 이러한 독특한 성격의 저술이 이후의 소리 연구 분야에 어떠한 영향을 미쳤는가에 대해서도 구체적인 자료를 바탕으로 살펴볼 것이다.

6장은『음향 이론』을 포함해서 레일리의 전반적인 이론적 연구의 성격과 그 기원에 대한 조망을 담을 것이다. 특히 레일리의 독특한 수학적 방법과 지속적인 생산성의 기원을 살펴볼 것이며 이론적 연구와 실험적 연구의 연관성을 이 둘 사이의 관계에 대한 레일리의 관점에 의거하여 살펴볼 것이다. 이 장의 논의는 레일리가 케임브리지 대학에서의 수학 우등졸업시험 제도를 통해서 습득하게 된 수학적 방법의 특성을 파악하는 데 주로 모아질 것이다.

7장과 8장은 실험적 연구에 대한 논의를 집중적으로 취급할 것이다. 그중에서 7장은 레일리의 음향학 실험 연구에 있어서 두드러진 성과에 집중할 것이다. 필자는 이 장에서 레일리의 실험 연구자로서의 독창성과 그의 기여의 중요성을 부각시키는 데 초점을 맞출 것이다. 또한 여기에서 레일리의 도구의 고안과 개선, 논쟁을 종식시키는 실험 설계, 소리의 방향 지각에 대한 관심과 성과 등을 중점적으로 다룰 것이다.

8장은 레일리의 음향학 실험 연구의 특성을 드러낼 몇 가지 측면에 집중할 것이다. 이 몇 가지 측면들은 레일리의 실험 음향학의 독특한 성격을 드러내기 위해 선별된 것이다. 이 장을 통해서 필자는 레일리

의 주된 실험 도구였던 공명기와 소리굽쇠의 도구적 진화, 소리와 빛
과의 유비에서 진행된 실험 연구들, 레일리 음향학 연구의 실용성의
의미를 주로 논의할 것이다.

 이 책의 결론인 9장은 지금까지의 논의를 정리 및 요약하고 레일리
의 음향학 연구가 물리학사에서 차지하는 위상과, 그의 음향학 연구의
성격에 관련한 결론을 이끌어 낼 것이다.

✤ 2 ✤
레일리의 주요 경력과 음향학 연구의 위상

이 장에서는 레일리의 음향학적 연구를 이해하는 데 필요한 사항들을 위주로 레일리의 생애와 경력을 살펴보고 레일리의 연구 경력에서 음향학 연구의 위상과 레일리의 음향학 연구의 범위를 가늠해보고자 한다.

1) 레일리의 생애와 주요 경력

레일리는 19세기 후반과 20세기 초에 가장 생산적(productive)이었던 영국 물리학자 중 하나였다. 그는 스스로 연구비를 충당할 수 있는 여건에 있었기에 캐번디시 연구소의 교수 시절 5년을 제외하고는 연구 경력의 대부분을 주로 자신의 집에 마련된 연구실에서 보냈다. 그의 관심 분야는 상당히 방대해서 당시 물리학의 전 연구 분야와 인접 과학 분야의 주제들을 섭렵했다. 그중에서도 그의 최대의 관심사는 음향학이었다.

(1) 레일리의 생애[13]

레일리의 본명은 존 윌리엄 스트럿(John William Strutt)이다. 그가 레일리 경(Lord Rayleigh)이 된 것은 세습에 의한 것이었으며 그의 작위는 조부로부터 유래하였기에 그는 레일리 남작 3세라 불렸다. 레일리의 영지인 탈링(Terling)은 에식스(Essex)의 쳄스퍼드(Chelmsford), 위담(Witham)에 소재한다. 스트럿(Strutt) 가문이 에식스에 정착한 것은 1660년경이었다. 이 집안은 처음에 이곳의 수력 제분소에서 옥수수를 제분하는 것을 주업으로 삼았다. 1761년에 존 윌리엄 스트럿의 증조부인 존 스트럿(John Strutt, 1727-1816)은 탈링 플레이스의 영지(Manor of Terling Place)를 구입하였다. 이 영지의 저택은 노리치(Norwich)의 주교의 관저였으나 종교개혁 때 헨리 8세에게 양도되었다가 다시 여러 사람의 손을 거쳐 존 스트럿의 소유가 되었다.[14]

존 스트럿에게는 세 명의 아들이 있었는데 그중 첫 아들인 존은 일찍 죽었고 둘째 아들 조셉 홀덴 스트럿(Joseph Holden Strutt, 1758-1845)이 탈링에서 아버지의 유산을 이어받았다. 그는 1821년에 웨스트 에식스 연대(West Essex Regiment)의 연대장(Colonel)이 되었고 아버지의 뒤를 이어 몰든(Maldon)에서 하원의원(MP, Member of Parliament)이 되어 1790년부터 1830년까지 의회에서 활동하였다. 조지 3세는 그의 공을 인정하여 조지 4세의 즉위식에서 그에게 귀족의 작위를 제수하였다. 그러나 조셉 홀덴 스트럿은 작위를 고사하였고 결국 작위는 그의 부인에게 내려져 그녀가 레일리 남작부인 1세(1st Baroness Rayleigh)

---

13) 지금까지 씌어진 레일리의 전기는 레일리의 아들이 쓴 Robert John Strutt, 4th Baron Rayleigh, *Life of John William Strutt, Third Baron Rayleigh*(London, Edward Arnold & Co., 1924)가 있다.

14) 같은 책, 3쪽.

가 되었다.[15)]

스트럿 대령의 외아들인 존 제임스 스트럿(John James Strutt, 1796 -1873)도 군대에 들어가 활동하였으며 1832년에 대위로 제대하였다. 그는 아버지가 살아 있을 때인 1836년에 어머니의 죽음으로 레일리 남작 2세가 되었다. 레일리 남작 2세는 46세의 나이로 1842년에 17 세의 클라라 비스카스(Clara Elizabeth La Touche Viscars)와 결혼 하였고 이 둘 사이에서 1842년 11월 12일에 존 윌리엄 스트럿(John William Strutt, 1842-1919)이 태어났다. 그는 칠삭둥이였기에 초기 발육상태가 안 좋았고 말도 다른 아이들보다 늦게 배웠지만 어려서부 터 과학적 문제에 많은 관심을 보이는 등 그의 재능만은 일찍이 발휘 되었다. 그는 1852년에 예비학교(preparatory school)에 보내졌고 이듬 해에 기숙학교 이튼(Eton)에 들어갔지만 방학 중에 건강상의 문제로 학교로 돌아가지 못했다. 가정교사에게서 배우던 그는 몇 달 후에 윔 블던(Wimbledon)에 있는 조지 머레이 학교(Mr. George Murray's School)에 보내졌다. 거기에서 그는 대수학의 기초를 배웠고 삼각함수 와 정역학의 초보를 익혔다. 이 시기에 그는 과학적 실험을 장난삼아 시작했고 그의 주머니에는 종종 황산병이나 자석, 전기 충격 장치 등 이 들어 있었다. 한번은 그가 인(燐)으로 손에 화상을 입기도 했다.

그는 14세에 기숙학교 해로우(Harrow)에 들어갔다. 그곳이 이튼보 다는 그의 건강에 좋다고 그의 부모가 생각했기 때문이었지만 그는 역시 건강상의 이유로 그곳을 얼마 다니지 못했다. 그는 1857년에 토 키(Torquay)의 하이스테드(Highstead)에 있는 워너(G. T. Warner)

---

15) 레일리 가문의 역사에 대한 흥미로운 조망을 Sir William Gavin, *Ninety Years of Family Farming: The Story of Lord Rayleigh's and Strutt & Parker Farms*(London: Hutchinson, 1967)에서 발견할 수 있다.

목사의 기숙학교에 들어가 거의 4년간을 머물렀다. 그는 그곳에서 지내는 동안 수학에 특별한 흥미를 보였으며 1858년에 도나티(Donati) 혜성의 출현을 흥미롭게 관찰하였다.[16] 고전 연구에 심혈을 기울이고 있던 워너 목사는 존 윌리엄 스트럿의 관심을 수학에서 고전으로 돌려놓으려고 애썼지만 결국 실패했다. 이 시기에 스트럿은 사진술의 과학적 응용에 각별한 관심을 가졌으며 1860년에는 일식 사진을 촬영하기도 하였다. 이러한 사진에 대한 관심은 광학에 대한 그의 초기 연구의 중요한 동기가 되었다.

스트럿은 워너의 추천으로 라잇풋(Lightfoot, 나중에 Durham 주교가 됨)의 개인 지도를 받기로 하고 1861년 10월에 케임브리지(Cambridge) 대학의 트리니티 칼리지(Trinity College)에 펠로우 커머너(fellow-commoner)[17]로 입학했다. 이즈음에 스트럿은 테니스와 보트 타기를 즐겼는데 이는 당시 케임브리지에서 지적 훈련과 병행하여 강조되었던 육체적 훈련 수단 중 하나였다.[18]

스트럿은 케임브리지 대학에서 과학자로서의 자질을 다질 수 있었다. 그는 유명한 응용수학 코치였던 라우스(Edward John Routh)의 학생이 되어 수학적 능력을 철저하게 훈련받았다. 이는 수학 우등졸업 시험(Mathematical Tripos)을 대비하는 실질적인 과정이었는데 개인 교습의 형태로 지도받는 것이었다. 스트럿은 또한 루카스 수학 교수였

---

16) 같은 책, 15-17쪽.
17) fellow commoner는 귀족이나 재력가의 장남이 별도의 비용을 지불하며 얻게 되는 특별한 학생의 신분이다.
18) 이에 관한 흥미로운 논문으로 Andrew Warwick, "Exercising the Student Body: Mathematics and Athleticism in Victorian Cambridge" in Christopher Lawrence, Steven Shapin(eds.) *Science Incarnate: Historical Embodiments of Natural Knowledge*(Chicago: Univ. of Chicago Press, 1998), 288-326쪽.

던 스토크스(Sir George G. Stokes)로부터 이론 물리학을 배웠다. 스토크스는 실험 물리학에도 관심이 많았기 때문에 수업 시간에 많은 시범 실험을 학생들에게 보여주었다. 실험 물리학에 대한 체계적인 교육이 전무했던 케임브리지에서 스토크스의 시범 실험들은 실험에 대한 스트럿의 관심을 크게 증진시켰다. 스트럿은 1865년에 수학 우등졸업시험에서 1위인 시니어 랭글러(Senior Wrangler)의 영예를 차지했고 곧이어 치러진 스미스 상(Smith's Prize)에서도 1위를 차지했다.[19] 졸업 후 스트럿은 1866년에 트리니티 칼리지에서 펠로우(fellow)로 선발됨으로써 학자의 길로 들어섰다. 스트럿은 1867년 8월에 내전에서 막 벗어난 미국을 방문해 미국 대통령 존슨(Andrew Johnson)을 만나 환담을 나누었고 미국의 발전 가능성을 알아보았다.

1868년에 영국에 돌아온 스트럿은 실험 장비를 구입해서 탈링 플레이스에 있는 집에서 몇 가지 실험 연구를 시작하였다. 이후 이곳은 일생 동안 대부분의 그의 실험 연구가 수행될 실험실이 되었다. 스트럿의 첫 실험은 교류에 의한 갈바노미터의 편향(deflection)에 관한 것이었고 그는 이 결과를 1868년 노리치에서 열린 영국과학진흥협회(British Association for the Advancement of Science, BAAS) 모임에서 발표하였다.[20] 이것은 스트럿의 평생에 걸쳐 지속된 실험 연구의 시작이

---

19) 시니어 랭글러는 케임브리지 대학의 University Senate House에서 실시하는 졸업 영예 시험인 수학 우등졸업시험의 1위를 지칭하는 말로서 상당한 영예로 여겨졌다. 스미스 상은 역시 케임브리지 대학의 졸업생들이 독창적인 수학과 관련된 연구 논문을 작성하여 겨루는 유명한 시험으로 한두 명에게 상이 주어졌고 1위를 차지한 것은 상당한 영예로 여겨졌다. 케임브리지 대학 출신의 유명한 과학자들 중 상당수가 이 두 영예 중 하나 또는 둘 다를 차지했다. 맥스웰의 경우는 세컨드 랭글러(2위)와 스미스 상 1위를 차지했다.

20) R. J. Strutt, 앞의 책, 45-46쪽.

었다. 자신의 영지에서 행한 초기 실험에 대해서 스트럿은 맥스웰로부터 많은 격려 편지를 받았다.[21] 그러나 스트럿이 졸업 후 과학자로서의 길을 걷자 주변으로부터 그는 이상한 사람으로 취급당했다. 그의 귀족으로서의 타이틀과 케임브리지의 수학 우등졸업시험에서의 최우등의 성적은 그가 더 나은 경력을 가질 수 있으리라는 기대를 불러일으켰기 때문이었다.[22] 그러나 스트럿은 과학자가 되기를 원했고 주위를 의식하지 않고 자신의 뜻을 소신 있게 밀고 나갔다.

스트럿은 1871년 여름에 당대의 명문가 출신인 에블린 밸푸어 (Evelyn Balfour)와 결혼하였다. 그녀는 1885년에서 1902년 사이에 여러 차례 수상을 지내게 될 솔즈베리 후작의 질녀였고 스트럿과는 케임브리지 동기생으로 1902년에서 1905년 사이에 수상을 지내게 될 아서 밸푸어(Arthur James Balfour)의 누이이기도 했다.[23] 결혼 직후 스트럿은 규정에 따라 트리니티의 펠로우 자리를 포기하였다.[24] 신혼여행을 마친 후 스트럿은 에든버러에서 열리는 BAAS 회의에 참석하였고 당시 회장이었던 윌리엄 톰슨(William Thomson)을 처음 만났다. 이것은 일생 지속될 이들의 우정의 시작이었다. 또한 그는 수학 및 물리학부(Section A)를 담당하고 있었던 테이트(P. G. Tait)도 이곳에서 처음 만났고 그 후 그와 서신 교환을 시작했다.[25]

스트럿의 신혼 생활은 그리 순탄하지 못했다. 결혼한 지 6개월 만

---

21) 같은 책, 46-48쪽.
22) R. B. Lindsay, "Strutt, John William, Third Baron Rayleigh", in Charles Coulston Gillispie, ed. *Dictionary of Scientific Biography*(New York: Scribner, 1981), 13권, 101쪽.
23) R. J. Strutt, 55쪽.
24) 같은 책, 57쪽.
25) 같은 책, 58쪽.

에 스트럿은 류머티즘 열(rheumatic fever)에 걸려 거의 죽을 뻔했고 회복된 후에도 폐의 감염으로 인한 후유증으로 체중이 늘고 항상 쉽게 숨이 찼다. 스트럿은 추위가 안 좋다는 의사의 진단에 따라 1872년 11월 요양차 아내와 처형 엘레노어 밸푸어(Eleanor Balfour)를 동반하고 나일 강으로 여행을 떠났다. 이곳에서 6개월가량 여행을 하면서 스트럿은 선상에서『음향 이론』의 집필을 시작했다.26)

1873년 5월에 스트럿이 런던에 돌아왔을 때 그의 아버지의 건강은 매우 악화된 상태였다. 결국 레일리 남작은 1873년 6월에 세상을 떠났고 스트럿은 장남이었기 때문에 그의 아버지의 뒤를 이어 레일리 남작 3세가 되었다. 그는 그의 영지인 탈링 플레이스에 마련된 실험실에서 본격적인 실험 연구를 시작하였다. 그의 실험실의 설비들은 조잡하게 집에서 만든 것이 대부분이었지만 그는 이러한 설비를 가지고도 주목할 만한 성과들을 내놓았다. 같은 해에 레일리 남작 3세는 왕립학회의 회원이 되었고 왕립 연구소(Royal Institution of Great Britain)의 금요일 강의에 정기적으로 참석하였다. 이때를 즈음하여 레일리 남작은 크룩스(William Crookes)의 영향을 받아 심령 현상에 관심을 가지고 연구를 시작했고 1874년에는 심령술을 행하는 젱큰(Jencken) 부부를 탈링에 초청하여 그들이 보여주는 심령 현상을 관찰하기도 했다.27)

1871년에 맥스웰(James Clerk Maxwell)이 당시 막 만들어진 케임브리지의 캐번디시 실험 물리학 교수좌(Cavendish Professor of Experimental Physics)를 맡았을 때, 이미 레일리는 맥스웰과 함께 그 자리의 적임자로 고려되었다.28) 1873년에 케임브리지 대학의 명예총장이었던

---

26) 같은 책, 62쪽. 케임브리지의 수학 우등졸업시험의 시험관이었던 레일리는 그의 책의 원고를 수학 우등졸업시험의 응시생들의 시험지 뒷면에 썼다. 그의 남다른 절약정신을 보여주는 부분이다. Gavin, 앞의 책, 26쪽.

27) R. J. Strutt, 앞의 책, 66-67쪽.

데번셔 공작(The Eighth Duke of Devonshire)의 기부금으로 캐번디시 연구소가 설립되어 처음으로 케임브리지 대학에서 공식적인 실험 물리학의 교육이 시작되었다.[29] 맥스웰이 1879년에 사망하자 캐번디시 연구소의 실험 물리학 교수좌는 먼저 글래스고 대학의 윌리엄 톰슨에게 제안되었다. 톰슨이 글래스고를 떠나기를 거절하자 다음으로 레일리에게 캐번디시 연구소의 실험 물리학 교수좌가 제시되었다. 이즈음 탈링에 있는 레일리의 실험실은 자체적으로 정착이 되어가고 있었고 레일리는 어떤 간섭도 없이 이곳에서 일생을 보내며 연구에 종사하기를 희망했다. 그렇기 때문에 레일리는 이러한 요청을 별로 수락하고 싶지 않았으나 경제적 사정이 그를 압박했다. 때마침 밀어닥친 농업 경기의 침체로 소작농들이 소작료의 지불에 어려움을 호소하였고 관대한 레일리가 이들의 요구를 들어주다 보니 현금이 부족하게 되었다. 이것이 1879년 12월에 레일리가 캐번디시 실험 물리학 교수좌를 맡게 되는 결정적인 계기가 되었다.[30]

캐번디시에서 레일리에게 요구한 것은 일 년 중 18주를 그곳에 머물고 40회의 강의를 수행하는 것으로 큰 부담이 따르는 것은 아니었다. 그러나 레일리는 자신에게 주어진 임무 이상의 일을 해냈다. 그는 열정적으로 실험 교육을 위한 프로그램을 개발했다. 레일리의 지도하에서 글레이즈브룩(Richard T. Glazebrook)과 쇼(W. Napier Shaw)는 대규모 학급을 위한 열, 전기, 자기, 물성, 광학, 음향학에 관한 실험 코스를 개발했다. 이들은 장차 응용물리와 광물학에서 이름을 떨치게

---

28) 같은 책, 50쪽.
29) 이에 대해서는 J. C. Crowther, *The Cavendish Laboratory 1874-1974*(London and Basingstoke: Macmillan Press, 1974), 1-60쪽에서 상세히 다루고 있다.
30) R. J. Strutt, 앞의 책, 99쪽.

될 인물들이었다. 이들의 선구적 작업은 영국뿐 아니라 다른 나라의 물리 교육에도 중요한 영향을 끼쳤다.[31] 뿐만 아니라 레일리는 캐번디시 연구소에서 맥스웰이 남겨 놓은 실험 장치를 활용하여 전기 저항을 측정하는 실험을 정밀하게 수행함으로써 물리학계에서 더욱 유명해졌다. 이 시기에 수행된 레일리의 여러 가지 실험 연구에서 레일리는 처형인 일리노어 밸푸어의 도움을 받았다. 그녀는 1877년에 레일리의 케임브리지 동기생인 헨리 시지윅(Henry Sidgwick)과 결혼하였고 한동안 레일리의 실험 조수 역할을 하면서 그녀의 명석한 머리와 정교한 실험 솜씨로 연구에 큰 도움을 주었다.[32]

캐번디시 연구소에 머무는 기간을 통하여 레일리는 당대 영국의 지도급 물리학자로서 확고한 입지를 확보했다. 그는 케임브리지 대학 시절부터 참석하였던 BAAS에 더욱 깊이 관여하게 되었으며 1882년에 사우샘프튼(Southampton)에서 열린 회의에서는 수학 및 물리학부를 관장하기도 했고 1884년에는 영국 밖에서 처음으로 열리는 몬트리올 BAAS 회의의 회장을 맡기도 했다. 회의 후 캐나다와 미국 방문을 통해서 레일리는 로울랜드(Henry A. Rowland), 트라우브리지(John Trowbridge), 마이컬슨(A. Michelson)을 포함한 저명한 물리학자들을 만나 사귀었다.

5년 후인 1884년에 경제적 상황이 개선되자 레일리는 캐번디시 교

---

31) 레일리에 의해 캐번디시 연구소의 교육 시스템이 변경에 대해서는 Dong -Won, Kim, "The Emergence of the Cavendish School: An Early History of the Cavendish Laboratory, 1871-1900"(Ph. D. Dissertation, Harvard University, 1991), 67-73쪽; J. G. Crowther, 앞의 책, 88-102쪽을 볼 것.

32) 같은 책, 105-107쪽. 레일리가 캐번디시 연구소에 있을 때 수행하였던 전기 저항 측정 실험에서 시지윅 부인이 행한 기여에 관해서는 Dong-Won Kim, 앞의 글, 88-90쪽을 볼 것.

36

수좌를 내놓았고 탈링으로 돌아와 정착하였다. 그는 고독한 연구자로서 더 많은 것을 성취할 수 있다고 믿었다. 그 이후의 그의 광범위한 과학 연구는 전적으로 그곳의 연구실에서 수행되었다. 그렇다고 해서 그가 모든 공적인 삶을 포기한 것은 아니었다. 탈링은 런던에서 그리 멀지 않아 여러 공적인 일에 관여할 수 있었고 그는 이러한 요구에 대하여 흔쾌히 시간과 노력을 할애했다. 그는 런던 왕립학회에서 조지 스토크스의 뒤를 이어 서기(secretary)로서 1885년부터 1896년까지 봉사했고 1905년부터 1908년까지는 회장을 지냈다. 그는 왕립학회의 서기로 봉직하던 시기에 워터스턴(J. J. Waterston)이 1845년에 제출하였지만 출판을 거부당했던 기체의 운동 이론에 관한 논문을 기록보관소에서 찾아냄으로써 과학사를 새롭게 쓰게 했을 정도로 자신이 맡은 일에 최선을 다했다. 또 다른 과학 학회 활동으로 레일리는 심령연구학회에 소속되었는데 죽던 해에 그는 이 학회의 회장직을 맡았다.[33]

또한 레일리는 과학의 사회봉사를 감당하기 위한 활동에도 적극적이었다. 1887년부터 1905년까지 레일리는 과학의 대중적 이해에 기여해 온 런던의 왕립 연구소(Royal Institution of Great Britain)의 자연철학 교수직을 맡았다. 이 일을 통해서 레일리는 대중에게 강의를 통해서 자신의 연구 결과를 자주 공개하였다. 특히 시범 실험을 통해서 청중의 관심을 지속적으로 끌었다. 1896년에 레일리는 트리니티 하우스(Trinity House)의 과학 고문이 되었다. 이 오래된 기관은 등대나 부표 같은 해안 설치물을 설치하고 관리하는 일을 담당하고 있었는데 레일리는 이 일을 위해서 많은 시간을 조사 여행에 할애했으며 또한 등대나 안개 신호와 연관하여 광학 및 음향학의 연구를 수행했다.[34]

33) R. B. Lindsay, 앞의 글, 105쪽.
34) 같은 글, 105쪽.

이 외에도 레일리는 정부의 과학 위원회나 다양한 학회의 일을 맡아 공적인 역할을 감당했다. 예를 들어 레일리는 테딩턴(Teddington)의 국립 물리 연구소(National Physical Laboratory)의 설립을 위한 주도적 운동가 중 한 사람이었으며 이 연구소의 '실행 위원회'(Executive Committee)를 죽기 얼마 전까지 주도했다. 또한 그는 1909년에는 수상 애스퀴스(Henry Asquith)의 요청으로 항공술 자문 위원회(The Advisory Committee on Aeronautics)의 초대 위원장을 맡아 이 위원회가 중요한 역할을 했던 제1차 세계대전 기간을 포함해 죽을 때까지 이 직책을 담당했다. 그리고 1908년에서 1919년에 죽을 때까지 그는 케임브리지 대학의 명예총장직(Chancellor)이라는 중책을 맡기도 했다.[35]

레일리는 노벨상을 비롯해서 평생 수많은 상과 영예를 차지했다. 1902년에 메릿 훈장(Order of Merit)의 첫 수여자 중의 한 사람이 되었으며 5회에 걸쳐 정부가 주는 상을 받았을 뿐 아니라 13개의 명예 학위를 부여받았으며 50개 이상의 학회로부터 상을 받거나 명예회원의 자격을 얻었다. 그는 1919년 6월 10일 사망하였으며 이때 출판하지 않은 3편의 논문을 써 놓았는데 그 모두가 음향학에 관련된 것들이었다.

(2) 폭넓은 연구 분야

레일리는 평생 446편의 논문을 남겼다. 이는 레일리 자신이 편집을 주도했던 *Scientific Papers by Lord Rayleigh*에 잘 정리되어 있다.[36]

---

35) 같은 글, 105쪽.
36) 레일리 자신에 의해서 1910년까지 5권으로 편집되었으며 그 이후 레일리의 사망 시까지의 연구 성과는 1920년에 그의 아들에 의해 편집되어 6권으로 출판되었다. 1964년에 새롭게 인쇄된 판본이 널리 퍼져 있다. Rayleigh, *Scientific Papers by Lord Rayleigh*(New York: Dover Publication, 1964).

이 중에 첫 논문은 1869년에 *Philosophical Magazine*에 게재된 「동역학 이론과 연관하여 고려된 몇몇 전자기적 현상들에 관하여」("On Some Electromagnetic Phenomena Considered in Connection with the Dynamical Theory")였다. 이렇게 레일리[37]는 전자기에 대한 관심으로부터 그의 과학자로서의 경력을 시작하였다. 이 논문은 단순히 전자기적 진동만을 취급한 것이 아니라 공기, 물, 고체에서의 모든 종류의 파동 운동을 취급한 것이었다.

레일리의 초기 물리학자로서의 명성은 대기 중 빛의 산란에 관한 연구를 통해서 확립되었다. 레일리는 오랫동안 미해결의 문제였던 하늘의 색의 문제를 해결함으로써 학계의 주목을 받았다. 그가 1871년에 에테르의 탄성 고체 모형에 의거해서 빛의 산란에 관한 역4제곱의 법칙을 찾아낸 것이었다. 빛의 파장의 4제곱에 반비례하여 산란율이 커진다는 이 법칙은 태양으로부터 오는 가시광선 중에서 파장이 짧은 파란색 계통이 대기 중에서 가장 산란이 많이 되어 하늘의 색이 파랗게 된다는 하늘색에 대한 이론적 설명을 제공했고, 이는 레일리를 영국 과학계에서 주목할 만한 인물로 만들었다.[38]

레일리는 1860년대부터 회절격자를 만들어 격자와 스펙트로미터의 분해능에 관해서 선구적인 연구를 하였다. 이는 오늘날 스펙트럼선들

이후부터 이 책은 *Scientific Papers*로 약칭하고 article number를 #으로 표현하겠다.

37) 1873년 이전의 레일리는 '존 윌리엄 스트럿'이었지만, 이후로는 혼돈을 피하기 위해 1873년 이전의 '스트럿'도 모두 '레일리'라고 지칭하겠다.

38) 당초 그의 이론은 에테르의 탄성 고체 입자 이론에 입각하여 유도된 것이었지만 레일리는 1881년에 역4제곱의 법칙을 맥스웰의 전자기론에 근거하여 다시 유도하였다. R. B. Lindsay, 앞의 글, 101쪽. 하늘의 색에 대한 레일리의 연구에 대해서는 임경순, 『현대 물리학의 선구자들』(서울: 다산출판사, 2000) 47-58쪽을 볼 것.

의 분해능(resolution)에 대한 기준에 그의 이름이 붙여져 기념되고 있다.[39] 그는 복사 현상에 대한 이론적 관심을 발전시켰고 음향학과 광학에 관한 논문들을 1860년대 말과 1870년대 초에 출판하였다. 레일리는 1870년대부터 그의 실험실에서 사진술을 이용해서 값싼 회절격자를 만드는 법을 찾아내기 위해 연구하였다. 그의 연구는 비록 당초의 목적을 달성하지는 못했지만 당시까지 잘 이해되지 않았던 격자의 분해능에 대한 새로운 이해를 얻어냈다. 그는 평면 투명 격자의 분해능(resolving power)은 회절 차수(order of diffraction)와 격자의 홈선(groove)의 수의 곱과 동일하다는 것을 입증함으로써, 광학 장치의 분해능에 대한 명쾌한 정의를 끌어냈다. 계속해서 그는 1870년대에 화학 원소의 스펙트럼과 태양 광선의 스펙트럼을 연구하는 데 있어서 점점 중요해지고 있었던 분광기의 광학적 특성에 대한 근본적인 연구들을 수행하였다. 그는 빛을 초점에 모으는 특성을 가진 동심원 회절판(zone plate)을 설계하여 프랑스 물리학자 샤를 소레(Charles Soret)의 발명을 예고했다. 이후 레일리는 분광기의 설계와 작동에 대하여 *Philosophical Magazine*에 매우 중요한 논문들을 여럿 출판하였다.[40]

또한 레일리는 1879년에 캐번디시 연구소를 맡은 후부터 전기 저항, 전압, 전류에 대한 영국의 국가적 기준의 재결정을 위한 측정 실험에 착수하여 이 일을 성공적으로 끝마쳤다. 이를 위해 레일리는 캐번디시 연구소로 새로운 장비를 들여오고 세심한 주의와 인내로써 측정 실험을 완수하여 1881년까지 옴, 볼트, 암페어의 새로운 기준값을 얻어냈

---

39) 이를 Rayleigh criterion이라고 한다. 이에 대한 설명은 일반적인 광학 교과서에서 쉽게 찾을 수 있다. 한 예는 Grant R. Fowles, *Introduction to Modern Optics*, 2nd ed. (New York: Holt, Rinehart and Wiston, Inc., 1975), 120쪽에서 발견된다.

40) R. J. Strutt, 앞의 책, 87–88쪽.

다. 이러한 성공은 표준 연구소 건립의 필요성을 인식시켜 이후에 테
딩턴에 국립 물리 연구소가 설립되는 데 직접적인 영향을 끼쳤다.[41]
캐번디시 연구소에 머무는 동안 레일리는 전자기적 표준에 대한 연구
이외에도 음향학, 수력학, 광학 등의 연구에 종사했다.

　1885년부터 탈링 플레이스에서 평생 지속된 연구에서 레일리는 이
론과 실험 물리학에 모두 탁월한 능력을 발휘하였다. 그는 물질의 복
사에 대하여 관심을 가지고 연구하여 복사선의 스펙트럼상의 에너지
분포에 대한 빌헬름 빈(Wilhelm Wien)과 막스 플랑크(Max Planck)
의 주장에 반대함으로써 자신의 주장을 제시하였다. 그는 1900년에 빈
과 플랑크의 식이 장파장의 빛의 복사로부터 실험적으로 얻어진 식과
일치하지 않음을 비판하고 새로운 식을 이론적으로 제시하였다.[42] 레
일리는 보다 완전한 형태의 식을 1905년에 유도하여 발표하였다. 이
과정에서 그는 닫힌 공간 내에서의 탄성 유체의 진동 모드에 에너지
등분배의 원리를 적용함으로써 이 식을 얻어냈다.[43] 이 식의 오류를
제임스 진스(James Jeans)가 즉시 지적하였고 레일리도 그것을 받아
들여 식을 수정하였다. 한편 플랑크는 레일리의 비판 후에 모든 진동
수 대역에서 실험 결과와 잘 들어맞는 스펙트럼 분포식을 추정해 내
어 1900년이 저물기 전에 이를 발표하였고 이 식이 나중에 양자시대
를 연 식으로 인정받게 된다.[44] 그 이후 양자 역학은 급속도로 진전

41) R. B. Lindsay, 앞의 글, 102쪽.
42) Rayleigh, "Remarks upon the Law of Complete Radiation", Phil. Mag.
　　49(1900), 539-540쪽; Scientific Papers, #260, 483-485쪽.
43) Rayleigh, "Dynamical Theory of Gases and Radiation", Nature 72(1905),
　　54-55, 243-244쪽; Scientific Papers, #305, 248-252쪽.
44) 플랑크가 처음 이 식을 얻어낸 것은 '기분 좋은 추정'(happily guessed)
　　에 의한 것이었지 에너지 양자의 개념을 도입하여 얻어낸 것은 아니었
　　다. 이 식이 에너지 양자의 개념을 함축함을 플랑크가 인식하고 받아들

되었고 물리학에 근본적 변혁을 초래하였다. 레일리는 자신의 고전적 취급의 한계를 잘 인식하고 있었지만 양자 이론의 급진성에 대해서는 흔쾌히 받아들이려 하지 않았다.

레일리는 폭넓은 연구 범위를 가진 점에서 헬름홀츠에 필적할 만한 인물이었다. 그는 당시 물리학의 모든 분야를 넘나들며 연구를 수행하였고, 한 주제에서 난관에 봉착하면 문제를 뒤로 미루어두고 다른 분야에서 또 다른 성과를 내놓고 수년이 경과한 후에 다시 원래의 문제로 돌아오곤 했다. 그는 끊임없이 여러 학술지들을 폭넓게 읽었고 그로부터 다른 연구자들의 연구에 관해서 깊은 이해를 가졌으며 이를 바탕으로 자신의 독창적인 생각을 발휘하여 다른 연구자의 연구 결과를 비판적으로 개선하거나 확장하였다. 이것이 일생 동안 그가 계속적으로 생산적인 연구자로 머물 수 있었던 비결 중 하나였다. 또한 그의 타고난 영감과 탁월한 수학 실력, 그리고 부지런함이 그의 지속적인 생산성의 원동력이 되었다. 이로써 그는 당시 물리학의 거의 모든 분야에서 중요한 성과들을 얻어냈다.[45]

그에게 노벨 물리학상을 안겨준 대기 중의 희귀 가스 아르곤의 발견도 그의 치밀한 실험 정신의 소산이었다. 그는 대기 중에서 산소를 제거하여 얻은 질소의 분자량이, 실험실에서 화학적으로 분리해 낸 질소의 분자량과 비교했을 때, 미세하게 큰 것을 감지했고 주의력을 총동원하여 이러한 실험 오차를 줄이려고 노력하였다. 그러나 이러한 실험의 반복은 오차를 줄여주지 못했고 결국 레일리는 대기 중에서 얻

이게 된 것은 1908년 이후의 일이다. 플랑크의 식의 유도와 양자 개념의 형성 과정은 Thomas S. Kuhn, *Black-Body Theory and the Quantum Discontinuity, 1894-1912*(Oxford: Oxford University Press, 1978)에 잘 나와 있다.

45) R. B. Lindsay, 앞의 글, 104쪽.

은 질소에 불순물이 있다는 것을 인식하였다.[46) 그는 이러한 사실을 학계에 알렸고 화학자 램지(William Ramsay)도 이 문제에 대한 연구에 뛰어들었다. 얼마 후 레일리는 램지와 별도로 희귀 가스인 아르곤을 검출하고 분리하는 데 성공하였고 이 공적을 인정받아 이 두 사람은 1904년에 각각 노벨 물리학상과 화학상을 수상했다.[47)

레일리는 이렇게 '고전 물리학'이라고 부를 여러 분야들에서 탁월한 연구 성과들을 내놓았을 뿐 아니라 20세기에 들어와 새롭게 부상하고 있었던 양자 이론과 상대성 이론을 이해했고 이에 대해 비판적 논평을 제기하였다. 1911년에 레일리는 양자 이론의 문제를 주로 논의하기 위해 브뤼셀에서 열린 1차 솔베이 회의(Solvay Congress)에서 양자 이론에 대한 자신의 공식적 입장을 밝힐 기회를 얻었다. 그러나 레일리는 사정상 이 회의에 참석할 수 없었기에 자신의 입장을 적은 편지를 회의의 조직자였던 네른스트(Walther Nernst)에게 보냈다. 이 편지에는 레일리가 플랑크와 그의 옹호자들에 의해 주장되고 있었던 양자 이론에 대해서 어떠한 입장을 가지고 있었는가가 잘 드러나 있었다.[48)

레일리는 복사 문제에 있어서 플랑크와는 상반되는 이론적 주장을 제기하였기 때문에 이 문제에 대해서는 누구보다도 직접적 연관이 있었다. 그는 자신의 복사 법칙이 물체가 단단하고 비압축성이라는 단순화 가정에 입각해서만 유한개의 물체의 상태를 표현할 수 있다는 것

---

46) 레일리의 아르곤 발견 과정을 데이터 분석의 측면에서 분석한 논문으로 Russell D. Larsen, "Lessons Learned from Lord Rayleigh on the Importance of Data Analysis", *Journal of Chemical Education* 67(1990), 925–928쪽이 있다.

47) R. B. Lindsay, 앞의 글, 102–103쪽.

48) Rayleigh, "Letter to Professor Nernst(1911)" in Bruce Lindsay(ed.), *Lord Rayleigh: The Man and His Work*(Oxford: Pergamon Press, 1970), 216–217쪽.

을 잘 알고 있었고 이러한 단순화 조건을 벗어나면 퍼텐셜 에너지가
너무 커져서 관련된 힘의 작용하에서 문제를 취급할 수 없다는 것을
인식하고 있었다. 그는 더 이상 일반화 좌표계를 도입해서 문제를 풀
어내는 것이 불가능하다는 것을 시인했다. 반면에 플랑크는 이렇게 물
체의 미세 부분에 대해서는 동역학적 법칙이 적용되지 않는다는 것을
주장하고 자신이 이끌어 낸 식이 양자 가설을 따른다는 해석을 제시
한 것이었다. 레일리는 자신의 방법의 한계를 잘 인식하고 있었지만
플랑크의 새로운 해법을 받아들이려 하지 않았다. 그 이유에 대해서
레일리는 이렇게 말했다.

> 나는 이런 식의 수수께끼 풀이를 좋아하지 않는다는 것을 고백해
> 야만 한다. 물론 나는 에너지의 [양자] 이론의 귀결을 따라가는 것을
> 반대하지는 않는다. 그런 일은 이미 유능한 사람들의 손에서 몇몇 흥
> 미로운 결론에 도달했다. 그러나 나는 그것을 실제로 일어나는 것의
> 묘사로 받아들이는 데 어려움을 느낀다.[49]

레일리는 구체적인 빈론 사례로서 이원자 기체 분자의 문제를 들고
나왔다. 이원자 기체 분자가 충돌할 때 분자는 회전하게 되고 두 원자
를 연결하는 선상에서 진동하게 되는데 플랑크는 이 결합이 견고하다
고 보기 때문에 그것에 의하면 각각의 충돌에서 얻어지는 에너지의
양은 가능한 최소치 이하로 떨어져 결국 아무것도 얻지 못하게 된다
는 것이었다. 레일리는 볼츠만(Ludwig Boltzmann)과 진스의 주장도
자신의 입장을 옹호함을 지적하면서 이러한 현상을 반증할 결정적인
실험이 존재하지 않는다는 점을 지적하였다.[50] 레일리는 양자 이론에

49) 같은 글, 217쪽.
50) 같은 글, 217쪽.

대해 무지하거나 단순히 새것을 받아들이기를 거부하는 완고함에서가
아니라 아직도 정력적으로 연구에 임하고 있는 연구자로서 양자 이론
의 약점을 지적하고 있었던 것이다.[51] 그는 이러한 약점을 지닌 이론
을 전폭적으로 받아들이기보다는 전통적인 방법을 따르면서 관련된
문제를 해결할 방안을 찾기를 원했다. 이는 완전히 혁명적인 가정을
받아들이는 것이 오히려 많은 문제점을 유발할 수 있다고 그가 생각
하고 있었기 때문이었다. 이것은 오랫동안 그가 고전적인 방법을 사용
해서 많은 문제들을 성공적으로 풀어오는 가운데 형성된 사고였다.

이렇게 레일리는 다방면에서 탁월한 연구자로서 두각을 드러냈다.
그는 순수 수학자는 아니었지만 수학을 여러 가지의 이론 물리학의
문제들에 적용하여 능숙하게 문제를 풀어냈다. 동시에 그는 천재적이
고 기량이 탁월한 실험 물리학자였다. 그는 가장 간단한 실험 장치의
배열에서 훌륭한 결과들을 얻어내는 비범한 능력을 소유했다. 그의 연
구 성과들은 물리학의 여러 분야에서 현대 이론이 도출되는 데 중요
한 실마리를 제공하였다.

2) 음향학 연구의 위상

이 절에서는 레일리의 연구 경력에서 음향학 연구가 차지하고 있는
비중을 살피고 더불어 음향학이 19세기 후반 과학계에서 어떻게 인식
되고 있었는지에 대해서 살피고자 한다.

레일리의 평생에 걸친 연구 경력 중에서 중심은 소리에 관련된 연

---

51) 레일리가 지적한 문제는 나중에 양자 통계 이론에 의해 해결된 것으로
인정받고 있다.

구였다. 그의 명성이 산란 법칙이나 복사 법칙 혹은 아르곤의 발견에
서 주로 기인함에도 불구하고 그의 중심적인 연구 대상은 소리 및 소
리에 관련된 현상들이었다. 레일리의 연구 논문들을 모아 놓은 책인
*Scientific Papers by Lord Rayleigh*의 경우 연구 논문들을 수학, 일반
역학, 탄성 고체, 모세관 현상, 수력학, 소리, 열역학, 기체 동역학 이
론, 기체의 특성, 전자기, 광학, 기타의 12개의 분야로 구분해서 분야
별로 따로 목차를 마련해 놓았다.[52] 이러한 여러 연구 분야들 중에서
'소리' 영역에 가장 많은 논문들이 속하여 그가 평생 쓴 446편의 논문
중에서 소리에 관한 것으로 분류된 것은 130편이었다. 그는 과학자로
서의 경력을 시작한 지 1년 만에 음향학 연구를 시작하였고 죽을 때
까지 음향학 관련 논문을 쉬지 않고 계속 발표하였다. 그런 점에서 레
일리의 연구 경력에 있어서 소리는 평생의 주요 관심사라고 말해도
무방할 것이다.

또한 레일리가 남긴 유일한 저서가 소리에 관련된 것이었다는 것은
그의 연구 경력에 있어서 소리 연구의 중심성을 확인하게 해 준다. 레
일리는 연구 경력을 시작한 지 10년 만인 1877년에 『음향 이론』을 출
판했다. 이후 레일리는 1894년에 이 책의 개정판을 냈을 뿐 다른 저서
는 남기지 않았다. 레일리는 이 책에서 소리에 관련된 제반 연구들을
총정리하였고 자신의 독창적인 연구 성과들을 소개하였다. 일생에 걸
친 레일리의 음향학적 연구의 핵심이 이 저술에는 반영되어 있다. 그런
점에서 레일리의 음향학 연구에 관하여 살피는 것은 레일리라는 과학
자를 이해하는 데 있어서 매우 중요한 부분이라고 할 수 있을 것이다.

---

52) Rayleigh, *Scientific Papers*, vol.1. xiii쪽. 이러한 구분에는 전집 6권 중에
서 5권까지의 실질적 편집자였던 레일리 자신의 의도가 십분 반영된 것
이라고 볼 수 있다.

　그렇다면 이 책에서 취급하려는 '레일리의 음향학 연구'는 어떠한 범위를 포함하는 것인가? 현대적 의미에서 '음향학'이란 "소리의 발생, 전파, 청취에 관련된 제반 현상을 연구 대상으로 하는 과학 분야의 총칭"으로 정의된다.[53] 레일리가 음향학을 어떤 분야로 인식하고 있었

---

53) 이는 린제이의 정의이다. 린제이가 바라본 음향학이란 매우 폭넓은 분야이다. 린제이가 제시한 음향학의 범위와 분류는 다음의 표와 같다.

대범주	소범주	연구 분야
Engineering	Electrical and chemical	Electroacoustics
	Mechanical	Sonic and ultrasonic engineering
		Shock and vibration
	Architectural	Noise
Arts	Visual arts	Room and theatre acoustics
	Music	Musical scales and instruments
	Speech	Communication
Life sciences	Psychology	Psychoacoustics
	Physiology	Hearing
	Medicine	Bioacoustics
Earth sciences	Physics of earth and atmosphere	Seismic waves
		Sound in the atmosphere
	Oceanography	Underwater sound

R. B. Lindsay, "The Story of Acoustics", *The Journal of the Acoustical Society of America* 39(1966), 630쪽을 참조할 것. 이러한 관점은 다른 음향학자들도 마찬가지다. 음향학자 T. D. Rossing(1924-)의 말을 직접 들어보자. "The science of sound, which is called acoustics, has become a broad interdisciplinary field encompassing the academic disciplines of physics, engineering, psychology, speech, audiology, music,

는가는 그의 책 『음향 이론』과 논문 모음집의 '소리' 항목에 분류된
내용들을 살핌으로써 알 수 있다. 이 두 자료에서 상정하고 있는 레일
리의 음향학 연구의 범위는 거의 비슷한 영역을 포괄하며 현대적인
정의가 규정하는 범위보다는 다소 넓다. 『음향 이론』은 발음체의 진
동, 소리를 전달하는 매질의 진동만 다룰 뿐 아니라 진동과 파동의 일
반적인 속성에 관한 논의들도 상당수 포함한다. 거기에는 심지어 소리
의 발생과 전달 및 청취와는 전혀 관계가 없는 수면파, 전기 진동, 고
체의 표면파, 분출물(jet)의 요동 현상들까지 포함되었다. 이러한 범주
는 레일리의 *Scientific Papers*의 '소리' 영역에 분류된 논문들이 걸쳐
있는 범위와 거의 일치한다.[54] 이 영역에는 정확하게 소리와 연관된
연구가 아니라 할지라도 파동이나 진동에 연관된 현상이나 기체 또는

---

architecture, physiology, and others. Among the branches of acoustics
are architectural acoustics, physical acoustics, musical acoustics, psycho-
acoustics, electroacoustics, noise control, shock and vibration, underwater
acoustics, speech, physiological acoustics, etc." Thomas D. Rossing, *The
Science of Sound*, 2nd ed. (New York: Addison-Wesley Publishing
Company, 1990), v쪽. 'acoustics'라는 말을 처음으로 사용한 사람은 1687
년에 Church of Ireland에 소속되어 있었던 주교 Narcissus Marsh였다.
그는 직접적인 소리의 청취를 'acousticks', 굴절된 소리의 청취를 'diacous-
ticks,' 반사된 소리의 청취를 'catacousticks'라고 부르고 마찬가지 의미로
'phonicks,' 'diaphonicks,' 'cataphonics'를 쓸 수 있다고 보았다. 그러므로
acoustics가 의미하는 것은 지금과는 상당히 달랐다. 1701년에 소리의 과
학을 나타내는 일반적인 의미에서 그 단어(불어 단어, 'acoustique')를 처
음 사용한 이는 Joseph Sauveur였다. 한편 'acoustic'이라는 단어는 그보
다 먼저인 1623년에 라틴어의 형태로 Francis Bacon에 의해 처음 쓰였고
1640년에 Gilbert Watts에 의해서 영어로 처음 사용되었다. Robert T.
Beyer, "Acoustic, Acoustics", *The Journal of the Acoustical Society of
America* 98(1995), 33-34쪽.

54) 『음향 이론』의 재판에 실린 '전기 진동'에 관한 부분은 논문집에서는 '전
기' 분야에 분류되었다.

48

액체 분출물의 특성에 관한 이론적 및 실험적 연구들이 포함되어 있다. 그런 점에서 레일리는 소리의 과학의 범위를 상당히 넓게 잡고 있었던 것으로 보인다.

그러나 음향학의 연구 대상의 범위보다 더욱 중요한 것은 그러한 연구 대상을 연구하는 방법에 있다. 레일리는 소리에 관련된 현상을 실험적 방법과 수학적 방법을 모두 써서 연구하고 설명하는 것을 '음향학'으로 보는 새로운 관점을 널리 퍼뜨렸다. 실험적 방법과 수학적 방법이 어우러져 연구되는 분야로서 레일리의 '음향학'은 물리학의 주요 분과로서 당당한 자리를 점유한 것이었다. 레일리는 1884년에 몬트리올에서 열린 영국과학진흥협회 회장 연설에서 음향학을 역학, 전기, 열, 광학과 함께 물리학의 중요 분과 중 하나로 언급하였다.

> ……제가 과학 분야에서 최근에 일어난 진보의 기록—그런 용어를 써도 괜찮다면—을 제시하는 것이 상례일 것입니다. 그것은 어려운 일이지만 천문학이나 기상학은 말할 것도 없고 역학, 전기, 열, 광학, 음향학 같은 분야들은 물리학에 포함됩니다.[55]

물리학 자체는 19세기 중엽을 거치면서 전통적인 수학적 분야였던

---

55) Rayleigh, "Presidential Address to the British Association's Montreal Meeting(1884)" in R. B. Lindsay(ed.) 앞의 책, 138쪽. 여기에서 레일리가 언급한 음향학은 '물리 음향학'으로 한정함이 마땅하다. 당시에도 음향학 속에는 소리의 청취나 지각에 관련된 연구인 생리 음향학이나 심리 음향학 같은 연구 분야들이 포함되어 있었고 이런 연구 분야에 대해서 레일리는 별로 관계하지 않았고 이 분야들은 물리학의 범주에 넣을 수도 없는 성격을 가졌다. 그러므로 레일리가 물리학의 한 분과로서 음향학을 지칭했을 때 그것은 소리에 관련된 연구에 물리적 방법을 동원하는 분야를 의미했다. 이 책에서도 별도의 언급 없이 '음향학'란 용어를 쓸 경우에는 레일리의 용법을 따르겠다.

역학, 천체역학, 수력학, 광학과, 실험적 연구 분야였지만 급속하게 수학화되었던 열역학, 전자기학이 에너지라는 통일적인 원리를 통해 동일한 분야로 정립되어 갔다. 이러한 과정에서 음향학도 실험적 연구의 팽창과 이에 대한 수학적 취급의 발전을 거치면서 1860년대와 1870년대에 실험적 연구와 수학적 이론화 작업을 포함하는 소리에 관련한 연구 분야로서 물리학의 한 연구 분야로 인정받게 되었던 것이다. 이러한 음향학의 성격과 위상의 변화 과정에서 레일리가 핵심적인 역할을 감당하였음을 이 책은 보일 것이다.

  그렇다면 실제로 19세기 동안 소리에 관한 연구들이 어떻게 이루어졌는가를 살펴봄으로써 레일리의 음향학 연구의 성격과 성과를 파악하기 위한 토대를 마련하도록 하겠다.

✤ 3 ✤
레일리 이전의 음향학

19세기 동안 소리와 관련된 현상들은 꾸준하게 연구자들을 끌어들였다. 그중에 많은 수는 소리와 관련된 다양한 자연의 측면들을 관찰과 실험을 통하여 이해하고자 하였다. 이들을 통해 소리를 취급하는 기술상의 진보가 이루어졌다. 한편 소리의 발생과 전달과 관련된 여러 가지 물체의 진동이나 파동을 수학적으로 풀어내려고 하는 수학자들이 있었다. 이들은 음속의 이론적 유도로부터 여러 가지 고체의 진동과 기주(氣柱)의 진동 등의 문제를 단순화된 모형을 도입해서 풀어나갔다. 이 두 진영의 연구자들은 서로 긴밀한 연관을 맺지 않고 자신들의 연구를 진척시켰다. 19세기 후반에 들어서면서 이러한 분리된 경향을 극복하고 실험과 수학적 이론을 긴밀히 연결시켜 연구를 진척시키는 새로운 전통이 서서히 시작되었다.

1) 19세기 전반까지의 음향학

소리에 대한 체계적인 이해는 음악과 관련하여 시작되었다. 피타고라스는 자연의 수학적 질서를 나타내는 도구로서 음률을 사용하기 시작했다. 고대의 화성학(harmonics)은 천문학, 정역학, 광학과 함께 수학의 한 분야였다.[56] 중세를 거치면서도 화성학은 4과(quadrivium)의 한 과목으로 중요하게 가르쳐졌다. 르네상스 시기를 거치면서 신비주의 사조가 크게 융성하였고 자연의 수학적 질서에 대한 믿음은 자연에서 음악적 조화를 찾으려는 노력으로 이어졌다.[57] 16, 17세기의 음악 연구자들에 의해 음계의 체계화를 위한 노력이 있었고 여기에 진동과 소리의 문제를 체계적으로 이해하려는 수학자들의 노력이 있었다. 이 가운데서 17세기에는 진동수와 피치의 관계가 정립되었다. 이후 악기의 음을 조절하는 문제가 체계화된 지식을 요구하면서 음악이론은 실용적인 분야로서 음향학자[58]들의 주된 연구 대상이 되었다.[59] 그중에서도 정률(temperament)의 문제는 음향학자들이 이론적

---

56) Thomas Kuhn은 이 분야들을 통틀어 '고전 물리 과학' 또는 '고전 과학'이라고 불렀다. 이 분야들은 고대 그리스로부터 이미 전문화된 과학의 지위를 얻고 있었다. 토마스 쿤, '수학적 전통과 실험적 전통', 『역사 속의 과학』(서울: 창작과 비평사, 1982), 191쪽. (이 글은 원래 Thomas S. Kuhn, 'Mathematical versus Experimental Traditions in the Development of Physical Science', *Journal of Interdisciplinary History* 7(1976), 1-31쪽에서 번역된 것임.)

57) 이에 관해서는 D. P. Walker, *Studies in Musical Science in the Late Renaissance*(London: University of London, 1978)을 참조할 것.

58) 18세기 경에는 '음향학자'(acoustician)라는 용어가 음악과 연관하여 음에 관한 연구를 수행하는 이들을 일반적으로 지칭하는 데 사용되었다. V. Carton Maley, Jr, *The Theory of Beats and Combination Tones, 1700-1863*(New York and London: Garland Publishing, Inc., 1990), 11-23쪽.

으로 추구해야 할 전통적인 문제였다. 한편 18세기를 거치면서 해석학
의 발전은 여러 가지 진동체의 수학적 이론을 도출시켰다. 그러나 이
것은 어디까지나 수학적인 관심에서 이루어진 것이지 소리에 대한 관
심에서 비롯된 것은 아니었다.

이 절에서는 19세기 전반까지 소리에 대한 연구가 어떻게 진척되었
는가를 살펴보기로 하겠다. 이를 위해 19세기 초의 상황을 먼저 살펴
보고 그 이후 1850년까지의 상황은 그다음 소절에서 살펴보겠다.

(1) 19세기 초까지의 음향학

18세기에 음향학은 사실상 별로 관심을 끌지 못하는 연구 분야였다.
18세기 동안 행해진 소리에 관한 시범 실험은 단 두 가지뿐이었다. 소
리의 전파는 매질을 필요로 한다는 것을 보이기 위해 진공 속에서 종
을 울리는 실험과 진동하는 현에 작은 집게를 집어서 마디가 존재하
는 것을 보이는 실험이 그것이었다.[60] 다만 해석학의 발달 속에서 해
석학을 적용할 수 있는 구체적인 문제로서 다양한 진동들이 채택되어
수학자들의 관심을 끌었다. 그러나 수학자들은 이상화된 진동 문제를
푸는 데 관심을 쏟았지 실제 진동체의 진동에 대해서는 면밀히 관찰
하려 하지 않았다.

18세기 말이 되자 음향학적 현상들이 실험 연구의 대상으로 많은

59) 이에 관하여서는 Frederick Vinton Hunt, *Origins in Acoustics: The Science of Sound from Antiquity to the Age of Newton*(New York: Acoustical Society of America, 1992)을 참조할 것.

60) Stephan Vogel, "Sensation of Tone, Perception of Sound, and Empiricism: Helmholtz's Physiological Acoustics", in David Cahan, ed. *Hermann von Helmholtz and the Foundations of Nineteenth-Century Science*(Berkeley: University of California Press, 1993), 261쪽.

관심을 끌기 시작했다. 이러한 관심의 증폭에는 클라드니(Ernst. F. F. Chladni, 1756-1827)가 큰 기여를 했다. 클라드니는 1787년에 진동하는 판 위에 올린 분말이 만드는 독특한 무늬를 관찰하는 실험을 수행함으로써 음향학에 대한 관심을 불러일으켰다. 또한 1802년에 출판된 클라드니의 『음향학』(Die Akustik)은 이후에 '음향학'이 의미하는 바를 규정하는 데 중요한 영향을 미쳤다. 클라드니의 무늬를 포함하여 클라드니의 실험적 연구 성과들이 정리된 『음향학』은 대중적인 관심을 끌어 출판된 지 몇 년 안 되어 프랑스 정부의 지원을 받아 클라드니가 직접 번역한 불어판이 출간되었다.[61] 클라드니의 명성과 이 책의 성공은 '음향학'을 소리에 관한 연구 분야로 널리 인식시켰다.

클라드니는 자신이 음향학 연구를 하게 된 계기를 "소리의 이론이 물리학의 다른 분야들보다 더 무시되었다는 사실이 나에게 이 결점을 치유하려는 욕망을 불러일으켰다"[62]라고 밝혔다. 여기에서 클라드니가 사용한 '물리학'이라는 용어는 현대적인 의미의 물리학과는 거리가 멀다. 이 책이 출판되었을 시점에서 현대적인 의미의 전문 분야로서 물리학은 아직 형성되지 않았다. 그러나 '물리학'이라는 용어는 흔히 사용되고 있었는데 18세기에 널리 사용되었던 '물리학'의 의미는 '자연이 양산하는 모든 효과의 이유와 원인을 가르치는 과학'으로 열이나 자기뿐 아니라 의학이나 생리학을 포괄하는 연구 분야였다.[63] 클라드니의 언급은 18세기 내내 소리에 대한 연구가 다른 '물리학' 분야에 비해서 상당히 연구가 미미하게 이루어진 분야였음을 드러내 준다.

클라드니에게 있어서 음향학은 '물리학'의 한 분과였지만 그가 말한

---

61) E. F. F. Chladni, Traité d'Acoustique(Paris: Courcier, 1809).

62) Chladni, 앞의 책, v, vi쪽. 강조는 필자가 첨가하였다.

63) Thomas L. Hankins, Science and the Enlightenment(Cambridge: Cambridge University Press, 1985), 10-11쪽.

'소리의 이론'은 다분히 실험적이었다. 이미 18세기에 진동에 관련한 해석학적 연구는 달랑베르(Jean Le Rond d'Alembert, 1717-1783), 오일러(Leonhard Euler, 1707-1783), 다니엘 베르누이(Daniel Bernoulli, 1700-1782), 라그랑주(Joseph Louis Lagrange, 1736-1813) 등에 의해 상당히 진척되어 있었고 계속적으로 그러한 주제에 대하여 연구하는 수학자들이 있었다. 그러나 클라드니는 이러한 소리와 연관된 대상의 수학적 논의들을 그의 책에서 별로 취급하지 않았다.[64]

19세기 초에 음향학이 활기를 띠게 되는 데 기여한 또 한 사람은 토머스 영(Thomas Young, 1773-1829)이었다. 영은 1800년에 '빛과 소리 이론'에 관한 논문을 발표하였고 1807년에 두 권의 텍스트인 *A Course of Lectures on Natural Philosophy and the Mechanical Arts* 를 썼다.[65] 소리에 관한 논의에 할당된 이 책의 세 장은 당시의 '음향학'에 관한 좋은 요약을 제공한다. 영의 책도 클라드니의 책처럼 '소리 이론'이 경험과 실험이 중심을 이루는 탐구 활동이라고 보았다. 영은 빛과 소리가 모두 파동이라는 측면에서 이 두 현상이 매우 긴밀한 연관성이 있는 것으로 취급하였다. 영은 소리에 대한 여러 가지 실험을 수행하였고 소리의 본성의 이해에 새로운 요소를 가미했다. 그는 현에서 반사되는 빛을 이용해서 진동하는 현의 운동을 관찰했고 진동수를 비교하는 그래프 표현 방법을 도입했다. 그는 현이 진동할 때 여러 개의 진동 모드를 가짐으로써 단일하지 않은 음, 즉 가장 낮은 진동음인 기음(基音, fundamental)과 그것의 정수배의 진동수를 갖는 배음(倍音, harmonic)들이 함께 울려 복합음을 발생시킨다는 것을 인식했다.[66]

---

64) Beyer, *Sounds of Our Times: Two Hundred Years of Acoustics*(New York: Springer-Verlag, 1999) 2-3쪽.

65) Thomas Young, *A Course of Lectures on Natural Philosophy and the Mechanical Arts*, 2 vols. (London: Joseph Johnson, 1807).

56

경험적 사실이나 실험적 발견들이 주된 내용을 이루는 클라드니와
영의 논의에 있어서 수학적인 취급는 뉴턴에 의한 음속 계산법의 소
개에 한정되었다. 뉴턴은 일찍이 『프린키피아』의 2권에서 이론적 추론
에 의거해서 음속을 계산하였다.[67] 클라드니는 뉴턴의 방법을 이용해
서 많은 기체와 액체에서의 음속을 계산하였다.[68] 이러한 계산은 소
리가 전파되는 동안 공기의 압축과 팽창을 등온 과정으로 가정하였기
에 너무 작은 값들을 내놓았다. 영도 그의 책에서 뉴턴의 속도 계산법
을 설명하였는데, 라플라스(Pierre-Simon de Laplace)가 음파가 전달
될 때, 공기의 압축에 의해 온도가 상승하고 공기의 팽창에 의해 온도
가 하강한다고 주장한 것에 주목하면서 이 문제를 등온 과정이 아닌
다른 방식으로 접근해야 할 것을 주장했지만 더 이상의 자세한 해법
은 제시하지 않았다.[69] 영은 물의 영률(Young's modulus)[70]을 사용

---

66) 일반적으로 현이나 관 등이 진동하여 음을 발생시킬 때, 단일한 진동수의
음이 아니라 여러 진동수를 갖는 음이 함께 울려난다. 이렇게 여러 진동
음이 합쳐진 음을 복합음(compound tone)이라 부른다. 이때 복합음을 구
성하는 성분 진동음 중에서 가장 낮은 진동수를 갖는 음을 기음이라 부르
고 기음의 정수배의 진동수를 갖는 성분음을 배음이라 한다. 기음과 배음
의 개념을 비롯한 음악적 음향학에 관해서는 도날드 E. 홀, 『음악을 위한
음향학』(Musical Acoustics) 박관우, 안정모 역. (서울: 삼호출판사, 1990);
막스 베버, 『음악 사회학』(서울: 민음사, 1993)의 부록을 참조할 것.

67) 뉴턴의 음속 계산은 Isaac Newton, Mathematical Principles of Natural
Philosophy and His System of the World(Berkeley: University of
California Press, 1960), Book Ⅱ의 Section 8에서 전개된다.

68) 그것들은 오늘날 받아들여지는 값과 근사적인 경우가 많지만 수소에 대
한 값은 상당히 멀다. 클라드니는 수소 속에서의 음속을 680~810 m/s라
고 했는데 오늘날 받아들여진 값은 1240 m/s다. Beyer, 앞의 책, 5쪽.

69) Beyer, 앞의 책, 5-6쪽.

70) 유체의 영률은 유체를 압축하여 그 부피를 반으로 만들 때 필요한 단위
면적당 힘에 해당한다.

해서 물에서의 음속을 이론적으로 추정하였다.[71]

고체에서의 음속 추정은 1800년에 클라드니에 의해 시도되었다. 그는 충격을 가한 고체 막대에서 발생하는 음의 피치와 같은 길이의 공기가 찬 닫힌 파이프(氣柱)에서의 정상파의 피치를 비교했다. 클라드니는 그 차이가 고체에서 전달되는 음속과 공기 중에서 전달되는 음속의 차이에서 기인함을 주장하였고 이에 의거해서 고체에서의 음속을 구했다. 클라드니는 주석 막대에서는 같은 길이의 기주에서의 피치보다 두 옥타브와 장7도만큼 높은 음이 나오는 것에 근거하여 주석에서의 음속은 공기 중 음속의 7.5배라고 주장하였고, 구리에서는 공기에 비해 세 옥타브와 5도만큼 높은 음이 나오는 것에 근거하여 구리에서의 음속은 공기 중 음속의 12배라고 주장하였다.[72] 이것은 정확한 값에 비하여 거의 15% 정도 작은 값들이었지만, 그럼에도 불구하고 그가 고체에서의 음속이 기체와 액체에서의 음속에 비해 훨씬 크다는 것을 입증한 것은 의미 있는 진보였다.[73]

클라드니의 음속 계산의 기초가 된 소리의 진동수와 피치와의 관계는 17세기에 처음으로 발견되었다. 메르센(Marin Mersenne, 1588 - 1648)은 주어진 피치의 진동수를 최초로 결정한 이였다. 그는 매우 긴 로프를 가지고 로프의 길이, 질량, 장력에 정상파의 진동수가 의존하는 것을 확인했다. 그는 진동수와 이들 현의 특성과의 관계를 나타내는 공식을

---

71) Beyer, 앞의 책, 6쪽.
72) 두 음의 음정이 두 옥타브와 장7도이면 두 음의 진동수의 비가 1:7.5에 해당하며, 두 음의 음정이 세 옥타브와 5도이면 두 음의 진동수의 비는 1:12에 해당한다. 동일한 길이의 막대나 기주는 그 길이가 반 파장에 해당하는 기본 진동을 일으키므로 파장이 일정할 때, 진동수는 음속에 비례한다.
73) Beyer, 앞의 책, 7쪽.

58

얻어냈다. 그러고 나서 그는 금속 줄을 잡아당겨서 거기서 나오는 음
이 오르간 파이프에서 나오는 음과 같도록 조율하였다. 그는 자신의
공식으로부터 오르간 파이프의 진동수를 계산할 수 있었다. 그의 측정
법은 옳았지만 정확도는 낮았다.[74]

그의 결과는 다음 세기에 소베르(Joseph Sauveur, 1653-1716)에
의해 개선되었다. 소베르는 악음(樂音)[75]의 진동수 비에 대한 지식과
종전에 관찰된 현상인 맥놀이를 이용해서 음의 실제 진동수를 계산할
수 있었다. 먼저 소베르는 반음만큼 차이가 나는 두 오르간 파이프의
길이가 15대 16인 것을 확인하였다. 그리고 소베르는 두 파이프를 동
시에 울리게 했을 때 발생하는 맥놀이 진동수를 세어 그것이 초당 6
회임을 확인하였다. 그는 오르간 파이프의 길이의 역수의 비가 진동수
의 비라는 사실로부터 이 파이프들의 진동수를 96, 90cps[76]로 정할
수 있었다. 그는 이런 식으로 모든 악음의 진동수를 계산할 수 있었
다. 그리하여 피아노의 중앙의 C음에는 256cps가 할당되었다.[77]

이러한 다분히 수학적인 논의에 의한 음의 이해는 몇 가지 단순한
진동계에 대한 엄밀한 수학적 논의로 이어졌다. 그중에서도 현의 진동
에 대한 수학적 논의가 가장 먼저 제시되었다. 영국의 수학자이며 무
한 수열에 관한 테일러 정리로 유명한 브룩 테일러(Brook Taylor,

---

74) 같은 책, 9-10쪽.
75) 악음(musical sound)이란 일반적으로 악기에서 나오는 음으로 이와 대조
가 되는 것은 소음(騷音, noise)이다. 음향학 연구는 소음보다 다루기 쉬
운 악음의 특성에 대한 연구에서 시작되었다.
76) cps라는 단위는 cycles per second의 약칭으로서 19세기 음향학자들 사
이에서 광범위하게 사용되었다. 'vibrations per second'라는 표현도 많이
쓰였는데 이 책에서는 공통적으로 cps라는 단위를 쓰기로 하겠다. Hz(헤
르츠)라는 같은 의미의 단위는 20세기가 한참 지나서야 쓰이게 된다.
77) Beyer, 앞의 책, 10쪽.

1685-1731)는 진동하는 현의 문제의 엄밀한 동역학적 풀이를 1713년에 최초로 발표했다. 그는 뉴턴의 운동 방정식을 사용한 수학적 논의로부터 메르센의 실험 결과와 일치하는 진동수에 관한 식을 유도해 냈다.[78] 그 후 달랑베르는 편미분을 포함하는 파동 방정식을 써서 진동현의 해를 얻었다. 그 해는 현의 진동이 실제로는 반대 방향으로 움직이는 두 파동으로 이루어져 있다는 것을 의미했다. 그러나 진동하는 물체가 어떻게 소리를 발생시키는가에 대해서는 진동이 일어나는 동안에 주변의 공기가 함께 진동을 하면서 소리가 전달되게 된다는 것 외에는 자세히 알려지지 않았다.[79]

같은 시기에 현의 진동에 대한 이해에 있어서 또 다른 수학적 진보를 이룩한 인물은 다니엘 베르누이(Daniel Bernoulli)였다. 그는 하나의 현이 실제로 여러 개의 다른 진동을 동시에 포함할 수 있음을 보였다. 그는 현의 진동을 오늘날 우리가 조화 진동(harmonic oscillation)이라고 부르는 단순한 진동들이 중첩되어 나타나는 것으로 보았다. 그는 각각의 조화 진동은 독립적으로 존재하여 어떤 지점의 전체 효과는 각각의 성분 조화 진동의 대수적 합으로 나타난다는 사실을 밝혀냈다. 베르누이의 정리는 복잡한 진동이 조화 진동의 복잡한 중첩에 의해 형성된다는 것을 의미했고, 그러한 중첩 과정에서 각각의 진동은 서로에 대해서 독립적이라는 독립의 원리를 함축하였다.[80]

한편 관이나 파이프에 속박된 공기의 진동에 대한 이론적 탐구는 오일러(1727)와 라그랑주(1759)의 노력으로 결실을 보았다. 이들의 노력으로 개관(開管)과 폐관(閉管)의 근사적인 배음의 진동수를 예측하

---

78) R. B. Lindsay, "Historical Introduction", in Rayleigh, *The Theory of Sound*, 2 vols. (New York: Dover Publications, 1945), 1권, xiv쪽.

79) Beyer, 앞의 책, 13쪽.

80) 같은 책, 14쪽.

60

는 것이 가능해졌고 배음의 특성을 이해할 수 있게 되었다. 그러나 말
단 수정의 문제, 즉 실제 파이프의 길이와 유효한 길이의 차이의 문제
는 제대로 풀리지 않았다.[81]

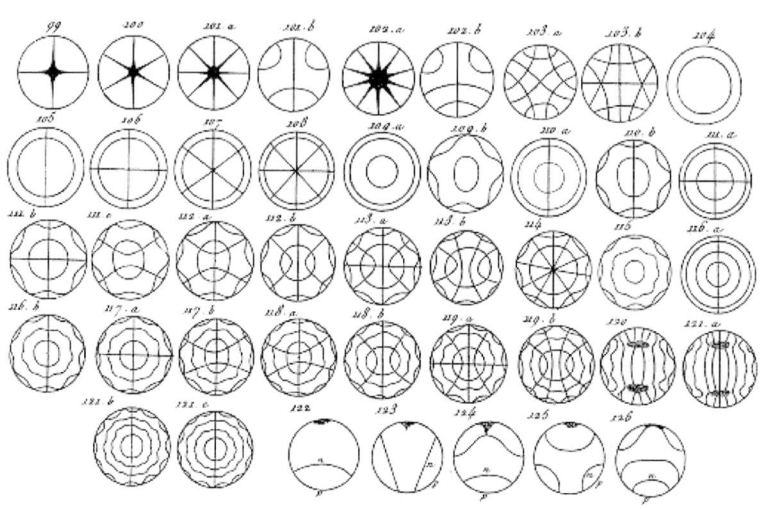

출전: Beyer, *Sounds of Our Times*, 16쪽

그림 3-1 클라드니 무늬

현의 진동이나 기주의 진동에 비하면 2차원 진동판에 대한 이론은
뒤늦게 나왔다. 이 주제의 실험적 연구에서 선구적인 역할을 한 인물
은 다름 아닌 클라드니였다. 1787년에 클라드니는 판 위의 하나 또는
여러 점을 고정시키고 그 위에 모래를 뿌린 후, 바이올린의 활로 판의
가장자리를 문질러 보았다. 모래는 판의 부분들이 진동하면서 진동이
없는 마디선에 모였다. 이를 통해 판이 어떠한 양상으로 진동하고 있
는가가 선명하게 드러났다. 클라드니는 이 무늬에 매혹되었고 계속 이

---

81) 같은 책, 14쪽.

'클라드니 무늬'(Chladni figures)를 만들어 냈다(그림 3-1). 이 실험은 대중적으로 상당히 널리 알려졌고, 이후 클라드니의 무늬는 다른 실험 연구자들에 의해 계속 재현되면서 2차원 판이나 막의 진동 모드를 알아내는 데 널리 쓰였다. 이후 너무 빨리 움직이기 때문에 인간의 눈으로 관찰할 수 없는 진동을 이와 같이 가시화시키는 방법은 실험 음향학에 있어서 강력한 도구로 자리잡게 되었으며, 진동의 가시화는 진동을 실험적 탐구의 대상으로 삼으려는 연구자들의 노력으로 이후 꾸준하게 다른 영역과 다른 방법으로 확장되었다.[82]

또한 경험적으로 상당히 일찍부터 알려져 있었지만 제대로 설명되지 않았던 현상으로 타르티니 음이 있었다. 이것은 서로 다른 진동수를 갖는 두 음이 시끄럽게 지속적으로 울릴 때 두 진동수의 차이에 해당하는 낮은 진동수를 갖는 음이 들리는 현상이다. 이 현상의 최초의 발견자를 놓고 상당한 논쟁이 있었다. 조르게(Georg Sorge, 1703-1778)와 타르티니(Guiseppe Tartini, 1692-1770)가 서로 우선권을 주장했다. 1748년에 조르게가 이 현상의 발견을 최초로 보고했다. 한편 바이올린 주자인 타르티니는 1754년에 독립적으로 바이올린으로 두 개의 다른 음을 시끄럽게 연주할 때 같은 현상이 나타나는 것을 보고하였다. 그런데 타르티니는 1714년에 이미 이 현상을 관찰했다고 주장함으로써 우선권을 둘러싼 논쟁의 불씨를 던졌다. 나중에 로미외(Jean Baptiste Romieu)도 이 낮은 진동수의 음을 1752년에 이미 독립적으로 발견했다고 주장하였다. 그러므로 이 현상은 1750년을 전후하여 여러 발견자에 의해 독립적으로 발견된 것으로 볼 수 있다.

음향학 연구자들에게 더 중요한 문제는 타르티니 음이 왜 발생하느냐에 있었다. 라그랑주, 클라드니, 영은 모두 이 현상을 일종의 맥놀이

---

82) 같은 책, 14-15쪽.

라고 결론지었다. 보통의 맥놀이는 두 진동음의 진동수의 차이가 초당 5 내지 10회로 작을 경우에 선명하게 감지되었다. 하지만 두 음의 진동수에 점점 큰 차이가 나게 하면 초당 맥놀이 횟수가 증가하면서 사람들은 불협화음의 불쾌한 소리를 들었다. 그런데 이들 이론가들은 이렇게 진동수의 차이가 매우 커지게 되면 결국 두 음의 차이에 해당하는 진동수의 순수하고 안정된 음, 즉 타르티니 음을 듣게 된다고 설명하였다. 이러한 타르티니 음의 '맥놀이 이론'은 타르티니 음이 맥놀이의 진동수인 두 음의 진동수의 차이에 해당하는 피치를 갖는다는 사실에서 비롯된 오해였지만 다음 반세기 동안 음향학자들은 이러한 주장을 무리 없이 받아들였다.[83]

　19세기 초에 음향학을 활성화시키는 데 중요한 역할을 한 또 다른 저술로 베버 형제(Ernst Heinlich Weber, Wilhelm Weber)의 『파동학』 (Wellenlehre auf Experimente gegründet, 1825)을 들 수 있다. 프레넬 (Augustin Jean Fresnel)의 빛의 파동설과 클라드니의 음향학 연구에 영향을 많이 받아 파동에 관한 연구에 관심을 갖게 된 베버 형제는 파동에 관련한 광범위한 실험 연구를 수행하였다. 이 책은 유체 운동에 대한 실험뿐 아니라 광학 현상을 포함하여 수면파나 음파 등에 대한 폭넓은 파동 실험에 대해 기술하였으며 뉴턴과 오일러의 진동 이론으로부터 푸아송(Siméon Denis Poisson, 1781 - 1840), 라플라스, 코시(Augustin - Louis Cauchy, 1789 - 1857) 등의 걸출한 프랑스 수학자들의 최신 수학적 이론들에 이르기까지 파동에 관련한 수학적 이론들을 독일 독자들에게 소개하였다.[84] 이 책이 비록 수학적 연구들을 소

---

83) 같은 책, 20쪽.

84) Ernst Heinrich Weber und Wilhelm Weber, *Wellenlehre, auf Experimente gegründet oder über die Wellen tropfbarer Flüssigkeiten mit Anwendung auf die Schall - und Lichtwellen*(Leipzig: Gerhard Fleischer, 1825).

개하였지만 클라드니의 영향을 받아 실험에 치중한 점은 주목할 만하다. 베버 형제는 이전의 수학자들이 연구한 정상파의 단순한 조건들은 실제 자연에서는 관찰될 수 없는 것임을 지적하고 이러한 경향을 극복하기 위한 실제적인 파동학의 경험적 기초를 마련하려는 의도로 이 책을 집필하였다.[85] 베버 형제는 190피트 길이의 물통을 수면파의 통제된 연구를 위해서 제작하여 실험하였고 직접 강에 나가서 수면파를 관찰하고 측정하였다. 이들은 면밀한 관찰과 실험을 이론적 토대에서 검토하였고 파동을 일으키는 입자의 운동과 힘의 문제를 철저하게 취급하였다.[86] 이 책은 이후의 독일 음향학 연구에 큰 자극이 되었다.

(2) 19세기 전반의 음향학적 성과들

19세기 전반기는 음향학에 있어서 많은 연구들이 이루어진 시기였다. 침체되었던 이 분야는 몇몇 선구자들에 의해 활성화되었다. 점점 많은 수의 음향학 논문들이 발표되었고 수학적 연구들도 지속되었지만 전례 없이 많은 실험적 연구들이 활성화되었다.

이러한 관심 증폭의 시발점은 클라드니였다. 19세기 초에 클라드니 무늬의 특징적인 형태는 많은 이들의 관심을 끌었고 그것의 수학적 설명에 대한 관심이 높아졌다. 이러한 관심의 반영으로 프랑스 정부는 클라드니의 판(板)의 행동을 지배하는 미분 방정식을 찾아내는 데 상금을 내걸었다. 이 상은 1815년에 여류 수학자 소피 제르맹(Sophie

---

303 – 435쪽.

85) 같은 책, 4 – 6, 12 – 13쪽.

86) Jungnickel and MacCormmach, *Intellectual Mastery of Nature: Theoretical Physics from Ohm to Einstein*, 2. vols. (Chicago: The University of Chicago Press, 1986), 1권, 46 – 47쪽.

Germain, 1776-1831)에게 돌아갔다. 제르맹은 클라드니 도형들을 기술하는 4차 미분 방정식을 유도해 냈다. 그러나 제르맹은 경계 조건을 설정하는 데 실수를 하였고 이것 때문에 올바른 해답을 얻지 못했다. 이것의 올바른 해는 1850년에 올바른 경계 조건을 따라 문제를 푼 키르히호프(Gustav Kirchhoff)에 의해 얻어졌다.[87]

클라드니 무늬에 대한 실험가들의 관심은 새로운 현상의 발견으로 이어졌다. 진동하는 클라드니 판 위에 뿌려진 모래는 마디선에 모였지만 더 미세한 분말인 바이올린 활에서 떨어진 털 부스러기나 석송 분말(lycopodium)이 진동하는 판 위에 뿌려졌을 때에는 그것들이 판의 마디선의 중간, 즉 배 근처에 모이는 것이 발견되었다. 이 새로운 현상에 대한 설명은 1831년에 패러데이(Michael Faraday)에 의해 제대로 주어졌다.[88] 그것은 작은 소용돌이가 빠르게 진동하는 판 주위에 형성되어 거기에 이들 미세한 분말들이 포착된다는 것이었다. 이러한 유체의 특징적인 흐름은 이후 '수력학적 흐름'(hydrodynamic flow), '음향학적 기류'(acoustic streaming), '수정 바람'(quartz wind) 등으로 다양하게 불렸다.[89]

음향학의 실험적 기술의 발전에 있어서 가장 중요한 단계는 제어하기 쉬운 음원을 만드는 것이었다. 사바르(Felix Savart)는 1830년에 가청 주파수의 한계를 연구하기 위해 톱니바퀴를 초당 40회로 회전시키고 톱니에 삼각형 모양의 나무판이나 종이판을 대어 소리를 발생시켰다. 그는 크기가 다른 여러 종류의 톱니바퀴를 사용했고 600개의 톱

---

87) 같은 책, 28쪽.

88) Michael Faraday, "On a Peculiar Class of Acoustical Figures; and on Certain Forms Assumed by Groups of Particles upon Vibrating Elastic Surfaces", *Phil. Trans.* 50(1831), 299-318쪽.

89) Beyer, 앞의 책, 29쪽.

니를 가진 가장 큰 톱니바퀴는 24,000cps의 음을 낼 수 있었다. 이 장
치를 이용해서 사바르는 사람이 들을 수 있는 음의 최고의 진동수는
24,000cps, 최저의 진동수는 8cps라고 결정했다.[90]

다른 방식에 의해 제어 가능한 음원으로 개발된 것은 사이렌(siren)
이었다. 사이렌은 1799년에 로비슨(John Robison)에 의해 그 원형적
형태가 개발되었지만 1819년에 라 투르(Charles Cagniard de La Tour,
1777-1859)에 의해 개발된 음원에 처음으로 이 이름이 붙여졌다. 라
투르는 축을 중심으로 하는 원주에 등간격으로 구멍들이 뚫어진 두
장의 원판을 겹쳐서 사이렌을 만들었다. 아래쪽의 원판은 바람통의 꼭
대기에 붙어 고정되어 있었고 다른 하나는 그것에 밀착되어 회전하면
서 아래쪽 원판의 구멍에서 나오는 공기의 흐름을 단속하여 부드러운
악음을 내놓았다. 두 원판의 구멍들은 반대 기울기로 뚫어져 있어서
고압의 공기가 흘러나오면서 위쪽 원판을 돌리게 만들어져 있었고 원
판의 회전수를 기록할 수 있는 장치가 부착되어 있었다. 그 후 1840년
에 제벡(August Seebeck)은 사이렌을 개선하여 더욱 실용성을 향상
시켰다. 그의 사이렌은 구멍이 몇 개의 동심원상에 다른 간격으로 뚫
려 있어서 다른 진동수의 음을 쉽게 발생시킬 수 있었다. 이는 이후에
요긴하게 사용될 중요한 개선이었다.[91]

또 다른 음원으로서 음향학 실험에 널리 쓰이게 된 것이 소리굽쇠
였다. 1711년에 트럼펫 주자인 존 쇼어(John Shore)가 발명한 소리굽
쇠는 조율할 때 기준음을 내는 도구로 1800년 이전까지 상당히 널리
쓰였다. 그것은 또한 일정한 진동수의 음을 낸다는 이유 때문에 음향
학 실험가들에 의해 실험용 음원으로 널리 사용되었다. 음향학자들은

---

90) 같은 책, 30쪽.
91) 같은 책, 30쪽.

66

소리굽쇠가 건반상의 어떤 음을 낸다는 것은 알고 사용했지만 한동안 그것이 정확하게 초당 몇 회의 진동을 하는지는 알지 못했다. 이 문제는 샤이블러(Johann H. Scheibler, 1777-1837)에 의해 명쾌하게 해결되었다.[92] 그것은 크고 작은 56개의 소리굽쇠를 각각 4cps씩의 차이가 나도록 제작하여 한 옥타브를 채우는 방법이었다. 샤이블러의 방법은 당시로서는 가장 정확하게 악음의 진동수를 결정하는 방법이었다.

이는 두 소리굽쇠로 만들어지는 맥놀이 진동수를 세는 간단한 방법으로 진동수를 얻을 수 있어 매우 실용적이었다. 1834년에 슈투트가르트(Stuttgart)에서 열린 한 과학자들의 회의에서 샤이블러는 A=440cps를 음악에서 피치의 기준으로 삼을 것을 제안하였다. 이렇게 해서 '슈투트가르트 피치'는 만들어졌고 이후 유럽 여러 나라에서 널리 쓰였다.[93]

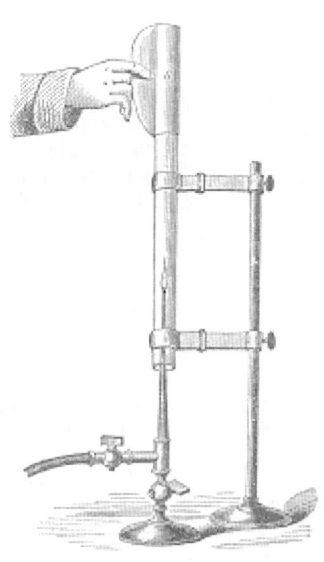

출전: Tyndall, *On Sound*, 248쪽.

그림 3-2 노래하는 불꽃

19세기에 만들어진 또 다른 실험용 음원으로는 '노래하는 불꽃'(singing flame)이 있었다. 1802년에 아일랜드 출신의 의사인 히긴스(Bryan Higgins, 1737-1820)는 고압의 수소 불꽃 위에 유리관을 세워 놓았을 때 일정한 높이의 음이 들리는 것을 보고했다(그림 3-2). 그는 유리관의 직경과 길이에

92) Johann Haunch Scheibler, *Der physikalische und musikalishc Tonmesser* (G. D. Bädeker, Essen, 1834).
93) Beyer, 앞의 책, 32쪽.

따라 다른 음이 나오는 것을 들을 수 있었고 끝이 봉해진 유리병(jar)이나 관(tube)을 사용할 때도 그 형태에 따라 다양한 음이 발생하는 것을 찾아냈다. 관이나 병의 직경이 커지면 소리는 점점 희미해지다 결국에는 멈추고 반대로 직경이 너무 작아지면 불꽃이 꺼졌다. 이후에 얼마 동안 이 특이한 현상을 설명하기 위한 많은 시도들이 있었지만 패러데이에 의해서 제대로 된 설명이 나오기까지 대부분이 잘못된 것이었다.[94]

소리의 전파 속도에 대한 탐구는 19세기 전반기 동안에 활발하게 이루어졌다. 특히 기체를 제외한 고체나 액체에서의 음속 측정이 다각적으로 이루어졌다. 고체에서의 음속은 1800년에 클라드니에 의해 간접적으로 측정된 이후, 1808년에 951.25 m 길이의 파리의 수도관을 이용해 비오(J. B. Biot, 1774-1862)에 의해 직접 측정되었다. 비오는 수도관의 한쪽 끝에서 종을 울려서 소리가 두 경로, 즉 수도관 내부의 공기와 수도관 자체를 통해 전달되도록 하여 공기를 통해 전달되는 소리와 철로 만들어진 관을 통해 전달되는 소리의 전달 시간을 측정하였다. 공기 중의 음속은 알려져 있었으므로 비오는 비교에 의해 철에서의 음속을 계산할 수 있었다.[95]

물 속에서의 음속에 대해서는 정밀한 측정이 이루어지기 전에 이론적 예측이 먼저 있었다. 1816년에 라플라스가 이론적으로 계산한

---

94) 같은 책, 15쪽. 패러데이는 노래하는 불꽃이 일정한 진동음을 발생시키는 것은 불꽃 위에 세워진 관이나 용기 속의 공기가 고유 진동음으로 공명을 일으키기 때문임을 지적하였다.

95) 동일한 실험이 나중에 더 정확하게 실시되었다. 1905년에 Violle과 Vautier는 32 cps에서 640 cps의 진동수를 갖는 음을 직경이 3 m이고 길이가 2,922 m인 관을 통해서 보내 모든 음의 속력은 1000분의 1의 한계 내에서 동일하다는 것을 보였다. J. Violle et T. Vautier, *Comptes Rendus* 140(1905), 1292쪽.

바로는 담수 속에서의 음속은 1525.8 m/s였고 해수 속에서의 음속은 1620.9 m/s였다. 담수에서의 값은 일찍이 클라드니가 얻은 값인 1494 m/s와 유사했다. 물속에서의 음속의 실제적인 측정은 1826년에 콜라돈(Jean-Daniel Colladon, 1802-1893)과 슈투름(Charles Sturm, 1803-1855)에 의해 제네바 호(湖)에서 이루어졌다. 콜라돈이 측정한 담수에서의 음속은 1437.8 m/s로 당시 물의 온도를 8℃로 간주할 때 현대적 관측치인 1438.8 m/s에 매우 가까운 값이었다.[96]

한편 소리의 전달에 관한 이론적 연구는 19세기 전반기에 수학자들에 의해 활발하게 전개되었다. 이는 진동과 파동에 대한 일반적인 연구와 긴밀하게 연결되어 있었다. 1821년과 1822년 사이에 나비에(Claude L. M. Navier, 1785-1836)와 코시(A. L. Cauchy)가 탄성방정식들을 만들었고 푸아송은 균질한 고체의 내부를 통해 두 개의 기본적이고 독립적인 파동의 전파 모드가 존재한다는 것을 보이는 데 그것들을 사용했다. 이 파동 중 하나는 부피의 변화를 포함하는 압축파(compressional wave)였고 다른 것은 부피의 변화를 포함하지 않는 측면파(shear wave)였다. 압축파는 측면파보다 신속하게 전파되었고 언제든지 먼저 도착하였다. 그래서 압축파는 1차(primary) 즉 P파로, 측면파는 2차(secondary) 즉 S파로 불렸다. 이 두 파는 지진파 연구의 기초가 되었다.[97]

음의 발생이나 전달과 관련하여 이 시기에 이루어진 중요한 이론적 성과는 중첩의 원리의 발견이었다. 1800년에 영은 그의 논문에서 두 음선(音線, sound beam)이 서로 가로지를 때 일어나는 현상을 논의하면서 여기에 중첩의 원리가 적용되는 것을 알았지만 그 원리를 정확

---

96) Beyer, 앞의 책, 34-36쪽.
97) 같은 책, 36-37쪽.

히 제시하지는 않았다. 그 이후 수직으로 진동하는 두 힘에 의해 움직이는 입자에 대하여 버몬트(Vermont) 대학의 교수인 딘(James Dean, 1776-1849), 글래스고 대학의 수학 교수인 블랙번(Hugh Blackburn, 1823-1909), 유명한 천문표의 제작자로서 매사추세츠의 살렘에서 주로 활동하였던 보우디치(Nathaniel Bowditch, 1773-1838), 악기제작자인 휘트스톤(Charles Wheatstone), 음향학자 리사주(J. Lissajous, 1822-1889)가 다양한 연구를 수행했고 이들은 각각 독립적으로 진동방향이 수직인 두 단진동의 복합을 얻어내는 방법을 고안하였다.

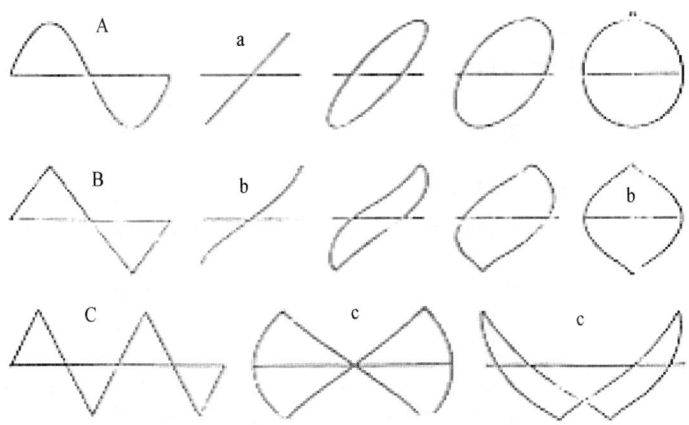

출전: Helmholtz, *Sensations of Tone*, 82쪽.

그림 3-3 리사주 곡선

그중에서 두드러진 것은 휘트스톤이 1827년에 고안한 칼레이도폰(kaleidophone)이었다. 이것은 한쪽 끝이 고정되어 진동하는 수직으로 세워진 좁은 폭의 얇은 금속판이었는데 중간에서 꼬여 있어 아랫부분과 윗부분의 진동방향이 수직을 이루도록 만들어졌다. 그리고 판의 끝

부분에서 빛이 반사되도록 하여 금속판이 진동할 때 여기서 반사되는 빛을 통해 두 방향의 진동이 복합된 진동을 관찰할 수 있게 만들어졌다. 그리고 아래쪽 금속판의 고정 위치를 올리거나 내림으로써 두 방향의 진동의 진동수 비를 바꾸어 여러 진동수의 비를 갖는 진동들을 복합해 낼 수 있었다. 휘트스톤은 이 장치로 리사주 곡선을 얻어낼 수 있었고 진동의 가시화에 중요한 기여를 하였다(그림 3-3).

1842년에 오스트리아의 도플러(Christian J. Doppler, 1803-1853)는 쌍성에서 오는 빛에 관한 짧은 책을 출판하였다. 도플러는 먼 별에서 온 빛의 진동수가 별과 관찰자의 움직임에 의해 편이됨을 관찰하였고 쌍성의 경우, 전체 진동수의 상대적 편이가 $2v/c$ (v: 별의 접근 혹은 퇴각 속도, c: 광속)임을 알아냈다. 그의 책에서 도플러는 이러한 현상이 파동에서 특징적으로 나타나는 것으로 음파에도 똑같이 적용되어야 함을 지적하였다. 같은 생각을 1845년에 실험으로 직접 확인한 이는 네덜란드의 기상학자인 발로(C. B. J. Buys Ballot, 1817-1890)였다. 그는 먼저 기차에 탄 트럼펫 연주자의 연주 소리를 지상의 관찰자가 들어서 진동수의 편이를 재게 했고 다음에는 지상에 선 트럼펫 주자의 연주 소리를 기차에 탄 관찰자가 듣도록 했다. 이 실험은 도플러의 예측이 들어맞음을 확증해 주었다.[98]

1822년에 출판된 푸리에(J. B. J. Fourier, 1768-1830)의 『열의 해석 이론』(*Théorie analytique de la chaleur*)은 소리에 관련된 연구는 아니었지만 음향학의 전개에 지대한 영향을 미쳤다. 푸리에는 이 책에서 푸리에의 정리로 알려진 수학적 원리를 처음으로 공식적으로 진술하였다. 즉 유한하고 연속적인 어떠한 형태의 주기 운동도 항상 적당한 진폭과 위상을 갖는 일련의 단조화 운동들의 조합으로 표현될 수

---

98) 같은 책, 42-44쪽.

있다는 것이다. 복잡한 주기 운동이 소리를 구성한다면 푸리에의 정리는 소리를 단조화 성분들로 분해할 수 있다는 것을 말해 주는 것이었다. 이로써 복잡한 형태를 갖는 음파라 할지라도 간단한 사인파의 합으로 분해하여 분석이 가능하다는 것이 알려졌다.[99]

이러한 인식을 청음(聽音) 이론에까지 확장시킨 사람이 옴(Georg Simon Ohm, 1789-1854)이었다. 1843년에 발표된 음향학의 옴의 법칙은 청음의 원리에 관련한 중요한 주장을 담고 있었다. 옴은 귀가 단진동만을 단음(單音)으로 인식하며[100] 다양한 음의 특성은 기음(基音) 진동수의 배수의 진동수를 갖는 여러 개의 단음의 특수한 조합에서 기인하는 것으로 보았고, 무엇보다도 복잡한 악음은 단음의 합으로 분해될 수 있으며 그 각각이 분리되어 귀에 들릴 수 있다는 주장을 하였다. 옴의 주장이 제기되자마자 제벡(August Seebeck)은 이러한 주장을 비판하고 나섰다. 제벡은 옴의 주장대로 음이 단진동의 합으로 이루어져 있는 것은 동의했지만 그것은 항상 종합적으로 인지될 뿐이라고 주장하면서 분석적으로 음이 인지될 수 있다는 옴의 주장을 논박했다.[101] 이러한 제벡의 강력한 논박으로 옴의 청음 이론은 한동안 학계에서 잊혀졌다.[102]

---

99) 같은 책, 44-45쪽.

100) 여기에서 단음(simple tone)은 순음(純音, pure tone)이라고도 부르는 것으로 복합음과는 상반되는 의미를 갖는다. 복합음이 여러 개의 단음이 합쳐져서 형성된 음인 반면 단음은 단조화 진동을 하는 매질이 전달하는 음이다.

101) Beyer, 앞의 책, 268쪽.

102) 이에 관해서는 R. S. Turner, "The Ohm-Seebeck Dispute, Hermann von Helmholtz and the Origins of Physiological Acoustics", *The British Journal for the History of Science* 34(1977), 1-24쪽에 상세하게 나와 있다.

2) 19세기 후반의 음향학

이 절에서는 먼저 19세기 후반의 음향학 연구에 있어서 두드러진 세 연구자, 즉 레일리에게 많은 영향을 끼쳤던 두 인물인 헬름홀츠와 틴들, 그리고 19세기 후반 실험 음향학 전개에 있어서 빼놓을 수 없는 인물인 쾨니히에 관하여 살펴본 다음에, 19세기 후반의 주요한 음향학 연구의 전개 상황을 살펴보기로 하겠다.

(1) 헬름홀츠

헤르만 폰 헬름홀츠(Hermann von Helmholtz, 1821–1894)는 음향학에 있어서 새로운 경지를 개척했을 뿐만 아니라 직접적으로 레일리의 연구 스타일의 모범이 되었다. 그의 관심 영역은 레일리처럼 매우 폭이 넓어 생리 음향학, 생리 광학뿐 아니라 동역학, 수력학, 전기 동역학, 기상학을 포함했고 그는 각 분야에서 모두 두드러진 성과를 내놓았다.[103] 그는 음향학의 실험 연구와 이론 연구를 병행하여 두 방면에서 모두 탁월한 성과를 내놓았다. 그는 음향학의 수학적 연구를 통해서 현대적인 음향학의 이론적 기초를 놓는 작업을 수행하였고 정교한 실험 장치를 구성하여 음의 본성을 규명하는 데 중요한 기여를 하였다. 그가 음향학 부분에서 관심을 가진 주제는 생리적 문제와 깊은 연관을 갖는 것이었다. 그는 귀의 청음 메커니즘을 정교하게 설명하기를 시도했고 부분음(Partialton)[104]의 분석과 합성에 의해 음의

---

103) 헬름홀츠의 전기로서는 Leo Koenigsberger, *Hermann von Helmholtz*(New York: Dover Publications, 1965)가 있다.

104) 부분음이란 일반적인 음, 즉 복합음의 구성 성분이라는 의미로 복합음을 구성하는 단조화음에 헬름홀츠가 붙인 이름이다. 헬름홀츠는 기음을

감각에 대한 옴의 법칙을 입증했다.

그의 연구 성과들은 1862년에 출판된『음악 이론을 위한 생리학적 기초로서 음의 감각에 관하여』(*Die Lehre von Tonempfindungen als physiolgische Grundlage für die Theorie der Musik*)에 모아졌다.[105] 그의 책은 3부로 나누어지는데 1부는 진동의 구성에 관하여, 2부는 조화의

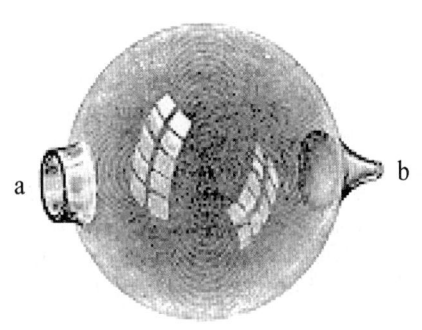

방해(妨害)에 관하여, 3부는 악음의 관계에 관하여 취급하였다. 1부에서 헬름홀츠는 음향학의 옴의 법칙과 성분음의 구조에 의한 음의 특성에 대해 자세히 논의하였고 2부에서는 조합음(Combination)과 맥놀이 현상에 대해서 다루었고, 3부에서는

출전: Helmholtz, *Sensations of Tone*, 43쪽.

그림 3-4 헬름홀츠 공명기

음악학의 입장에서의 음의 이해에 관하여 상술하였다.[106]

헬름홀츠는 1855년에 제벡이 음향학의 옴의 법칙을 논박한 것을 비판하면서 음향학에 대한 논의를 시작하였다. 헬름홀츠는 옴의 법칙의 유효성을 실험을 통해서 입증하였다. 이 과정에서 그는 유리 공명기를

제1 부분음, 그것의 정수배의 진동수를 갖는 배음들을 제2 부분음, 제3 부분음 등으로 불렀다. 구자현, 「헬름홀츠의 생리학 연구의 특성과 청각의 공명 이론」(1995년 2월, 서울대학교 이학석사학위 논문), 44-46쪽을 참조할 것.

105) Hermann von Helmholtz, *On the Sensations of Tone as a Physiological Basis for the Theory of Music*, trans. A. J. Ellis, (New York: Dover, 1954).

106) 같은 책, ix-xiii쪽.

74

사용했다. 이것은 구형으로 귀에 댈 수 있는 가느다란 주둥이와 반대쪽에는 소리를 주입할 수 있는 좀 더 넓은 주둥이를 갖는 것이었다(그림 3-4). 이 유리 공명기는 자체의 고유 진동음을 성분으로 갖는 복합음이나 동일한 진동수의 단음(單音)이 주입될 때만 공명하였고 그러한 성분을 갖지 않는 복합음이 주입될 때에는 진동하지 않았다. 이로써 헬름홀츠는 특정한 악음에 존재하는 특정한 단진동음을 증폭시켜 들을 수 있었다. 그러므로 이렇게 물리적으로 개별적으로 존재하는 배음들을 귀가 따로따로 인식하는 것이 가능하다는 옴의 주장은 무리한 주장이 아니었다.107) 헬름홀츠는 더 나아가서 8개 남짓한 부분음을 합성할 수 있는 소리굽쇠 합성기를 개발했다. 그는 이것을 이용해서 부분음의 조합이 단일하게 들리는 악음을 만들어 낼 수 있음을 보임으로써 분석과 합성의 양방향에서 옴의 법칙의 유효성을 지지했다.

또한 헬름홀츠는 악음의 특성이 부분음들의 배치, 수, 세기에 의존한다는 것을 입증했다. 더불어 그는 부분음을 90도까지 위상 변경시킬 수 있는 장치를 개발하였고 이를 사용해서 부분음의 위상 변화는 악음의 특성에 아무런 영향을 미치지 않는다는 것을 보여주었다. 그 후에 그는 바이올린 현의 진동에 대한 연구에 뛰어들었고 이를 위하여 리사주의 진동 현미경을 개선하여 전기에 의해 진동이 지속되는 원형적(原形的) 오실로스코프를 고안하였다(그림 3-5). 이를 이용해서 헬름홀츠는 현의 진동을 관찰하고 그것이 수학적으로 유도된 결과와 일치하는 것을 입증했다.

1857년에 헬름홀츠는 모음(母音)의 연구에 들어갔다. 그가 관심 가진 문제는 모음의 독특성이 어디에서 비롯되는 것이냐는 점이었다. 그는 여러 개의 크기가 다른 소리굽쇠를 전기로 진동시켜 일정한 진동

107) 같은 책, 65-69쪽.

출전: Helmholtz, *Sensations of Tone*, 81쪽

그림 3-5 헬름홀츠의 진동 현미경

수의 음을 내도록 꾸며진 인공 모음 합성기를 고안하였다.108) 이 장치를 이용해서 헬름홀츠는 휘트스톤이 1837년에 제안한 모음에 대한 고정 피치 이론, 즉 모음은 구강에 의해 결정되는 특정한 공명 구역에 의해 독특한 특성을 부여받으며 모음이 발성되는 기음에는 의존하지 않는다는 것을 옹호하는 결과를 얻었다.

그 후 1850년대 말에 헬름홀츠는 청음 메커니즘에 대한 연구로 들어갔다. 당시 귀의 미시적 해부 구조에 대한 이해가 심화되고 있었기에 헬름홀츠는 귓속에서 음의 부분음 각각에 대하여 반응을 보일 수 있는 기관의 존재를 찾으려 했다. 그에게 먼저 눈에 뜨인 것은 코르티(Marchese Alfonso Corti, 1823-1888)에 의해 1851년에 발견된 코르티 막대들이었다. 1863년에 헬름홀츠는 달팽이관 속에 존재하는 코르티 막대들이 특정한 부분음들에 공명함으로써 소리를 감각하게 된다는 청각의 공명 이론을 완성하였다. 하지만 이후의 비교 해부학적 업적과 새롭게 밝혀진 달팽이관의 해부 구조에 의거해서 헬름홀츠는

---

108) Edwin G. Boring, *Sensation and Perception in the History of Experimental Psychology*(New York: Appleton-Century-Crofts, 1942), 330-331, 372쪽.

1869년에 공명적 청각기관을 코르티 막대에서 기저막의 가로섬유로 수정하였다.[109]

한편 조합음과 맥놀이 현상의 연구에서도 헬름홀츠는 독특한 기여를 했다. 헬름홀츠는 헬스트룀(Gustav Hällström)이 이미 1856년에 f_1과 f_2의 진동수를 갖는 두 단음이 함께 울릴 때, $f_1 - f_2$의 진동수를 갖는 차음(差音)이 다른 기본음과 상호 작용하여 $2f_1 - f_2$, $2f_2 - f_1$을 만들어 낼 것이라고 예견한 것을 1856년에 실험적으로 확증했을 뿐 아니라 이론적으로도 그것을 유도해 냈다.[110] 헬름홀츠는 기음이 피치를 결정한다고 보고 모든 배음이 배제된 음을 가지고 실험을 수행하였다. 이러한 실험에 적절한 음원은 사이렌이었다. 헬름홀츠는 이 과정에서 완전히 새로운 조합음으로 $f_1 + f_2$의 진동수를 갖는 가음(加音)의 존재를 발견하였다. 그는 오르간 파이프에서 가음을 들을 수 있었지만, 자신이 개선한 도베(Dove) 사이렌인 이중 사이렌을 사용해서 이를 가장 효과적으로 감지할 수 있었고, 더 나아가 $2f_1 + f_2$, $2f_2 + f_1$의 진동수를 갖는 가음도 발생함을 실험적으로 알아냈다.

헬름홀츠는 이러한 가음의 존재를 바탕으로 타르티니 음에 대한 맥놀이 이론이 틀렸음을 주장하였다.[111] 이 과정에서 헬름홀츠는 수학적 논의를 중요한 근거로 사용하였다. 헬름홀츠는 공기에서 일어나는 단조화 운동에서의 회복력 k에서 변위의 제곱에 비례하는 비조화 항이 존재한다고 가정하였고 이에 따라 회복력을

---

109) 이에 관한 자세한 논의는 구자현, 앞의 글, 40-54쪽을 참조할 것.
110) Helmholtz, 앞의 책, 154쪽.
111) 구자현, 앞의 글, 33쪽.

$$k = ax + bx^2 \qquad (3-1)$$

으로 표현하였다. 그리고 그는 여기에 p와 q의 진동수를 갖는 두 개의 힘 $f\sin pt$와 $g\sin(qt+c)$가 질량 m의 공기 입자에 작용한다고 가정하여 이때의 운동 방정식을

$$-m\frac{d^2x}{dt^2} = ax + bx^2 + f\sin pt + g\sin(qt+c) \qquad (3-2)$$

로 표현하였다. 헬름홀츠는 이것의 해를 근사적으로 구했을 때, 발생하는 진동음의 진동수들이 강제 진동수인 p와 q뿐 아니라 $2p$, $2q$, $p-q$, $p+q$, $3p$, $3q$, $2p+q$, $2p-q$, $p+2q$, $p-2q$ 등도   가질 수 있음을 보였다.[112] 이와 같이 헬름홀츠는 타르티니 음을 포함해서 차음과 가음의 존재를 이론적으로 이끌어 내는 과정에서 이들 조합 음들은 맥놀이 때문이 아니라 진동계가 가지고 있는 비조화 꼬임 (inharmonic torsion)에서 발생함을 보일 수 있었다.[113]

(2) 틴 들

틴들(John Tyndall, 1820-1893)은 민감 불꽃의 개량과 다양한 실험 장치의 고안 및 안개 신호와 연관한 소리 전달 연구를 통해서 실

---

112) Helmholtz, 앞의 책, 412-413쪽.

113) Hermann von Helmholtz, "Über Combinationstöne", *Annalen der Physik* 99(1856), 497쪽; Helmholtz, 앞의 책, Appendix XII. 이 현상이 비조화 꼬임이라고 불릴 수 있는 이유는 공기의 탄성에 비조화항인 식 3-1의 bx^2이 존재한다는 가정으로부터 이 현상이 설명될 수 있기 때문이다.

험적 소리 연구에 있어서 중요한 기여를 한 인물로 평가받는다. 틴들은 트리니티 하우스(Trinity House)에서 자신이 맡았던 과학 고문 역할을 레일리에게 물려주면서 안개 신호에 대한 레일리의 연구에 많은 영향을 주었을 뿐 아니라 레일리의 실험 음향학 스타일의 형성에도 많은 영향을 미쳤다.

틴들의 음향학적 연구는 그의 저작 『소리에 관하여』(On Sound)에 잘 반영되어 있다. 1867년에 첫 판이 출판된 『소리에 관하여』는 틴들이 왕립 연구소와 해외에서 행한 강의와 시범 실험, 그리고 그의 연구 논문을 근거로 하여 씌어졌다. 이 책은 헬름홀츠와 특별한 인연이 있었다. 헬름홀츠의 책 『음의 감각』이 나온 지 4년 후에 나온 이 책은 헬름홀츠의 저술의 내용들을 많이 반영하였고 헬름홀츠는 이 책을 같은 해에 독일어로 번역하였다. 이 책의 초판은 7장으로 이루어져 있었는데 나중에 대기 중의 소리의 전달에 관한 장과 악음의 조합에 관한 장이 추가되었다. 헬름홀츠의 책이 음악에 관련된 내용을 심도 있게 다룬 반면, 이 책은 음향학적 주제 전반을 고르게 논의하였다. 그런 점에서 『소리에 관하여』는 60년 전에 나온 클라드니의 책과 비슷한 성격을 갖고 있었다. 그러나 틴들의 책은 그 사이 기간 동안 이 분야에서 일어난 진보를 반영하고 있었다.

1장에서 틴들은 소리의 발생과 전달에 관한 일반적인 측면을 취급하였다. 그는 다양한 매질에서의 소리의 전파와 음속의 문제, 소리의 반사와 굴절을 주로 다루었다. 그중에서 특기할 만한 것은 존트하우스(Carl Friedrich Sondhauss, 1815–1886)가 공기와는 다른 기체로 채워진 구를 사용해서 음을 한 지점에 집중시킨 것으로 이것은 최초의 음향학적 렌즈로서 틴들의 관심을 끌었다.[114] 그리고 틴들은 베르트하

---

114) John Tyndall, *On Sound*(New York: Greenwood Press, 1969), 49쪽.

임(Wilhelm Wertheim, 1815-1861)과 셰방디에(Jean Pierre Chevandier, 1810년생)가 수행한 목재의 다른 방향에서의 음속의 정밀한 측정을 다룸으로써 고체에서의 측면파(shear wave)와 압축파(compressional wave)의 전파에 관한 이후 연구자들의 작업을 예고했다.[115] 이어서 틴들은 2장에서 악음의 속성에 대해 설명하였고 소리굽쇠 및 사이렌 같은 단음원(單音源)에 대하여 논의하였다. 여기에서 틴들은 리사주에 의해 소리굽쇠의 진동이 가시화된 것을 소개하였고 나머지에서는 헬름홀츠의 사이렌에 관련한 실험에 대해서 소개하였다. 3장에서 틴들은 현의 진동을 다각적으로 분석하였다. 그는 현에서의 정상파의 성립과 다양한 진동 모드, 멜데의 실험에 대해 소개했으며 헬름홀츠가 그의 책에서 체계적으로 다루었던 배음의 발생에 대해서 간략하게 언급하였다.[116] 이어서 4장은 막대의 횡진동과 판의 진동에 논의가 집중되었다. 틴들은 한쪽 끝이 고정된 막대와 양쪽 끝이 고정된 막대의 진동 모드에 대하여 설명했고 구체적인 사례로서 소리굽쇠의 진동을 정성적으로 설명했다. 그는 판의 진동을 클라드니 무늬와 관련하여 설명하였고 종과 잔물결통의 진동에 대한 실험에 관해 논의했다.[117] 5장에서 틴들은 막대와 현의 종진동을 집중적으로 취급하면서 고체 매질 속에서의 음속의 문제를 다루었다. 또한 공명에 대한 논의 속에서 헬름홀츠의 공명기에 대해서도 언급했다. 또한 틴들은 공명을 이용한 악기인 오르간 파이프와 개관 및 폐관에서의 기주 진동에 대해서도 논의했다.[118] 이어서 그는 리드(reed)와 리드 파이프, 목소리에서의 음

---

115) 같은 책, 69-70쪽.
116) 같은 책, 111-151쪽.
117) 같은 책, 156-184쪽.
118) 같은 책, 206-218쪽.

의 발생에 대하여 논의했고 모음의 발생에 대한 이전의 연구에 대해서도 소개했다.[119] 그리고 그는 소리의 속도를 측정할 수 있는 새로운 방법으로 쿤트(August Kundt, 1839-1894)에 의해 1866년에 보고된 튜브 이용법의 원리를 소개했다.[120] 6장에서 틴들은 노래하는 불꽃과 민감 불꽃(sensitive flame)에 대해서 논의를 전개했다. 틴들은 자신이 직접 다양한 유리 튜브(glass tube)를 불꽃 위에 세워 놓아 악음을 만들어 내는 노래하는 불꽃 실험을 수행하였음을 언급했다.[121] 또한 존 리콘트(John LeConte, 1818-1891)에 의해 처음 발견된 민감 불꽃에 대한 실험도 소개하였다. 남 캐롤라이나 칼리지(South Carolina College)의 교수였던 리콘트는 1858년에 음악 리사이틀에 참석 중에 가스 불꽃이 음악에 따라 춤을 추는 것을 목격하였고 이는 곧 음향학자들의 관심을 끌었다. 특히 틴들은 민감 불꽃에 대하여 자세한 실험을 수행하였고 그 과정에서 민감 불꽃을 개량하여 더 높은 음에 대하여 반응을 보이게 만듦으로써 소리의 가시화에 일익을 담당했다.[122] 또한 틴들은 또 다른 음의 검출 장치로서 연기와 물의 분출물에 관련한 자세한 실험을 수행하였다.[123]

『소리에 관하여』의 개정판인 3판에서는 틴들이 수행한 안개의 소리 전달 효과에 대한 연구가 추가적으로 다루어졌다. 이러한 내용은 트리니티 하우스의 활동과 긴밀한 연관을 가졌다. 트리니티 하우스는 잉글랜드(England)의 등대와 표시등(pilot), 부표 등을 감독하였기 때문에 안개 신호의 개량과 관련하여 대기 중 소리 전달은 이 기관의 매우

---

119) 같은 책, 220-229쪽.
120) 같은 책, 229-235쪽.
121) 같은 책, 244-257쪽.
122) 같은 책, 257-267쪽.
123) 같은 책, 271-283쪽.

실제적인 관심사였다. 안개로 인해서 등대나 표시등이 제 기능을 하지 못할 때 신호를 보내는 방법으로 호각(whistle), 종(bell), 사이렌, 심지어 총성 등 다양한 음원이 고려되었다. 특히 안개 신호와 관련한 미국인 과학자 헨리(Joseph Henry, 1797-1878)의 실용적 연구는 틴들에게 직접적인 연구의 힌트를 제공하곤 했다. 기상의 상태에 따른 소리의 장애에 관하여 일반적으로 널리 받아들여진 더햄(William Derham, 1657-1738)의 견해에 대하여 틴들은 이의를 제기하였다. 더햄은 1708년에 안개와 비가 소리의 전달에 주된 장애물이라고 주장하였지만 틴들은 여러 차례의 실험을 근거로 하여 그렇지 않다는 것을 입증하였다. 틴들은 1873년에 다양한 기상 조건하에서 소리 전달에 대한 실험을 도버 해협에서 수행하였다. 이 실험에서 그는 비와 안개 속에서 오히려 소리가 더 잘 들린다는 것을 알아냈다.[124] 이와 같이 다양한 상황에서 소리의 공기 중 전달에 관하여 틴들은 광범위하게 실험적 연구를 수행하였다. 그는 여러 겹의 가스층에 의한 소리의 차단 효과를 실험하기 위한 특별한 장치를 고안하기도 했다(그림 3-6). 이 장치는 이산화탄소와 석탄 가스를 여러 겹으로 겹쳐서 위아래로 흐르게 하고 음원 P에서 나오는 종소리를 민감 불꽃에서 감지할 수 있는지를 알아보게 만들어졌는데 이러한 기체의 충만으로 효과적으로 소리가 차단되는 것이 입증되었다.[125]

이렇게 틴들의 연구는 소리의 실험적 측면에 집중되었고 그의 책 『소리에 관하여』도 실험적 연구에 논의를 국한시키고 있었다. 이는 틴들의 전반적인 과학적 연구의 성향을 반영하는 것이라고 할 수 있다. 헬름홀츠의 책으로부터 많은 영향을 받았음에도 불구하고 그에게는

---

124) 같은 책, 76쪽.
125) 같은 책, 313-314쪽.

헬름홀츠의 소리에 관련한 수학적 논의에 대해서는 설명할 능력도, 관심도 없었다.

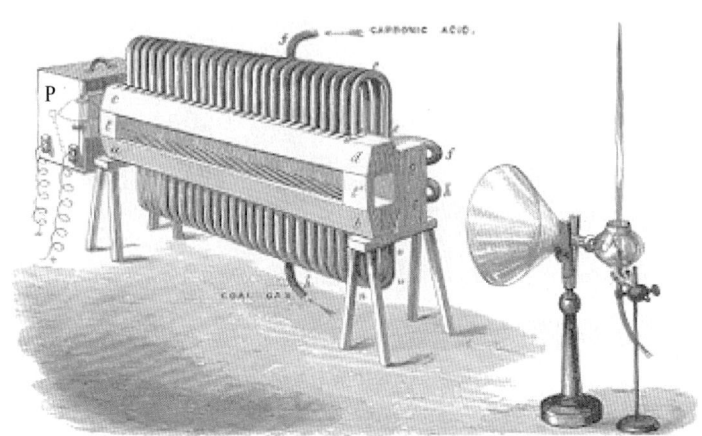

출전: Tyndall, *On Sound*, 314쪽.

그림 3-6 가스층에 의한 소리의 산란 측정 장치

(3) 쾨니히

쾨니히(Karl Rudolph Koenig, 1832-1901)는 19세기 후반 음향학 기구 제작자로서 세계적인 명성을 획득했으며 스스로가 독창적인 연구자로서 많은 연구를 수행하여 이후의 음향학의 진로에 중대한 영향을 미쳤다.[126] 앞서 언급한 헬름홀츠의 인공 모음 합성기는 쾨니히가 제작해 준 대표적인 정밀 음향학 실험 기구였다.

---

126) 쾨니히에 관한 주목할 만한 최근의 연구 논문은 David Pantalony, "Rudolph Koenig's Workshop of Sound: Instruments, Theories, and the Debate over Combination Tones" *Annals of Science* 2005(62), 57-82쪽이 있다.

음향학 실험 연구자로서 쾨니히는 레일리와는 대조적이었다. 쾨니히는 실험에 있어서 레일리가 전혀 따라올 수 없는 정밀성을 확보하였지만 레일리의 강점이었던 이론적 추구는 상대적으로 미약했다. 쾨니히의 음향 기기의 정밀성은 세계 최고 수준이었고 다른 어떤 기계 장치도 그의 정밀성을 따라가지 못할 정도였다. 따라서 그의 실험 연구는 정밀성을 기초로 하였고 측정 과학에서 중요한 기여를 하였다.

쾨니히가 처음으로 대중의 관심을 끈 것은 1862년에 런던 국제 박람회장에서였다. 그곳에서 그는 기계 장치를 전시하여 관람객의 시선을 사로잡았다. 그 장치는 진동 표시 장치였는데 압력식 불꽃 장치(manometric flame apparatus)와 단진동과 복합 진동을 포함한 모든 종류의 진동 운동을 그래프 형태로 기록할 수 있는 장치를 결합시켜 제작한 것이었다.[127] 압력식 캡슐인 나무 상자는 매우 얇은 탄력 있는 막에 의해 두 부분으로 나뉘어져 있었고 한쪽 공간에는 계속해서 가스가 유입되었고 그것이 가늘고 짧은 금속 파이프의 꼭대기로 뿜어져 나와 2cm 정도의 불꽃을 만들어 냈다. 다른 쪽 공간에는 고무관이 붙어 있는 깔때기가 연결되어 있어서 소리의 진동을 끌어 모아 막을 진동시키게 되어 있었다. 이러한 진동은 가스의 흐름에 주기적인 변화를 유발하였고 결국 불꽃이 동일한 진동수로 진동하게 만들었다. 불꽃의 빠른 진동은 회전하는 거울이 만들어 내는 이미지를 통해서 관찰하게 되어 있었다. 1865년에 프랑스 국가산업장려협회(Société d'Encouragement pour l'Industrie nationale)는 이 진동 표시 장치를 만든 공로를 인정하여 쾨니히에게 금메달을 수여했다.[128]

---

127) D. C. Miller, *Anecdotal History of the Science of Sound: To the Beginning of the 20th Century*(New York, The Macmillan Co., 1935,) 86쪽.

128) Paolo Brenni, "The Triumph of Experimental Acoustics: Albert

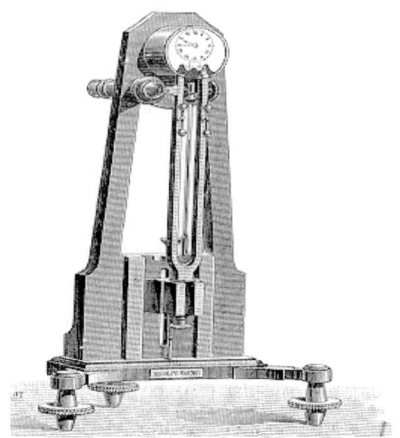

출전: Miller, *Anecdotal History of the Science of Sound*, 84쪽.

그림 3-7 소리굽쇠 크로노미터

쾨니히는 1865년에 그의 장치들에 대한 확장된 카탈로그를 발행했는데 거기에는 제벡의 사이렌, 개선된 헬름홀츠의 공명기, 헬름홀츠 소리 합성기, 소리 분석기 등 유명한 음향학 기기들이 포함되어 있었다. 쾨니히는 1867년에 파리의 세계 박람회에 참가하여 그의 장치를 전부 전시했다. 여기에서 그의 장비의 70%가 해외로 팔려 나갔고, 이후 쾨니히는 음향기기 시장을 사실상 독점했으며 어떤 기기 제작자도 이 분야에서 그와 경쟁할 수는 없었다.[129]

1876년에 쾨니히는 필라델피아 백주년 박람회(Philadelphia Centennial Exhibition)에 그의 음향 기기들을 출품하였다. 그가 가져간 장치 중에는 670개의 소리굽쇠로 이루어진 측음(測音) 장치가 있었다. 이것은 당시로서는 엄청나게 큰 규모와 정교함을 가져 심사위원들을 놀라게 했다. 이 외에도 휘트스톤의 파동 장치, 소리 분석기, 진동 조합 장치, 여러 종류의 사이렌, 헬름홀츠 합성기 등이 전시되었다. 그의 장치들을 능가할 과학 장치가 없었기에 그에게 금메달이 수여되었다.[130]

쾨니히의 명성을 드높인 또 하나의 장치는 소리굽쇠 크로노미터였

Marloye(1795-1874) and Rudolph Koenig(1832-1901)", *Bulletin of the Scientific Instrument Society* 44(1995), 15쪽.

129) 같은 글, 15쪽.
130) Miller, 앞의 책, 86쪽.

다. 이것은 표준 시계를 기준으로 삼아 절대 피치를 결정하는 장치였다. 이 장치는 64 cps의 진동수를 갖는 큰 소리굽쇠와 시계 및 현미경으로 구성되어 있었다. 이 장치는 소리굽쇠가 시계의 진자의 역할을 하도록 되어 있어서 소리굽쇠 64회의 진동에 1초씩 시계 바늘이 돌아가게 되어 있었다. 또한 소리굽쇠의 각각의 가지에 실로 연결된 작은 추가 있어서 그것에 의해 소리굽쇠의 진동수는 62에서 68 cps까지 조절될 수 있었다(그림 3-7). 이 소리굽쇠는 며칠씩 진동할 수 있었으므로 소리굽쇠에 의해서 돌아간 시계를 표준 시계와 비교함으로써 소리굽쇠 크로노미터의 소리굽쇠가 정확하게 얼마의 진동수를 갖는지를 100분의 1의 진동수의 오차 내에서 알 수 있었다. 이렇게 해서 기준이 될 소리굽쇠 크로노미터의 진동수를 정확하게 정하면 이를 사용해서 다른 소리굽쇠의 진동수를 리사주 곡선을 이용해서 잴 수 있었다. 진동수를 모르는 소리굽쇠를 상하로 진동하도록 배열한 상태에서 크로노미터의 소리굽쇠를 수평으로 진동시키면서 소리굽쇠의 한쪽 가지에 부착되어 있는 현미경의 대물렌즈를 통해서 진동하는 미지의 진동수의 소리굽쇠를 바라보면 리사주 곡선을 볼 수 있었다.[131] 쾨니히는 1880년에 이 장치를 이용해서 리사주에 의해서 제작된 국제 표준 소리굽쇠가 알려진 것과는 달리 435 cps의 진동수를 갖지 않고 435.45 cps의 값을 갖는 것을 밝혀냈다. 이렇게 해서 이후에는 쾨니히의 측정치가 표준이 되어 표준 피치가 정해졌고 이에 따라 소리굽쇠와 악기들이 조율되었다.

　쾨니히는 소리굽쇠 크로노미터를 소리굽쇠의 진동수에 미치는 온도의 효과를 연구할 때 사용했고 이것을 이용해서 전 세계에서 널리 사용될 많은 표준 소리굽쇠를 만들었다. 그는 가청 최고음과 최저음을

---

131) 같은 책, 87-88쪽.

낼 수 있는 소리굽쇠를 만들었고 조합음의 연구와 모음의 연구를 위해
서도 소리굽쇠를 만들었다. 그는 헬름홀츠의 공명기를 개선하였고 고
유 진동수의 조절이 가능한 공명기도 만들어 냈다. 또한 그는 라 투르
와 헬름홀츠의 사이렌을 개선하였고 1867년에는 파동 사이렌(wave
siren)도 발명하였다. 쾨니히는 이 장치를 사용해서 음의 특성과 위상
관계를 탐구할 수 있었다. 그 밖에도 그는 여러 가지 장치들을 실험
연구를 위하여 만들었는데 맥놀이의 연구, 소리의 간섭, 부분음의 합성
을 위한 장치, 모음과 음의 특성을 연구하기 위한 장치 등이 있었다.

쾨니히가 만든 음향기구 중 단연 걸작은 샤이블러의 방법에 의해
피치를 결정할 수 있는 커다란 소리굽쇠 토노미터(tonometer)였다. 이
것은 16 cps에서 21845.3 cps에 이르는 진동수 대역을 포함해 가청 진
동수를 모두 취급할 수 있었다. 그것은 특별한 주의를 기울여서 제작
된 150개의 크고 작은 소리굽쇠들로 이루어져 있었다. 그중에 가장 큰
것은 무게가 약 100 kg이나 나갔고 길이는 1.5 m에 달했다. 해당 공명
기는 직경이 50 cm에 길이가 2.5 m에 달했다. 소리굽쇠들은 이웃하는
소리굽쇠와 4 cps씩의 진동수의 차이를 갖도록 제작이 되었다.[132]

1889년에 출판된 쾨니히의 마지막 카탈로그는 131개의 장치 도판
(圖版)과 272개의 항목을 가지고 있었다. 그중에서 가장 비싼 장치는
파동 사이렌으로 그 가격이 당시 돈으로 거금인 6,000프랑에 달했다.
쾨니히의 음향 기계 제작은 당시 음향학 연구의 수준과 인기가 얼마
나 높았는가를 단적으로 보여준다.[133]

---

132) 이 장치를 미국을 비롯한 여러 나라에서 확보하려고 애를 썼지만 쾨니
   히는 이것을 어디에도 팔지 않았고 그의 사후에 파리의 Conservatoire
   des Arts et Métiers에 소장되었다.
133) 쾨니히의 음향학 실험 장치에 대한 좋은 개관은 Thomas B. Greenslade,
   Jr., "The Acoustical Apparatus of Rudolph Koenig", *The Physics*

쾨니히의 음향학 연구는 그의 기구를 이용한 정밀한 측정과 실험이 주종을 이루었다. 그의 연구는 모음의 물리적 특성, 음의 특성 및 그것에 미치는 성분음들의 위상의 효과, 조합음, 가청 주파수 대역의 측정, 맥놀이 현상, 간섭 등 여러 주제에 걸쳐 있었다. 1882년에 쾨니히는 243쪽에 달하는 책 『음향학 실험연구』(*Quelques Expériences d'Acoustique*)를 출판했다.[134] 이 책은 여러 가지 학술지에 게재되었던 것 중 16편을 쾨니히가 직접 선별하여 편집한 것이다. 그 후로도 쾨니히의 논문 출판은 계속되었지만 그의 논문들은 수학적 논의가 전혀 없이 실험 연구가 주종을 이루었다.[135] 이는 쾨니히가 전문적인 수학 교육을 전혀 받지 못했던 것과도 연관된다. 하지만 그의 기구 제작과 음향학 연구는 음향학 실험에 정밀성을 증진시킨 점에서 중요하게 평가받아 마땅하다.

(4) 19세기 후반의 음향학적 성과들

19세기 후반에는 그 전반기에 비해서 더욱 활발한 음향학적 연구 활동이 이루어졌으며 소리를 다루는 실험가들의 기술에 있어서 현저한 진보가 있었다. 다양하고 안정된 음원들이 확보되어 사용되었으며, 소리의 검출을 귀에만 의지하던 것에서 벗어나 다양한 시각화된 소리 검출기들의 등장으로 음향학 연구의 객관성이 놀랍게 향상되었다. 음향학적 연구들이 꾸준하게 행해졌고 음향학 분야의 연구는 양뿐만 아니라 연구 영역에 있어서도 더욱 확대되었다.

Teacher 30(1992), 518-524쪽에서 찾을 수 있다.

134) K. R. Koenig, *Quelques expériences d'acoustique*(Paris: Koenig, 1882).

135) Koenig의 논문 목록은 Brenni, 앞의 글, 16-17쪽에서 찾을 수 있다.

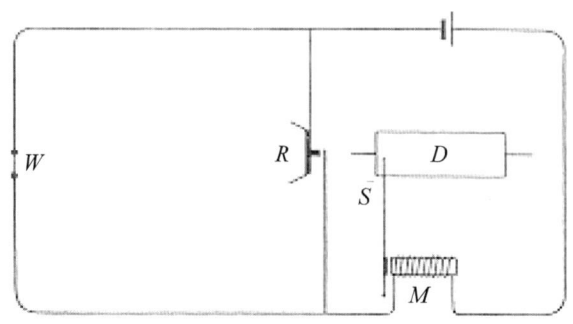

출전: Beyer, *Sounds of Our Times*, 132쪽.

그림 3-8 르뇨의 음속 측정 장치

　우선 19세기 후반에 이어진 음속 측정 시도들은 그 이전보다 더 정교한 장치들을 도입함으로써 측정의 정밀성을 향상시켰다. 실험의 정밀성을 증진시키는 전략 중 하나는 되도록 인간의 개입을 관측에서 배제하는 것이었다. 그동안의 음속 측정은 시간 간격의 측정 과정에 인간의 지각과 반응 시간까지 포함시킴으로써 정확성을 떨어뜨리는 경우가 대부분이었다. 그런 점에서 인간의 지각과 반응 시간을 배제하는 프랑스의 실험가 르뇨(H. V. Regnault, 1810 - 1878)의 음속 측정법은 탁월한 고안물이었다. 일반적으로 르뇨의 실험 장치들은 정확성을 확보하기 위한 치밀한 실험 설계로 유명했는데, 음속 측정에 있어서도 르뇨의 재능은 유감없이 발휘되었다. 그는 전기 회로를 사용해서 시간 간격을 자동으로 잴 수 있는 장치를 고안하여 인간의 지각과 반응이 음속 측정에 개입함으로써 발생하는 오차를 원천적으로 봉쇄했다.[136] 르뇨의 음속 측정은 그림 3-8과 같은 장치를 사용해서 이루

---

136) R. T. Beyer, *Sounds of Our Times: Two Hundred Years of Acoustics* (New York: Springer - Verlag, 1999), 131 - 132쪽.

3. 레일리 이전의 음향학 89

어졌다. 직류가 흐르는 회로에는 전자석 M이 있어 그것이 잡아당긴 철필 S가 소리굽쇠 크로노미터에 의해 일정한 속도로 회전하는 원통 D 위에 일정한 선을 남기도록 한다. 그러다가 음원인 권총이 W에서 발사되면서 회로가 끊어지고 즉시 전자석 M은 철필 S를 놓아 그 흔적을 회전하는 원통에 남긴다. 곧이어 총소리가 박판 R에 도착하게 되면 박판이 진동하면서 순간적으로 회로가 연결되고 전자석 M이 철필 S를 잡아당겨 그 흔적을 다시 원통 위에 남기게 된다. 그러면 원통 위에 남은 표시들의 간격을 통해서 W에서 R까지 소리가 전달되는 데 걸린 시간을 잴 수 있고 W와 R 사이의 거리를 재면 음속을 계산할 수 있다.

르뇨는 이 장치를 사용해서 다양한 음속 측정 실험을 수행하여 불분명했던 사실들을 명확히 했다. 르뇨는 1855년과 1862년 사이에 새롭게 만들어진 파리의 수도관에서 일련의 실험을 진행시켰다. 사용된 수도관의 직경은 11 cm에서 110 cm까지 다양했고 그 길이는 4,900 m에 달했다. 르뇨는 이 수도관의 끝에서 소리를 반사시키는 방법으로 거의 20,000 m의 거리에서 음속을 측정했다. 또한 1862년에서 1864년 사이에 르뇨는 2,445 m의 개방 공간에서 음속을 측정하였고 실험실 내에서 500 m의 관 내부에서 음속을 측정하였다. 그 결과로 르뇨는 파이프 내부에서의 음속이 개방 공간에서의 음속보다 크다는 것과 파이프의 직경이 커짐에 따라 음속이 느려진다는 것을 확인했다. 하지만 음속은 소리의 세기나 기압의 변동에 영향을 받지 않았다.[137] 르뇨는 공기뿐 아니라 수소, 이산화탄소, 암모니아, 일산화질소 등 다양한 기체에서의 음속도 정밀하게 측정하여 음속 측정치의 정밀성을 한 차원 높였다.[138]

---

137) Beyer, 앞의 책, 131–132쪽.
138) Miller, 앞의 책, 66쪽.

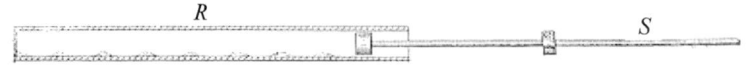

출전: Beyer, *Sounds of Our Times*, 133쪽.

그림 3-9 쿤트의 관

르뇨와는 다른 방법으로 간단하게 기체에서 음속을 잴 수 있는 방법은 1866년에 실험 물리학자인 쿤트(August Kundt, 1839-1899)에 의해 고안되었다. 쿤트의 실험 장치는 그림 3-9와 같은 형태를 하고 있었다. 쇠막대 S의 가운데를 고정시켜 놓고 쇠막대를 때리면, 쇠막대의 가운데가 마디가 되고 양끝이 배가 되는 정상파가 쇠막대에 생겨난다. 이때 정상파의 파장은 쇠막대 길이의 2배에 해당한다. 그러면 관 R에 넣어둔 쇠막대의 한쪽 끝이 관 속의 공기에 쇠막대의 진동수와 일치하는 진동수를 갖는 음파를 발생시킨다. 쿤트는 이 공기의 진동이 관 속에 뿌려진 미세한 분말들을 일정한 간격을 두고 모이도록 하는 것을 관찰했다. 쿤트는 이 가루가 쌓인 간격은 공기 중에서의 음파의 파장의 절반이라고 추정했다. 쇠막대와 공기의 진동수가 같으므로 쇠막대에서의 음파의 파장과 공기 중의 음파의 파장을 알게 되면 쇠막대에서의 음속과 공기 중의 음속의 비를 구할 수 있었고, 금속에서의 음속은 금속의 탄성을 측정함으로써 계산될 수 있었으므로 이로부터 공기 중의 음속을 알 수 있었다. 쿤트는 이 실험을 다른 기체 속에서 수행함으로써 그 기체에서의 음속을 구할 수 있었다.[139]

이 시기 동안에는 또한 실험용 음원으로서 사이렌의 개선이 두드러졌다. 1851년에 도베(Heinrich Wilhelm Dove, 1803-1879)는 제벡의 사이렌의 장점을 최대한 살린 '도베 사이렌'을 발명하였다. 도베는 회전

---

139) Beyer, 앞의 책, 132-133쪽.

원판에 동심원상의 구멍들을 4줄로 뚫었고 각 줄마다 구멍수를 달리하였고 각 줄마다 1개씩의 독립적인 노즐을 마련하였다. 이 사이렌은 원하는 두 진동수 또는 그 이상의 진동수의 음을 함께 발생시켜 들을 수 있도록 고안된 것이었다. 1862년에 헬름홀츠는 두 개의 도베 사이렌을 단일한 축 위에 배열하고, 그 밖에 몇 가지를 개선하여 피치를 결정할 뿐 아니라 맥놀이 관찰과 다른 악음의 조합을 위해 쓸 수 있는 이중 사이렌을 고안하였다(그림 3-10).

출전: Helmhlotz, *Sensations of Tone*, 162쪽.

그림 3-10 이중 사이렌

이리하여 사이렌은 정확하게 진동수가 결정될 뿐 아니라 진동수를 원하는 대로 조절할 수 있는 가변적인 음원으로서 음향학 실험에서 널리 사용되었다.

19세기 후반에 이루어진 실험 음향학상의 가장 중요한 진보는 빠르게 진동하는 물체를 관찰하는 방법의 고안이었다. 이것은 소리의 가시화에 한 걸음 다가가는 성과였다. 빠르게 진동하는 물체를 관찰하기 위한 방법으로서 휘트스톤의 회전거울은 획기적인 발전을 이룩한 것이었지만 음향학에서는 퇴플러(August Töpler, 1836-1912)에 의해 도입된 스트로보스코프(stroboscope)가 신속하게 그것을 대체하였다. 스트로보스코프는 단속적(斷續的)인 조망을 제공함으로써 빠르게 움직이는 물체를 관찰할 수 있게 만든 장치였다. 빠르게 진동하는 물체를 관찰하는 데에 스트로보스코프를 본격적으로 사용한 인물은 마그누스(Gustav Magnus)였다.[140] 마그누스는 좀처럼 정확하게 관찰된 적이 없었던 물 분출물(water-jet)을 관찰하기 위해 여러 개의 좁은 슬릿이 원주를 따라 일정하게 배열된 원판을 사용했다. 마그누스는 이 원판을 눈앞에서 회전시키면서 물줄기를 관찰하였고 이를 통해 그는 너무 빨리 변해서 이전의 연구자들이 볼 수 없었던 물줄기의 떨림 현상을 상세하게 관찰할 수 있었다.

퇴플러는 스트로보스코프를 실험 음향학 연구에 처음으로 도입하여 이 장치를 관찰뿐 아니라 정밀 측정에 사용하였다. 퇴플러는 처음에는 소리굽쇠의 끝에 구멍이 뚫린 디스크를 장착하고 그 구멍 앞에 고정되어 있는 또 하나의 구멍을 놓아 소리굽쇠가 진동하는 동안 디스크의 구멍을 통해서 진동 물체를 관찰하였다. 이 장치는 소리굽쇠를 계속 진동시키기 위한 장치가 필요하다는 불편함이 있었기 때문에 퇴플러는 사이렌처럼 동심원의 형태로 구멍이 뚫어진 회전하는 디스크를 사용하기로 했다. 이 장치에서는 속도를 일정하게 유지하는 것이 가장 어려운 문제였는데 이는 작은 가감저항기(rheostat)로 속도가 조절되는 전자기적 장치에 의해 해결되었다. 퇴플러는 노래하는 불꽃 같은 진동하는 물체를 회전하는 일련의 구멍으로 들여다봄으로써 완화된 속력으로 진동을 관찰할 수 있었고 디스크의 회전 속도를 조절하여 불꽃이 정지되어 보이도록 함으로써 불꽃의 진동수를 잴 수 있었다.[141]

---

140) G. Magnus, "Hydraulische Untersuchungen", *Annalen der Physik und Chemie* 95(1855) 18쪽: "Hydraulic Researches", *Phil. Mag.* 11(1856), 89–107, 178–197쪽.

141) A. Töpler, "On the Application of the Principle of Stroboscopic Disks to the Optical Analysis of Vibrating Bodies", *Phil. Mag.* 220(1867),

구멍 뚫린 회전하는 원판이 아니라 단속적 조명에 의한 스트로보스 코프는 마이컬슨(Albert A. Michelson)에 의해 1883년에 만들어졌다. 마이컬슨은 가이슬러 관(Geissler tube)을 이용해서 일정한 간격으로 점멸하는 조명을 만들어 냄으로써 훨씬 시야가 넓게 열린 스트로보스 코프식 관찰을 가능하게 만들었다.[142] 이 방식은 1901년에 리드(J. O. Reed)에 의해 다시 채택되었고 이후에는 극히 민감한 네온등을 이용 하는 방식으로 더욱 광범위하게 사용되었다.

진동의 가시화에 있어서 널리 채택된 다른 방식은 리사주(J. Lissajous, 1822-1880)의 진동 현미경이었다. 이 방법은 리사주가 창안해 낸 것 이 아니라 보드위치에 의해 1815년에 고안된 것이었지만 그것을 음향 학적 연구에 본격적으로 응용한 것은 리사주였다. 진동 현미경은 소리 굽쇠의 한쪽 가지에 부착된 복합 현미경의 대물렌즈와 고정된 지지대 에 부착된 경통과 접안렌즈로 구성되었다. 소리굽쇠를 진동시킨 상태 에서 지지대의 접안렌즈와 진동하고 있는 대물렌즈를 통해서 정지되 어 있는 발광 물체를 들여다보면 발광 물체의 상은 직선으로 나타났 다. 그리고 현미경의 주축과 소리굽쇠의 진동 방향에 동시에 수직인 방향으로 진동하는 발광체를 현미경의 접안렌즈로 들여다보면 두 개 의 수직 진동이 합쳐져 나타나는 리사주 도형을 볼 수 있었다. 이 장 치를 사용하면 발광체의 운동 주기나 운동의 특징 등을 알아낼 수 있 었다.

이후 리사주의 진동 현미경은 헬름홀츠에 의해 개선되었다. 헬름홀 츠의 진동 현미경은 단속적인 전류에 의해 구동되는 전자석이 지속적 으로 소리굽쇠의 가지를 진동하게 만든 것이었다. 헬름홀츠는 이것으

16-17쪽.
142) A. A. Michelson, *Phil. Mag.* 15(1883), 84쪽.

로 바이올린 현이나 다른 진동체의 진동 모드를 알아낼 수 있었고 그
것은 이후에 음향학적 연구에서 요긴하게 사용되었다(그림 3-5 참
조). 같은 원리 위에서 만들어진 것이 오실로그래프(oscillograph)였다.
오실로그래프는 1893년에 파리의 블론델(A. Blondel)에 의해 만들어
졌다. 이 장치는 어떤 종류의 음파든지 전화기의 송화기로 받아들인
후에 그것을 전자기파로 바꾸어 사진으로 기록할 수 있게 하였다.
1897년에 영국의 더들(W. Duddell)은 오실로그래프를 개선하였고 브
라운(F. Braun)은 자신의 이름을 딴 음극선관을 개발하여 매우 민감
한 오실로그래프로 사용하였다. 이로써 소리는 전기 장치를 사용하여
볼 수 있고 기록할 수 있는 대상이 되었다. 그 이후 오실로그래프에
대한 개선은 계속 이어졌고 이 장치는 소리 연구에서 일반적으로 사
용되는 장치가 되었다.[143]

　19세기 후반에도 가청 주파수의 한계를 측정하려는 노력은 다양하
게 지속되었다. 비오는 현을 사용해서 하한을 16cps로 측정하였고 헬
름홀츠는 여러 장치를 사용해서 측정한 결과로 하한을 32cps, 상한을
38,000cps로 정했다. 아푼(G. Appunn)은 작은 소리굽쇠를 써서 그 상
한이 41,000cps 근방이라고 보고했다. 가장 결정적인 실험 결과는 역
시 쾨니히에 의해 얻어졌다. 쾨니히는 소리굽쇠와 진동하는 막대나
판, 오르간 파이프, 막과 현을 사용해서 실험한 결과로 하한을 16cps
로 정했다. 그는 1874년에 인간이 들을 수 있는 가장 높은 순음은
23,000cps라고 보고했다. 이때 그의 나이는 41세였다. 57세 때에 그는
20,480cps까지 들었고 67세 때에는 18,432cps까지 들을 수 있었다. 이
로써 쾨니히는 나이가 들어감에 따라 가청 주파수의 범위가 줄어드는
것을 분명히 밝혔다.

---

143) Miller, 앞의 책, 76쪽.

가청 주파수의 한계에 관한 관심은 초음파의 존재를 인식하게 만들었다. 동물의 가청 주파수 대역의 관찰은 1883년에 골턴(Francis Galton)의 초음파 호각(whistle)에 의해 선구적으로 이루어졌다. 골턴의 호각은 84,000cps의 초음파를 발생시켰다.[144] 골턴은 자신이 만든 호각을 사용해서 거리와 동물원에서 초음파에 대한 동물과 사람들의 반응을 살폈고 사람에게 들리지 않는 소리에 대해서 개나 고양이가 반응을 보이는 것을 관찰했다.[145] 골턴은 고양이가 초음파에 매우 민감하게 반응을 보이고 개는 그런 대로 반응을 보이지만 곤충은 전혀 반응이 없음을 관찰했다.[146]

뒤이어 1899년에 쾨니히는 87,381cps에 달하는 진동수를 갖는 초음파를 발생시키는 소리굽쇠를 만들어 냈다.[147] 이 소리굽쇠는 가지(prong)의 길이가 1.0 cm, 가지 사이의 간격은 1.0 mm밖에 안 되었다. 쾨니히는 이 소리굽쇠의 진동수를 쿤트의 관을 사용해서 측정했다. 이 음파의 파장은 3.9 mm였기에 이때 사용된 쿤트의 관도 매우 작았다. 1900년에는 에델만(M. T. Edelmann)이 골턴의 호각을 개선하여 더 큰 에너지를 갖는 초음파를 발생시켰다. 그는 쿤트의 관을 사용해서 자신의 호각이 110,000cps에 달하는 소리를 발생시키는 것을 확인했다.[148]

19세기 후반 소리 전달의 방법에 있어서 획기적 전기를 마련한 것

---

144) Beyer, 앞의 책, 160쪽.
145) P. Kapranos, "The Sounds of Silence: An Historical Insight into the Development of Ultrasonics", *Insight* 40(1998), 441쪽.
146) Beyer, 앞의 책, 161쪽.
147) 같은 책, 160쪽.
148) 이후의 초음파 발생장치는 자기변형이나 압전효과를 이용하여 더 강력하고 높은 진동수의 초음파를 발생시키게 된다. 같은 책, 162-164쪽 참조.

은 전화기의 발명이었다. 벨(Alexander Graham Bell, 1847-1922)과 그레이(Elisha Gray, 1835-1901)에 의해 1876년에 독립적으로 발명된 전화기는 뒤이어 에디슨(Thomas A. Edison)을 비롯한 기술자들에 의해 계속 개선되었다.[149] 전화기는 음성에 의한 역학적 진동을 전자기 유도 현상을 이용하여 전기 신호로 바꾸는 송화기와 전기 신호를 받아서 다시 전자기 유도 현상에 의해 역학적 진동을 일으키는 수화기로 구성되어 있었다. 전화기는 급속하게 대중화하면서 전기 음향장치에 대한 관심을 증폭시켰고 역학적 진동과 전기적 진동을 긴밀히 연결시킴으로써 진동에 대한 보편적 연구를 촉발시켰다.

---

149) 전화기의 발명에 대한 벨과 그레이의 연구에 관한 전통적인 논문으로는 David A. Hounshell, "Elisha Gray and the Telephone: On the Disadvantages of Being an Expert", *Technology and Culture* 16(1975), 133-161쪽을 보라.

레일리의 초기 음향학 연구와
『음향 이론』의 출판

레일리의 음향학에 있어서 성과와 성격은 그의 저서인 『음향 이론』과 1870년부터 1919년에 이르기까지 그의 과학자로서의 경력 전 시기에 걸쳐 출판된 130편의 논문들을 통해서 가늠할 수 있다. 이 기간 동안 1895년, 1896년, 1906년을 제외하고 레일리는 음향학에 관련된 논문들을 매년 발표하였다. 그중에서도 『음향 이론』은 레일리의 음향학 연구의 중심축을 이루는 것으로 이후의 음향학의 이론적 및 실험적 연구의 전개에 큰 영향을 미쳤다. 이 장에서는 먼저 『음향 이론』을 쓰기까지의 레일리의 초기 음향학 연구의 특징을 살핀 후, 『음향 이론』의 출판에 대해서 다루고 『음향 이론』의 내용 분석은 다음 장으로 미루겠다.

1) 레일리의 초기 음향학 연구

레일리가 음향학에 관심을 갖게 된 시기는 케임브리지 대학을 마칠 무렵이었다. 결정적인 계기가 된 것은 당시 음향학에 많은 관심을 기울이고 있었던 돈킨(W. F. Donkin, 1814-1869)과의 만남이었다. 레일리는 톰라인(Tomline) 수학상(數學賞)을 두고 겨루는 시험을 치르기 위해 이튼(Eaton)에 갔다가 공동 시험관이었던 돈킨을 만났다. 옥스퍼드 대학의 새빌리아 천문학 교수좌를 맡고 있었던 돈킨은 레일리가 유능한 과학자가 될 수 있음을 직감하고 그에게 음향학을 연구해 볼 것을 권할 요량으로 독일어를 배울 것을 권고했다. 돌아오는 길에 레일리는 또 다른 시험관인 트로터(Coutts Trotter)에게 조언을 구했고 그는 레일리에게 헬름홀츠의 『음의 감각』 독일어 원본을 읽을 것을 권했다.[150] 레일리는 독일어를 공부해서 헬름홀츠의 책을 읽었고, 음향학이라는 연구 분야에 대하여 큰 흥미를 갖게 되었다.

그의 흥미는 곧이어 직접적인 실험적 연구와 이론적 연구로 이어졌다. 레일리는 공명기의 특성에 대한 헬름홀츠의 언급에 가장 큰 매력을 느꼈고 공명기를 만들어 실험 연구를 시작했다. 이것은 레일리가 케임브리지를 졸업하고 트리니티 칼리지의 펠로우(fellow)가 된 1866년을 조금 넘긴 후였다. 그래서 그는 1870년에 공명기에 관한 두 편의 논문을 출간하였는데 존트하우스의 실험에 관한 짧은 논문이 처음으로 출판된 그의 음향학 논문이었지만 사실은 몇 달 뒤에 나온 공명이론에 관한 긴 논문이 그보다 먼저 씌어진 것이었다.

일찍이 공기 진동에 관하여는 수학자나 실험가들이 많이 연구하였지만 간단한 경우조차도 명쾌하게 밝혀지지는 않았을 뿐 아니라 이들의 연구는 산만하게 이루어져 제대로 정리되지도 않았다. 그중에서 오일러와 다니엘 베르누이는 원통형 오르간 파이프의 주요한 특성에 대

---

150) R. J. Strutt, *Life of John William Strutt, Third Baron Rayleigh* (London, Edward Arnold & Co., 1924), 50쪽. 당시에는 아직 헬름홀츠의 책이 영어로 번역되지 않았다. Alexander Ellis에 의한 영역본은 1875년에 처음 나온다.

해서 선구적인 연구를 하였지만 이들조차도 개관(開管)의 문제에 대해서는 불완전하고 잘못된 취급을 하였다. 이런 점에서 제대로 된 이해를 얻어낸 사람은 헬름홀츠였다. 또한 헬름홀츠는 구형의 유리 공명기들의 진동수를 실험적으로 구하였으며 그것들이 자신이 이론적으로 유도한 식과 잘 일치하는 것을 확인했다. 레일리는 이러한 헬름홀츠의 연구 사실을 『음의 감각』을 통해서 접하게 되었으며 헬름홀츠 연구의 실험적 및 이론적 탁월성을 높이 평가하였다.

레일리는 1870년에 *Philosophical Transactions*에 발표한 「공명 이론에 관하여」에서 구멍이 있는 공간(Hohlräume)에서의 공기 진동에 대한 헬름홀츠의 이론적 및 실험적 고찰을 언급하면서 이런 종류의 진동 이론을 더 일반적인 형태로 제시하려고 시도하였다.[151] 헬름홀츠는 이미 자신만의 독특한 방법으로 긴 관에서의 진동의 문제를 이론적으로 취급하였는데 레일리는 그와는 다른 접근법을 써서 동일한 결과를 얻어내려 하였다.[152] 이 과정에서 레일리는 유체역학적 논의를 전개하면서 전기적 유비를 사용하였다. 레일리는 다양한 형태의 도체의 전기 저항을 얻는 과정을 다양한 형태의 관의 유체역학적 저항을 얻는 데 그대로 사용했다. 그는 도체의 전기 저항이 도체의 단면적에 반비례하고 길이에 비례하듯이 유체역학적 도관에서도 그 저항은 도관의 단면적에 반비례하고 길이에 비례한다고 보았다. 또한 전기 저항의 역수가 전도도(conductivity)이듯이 유체역학적 저항의 역수를 c라는 계수로 나타냈다.

수력학적 문제의 이해를 위해 전자기적 개념을 사용한 레일리의 유

---

151) John William Strutt, "On the Theory of Resonance", *Phil. Trans.* 161(1870), 78쪽: *Scientific Papers*, #5, 34쪽.

152) 같은 글, 35쪽.

100

비는 윌리엄 톰슨이나 맥스웰, 그리고 그의 추종자들이 전자기 현상을 이해하기 위해 역학적 유비를 사용하였던 것과는 정반대의 방향을 향하고 있었다. 전자기 연구자들은 비가시적인 전자기적 현상을 당시까지 가장 잘 이해되었던 역학적 현상으로 바꾸어서 이해하려고 시도하였지만[153] 레일리는 어떤 측면에서는 비가시적인 대상을 취급한다 하더라도 전자기적 이해가 가시적인 대상을 취급하는 역학적 현상을 이해하는 데 도움을 줄 수 있다는 생각에 따라 이들과는 정반대 방향의 유비를 시도하였고 그것은 성과가 있었기에 정당화될 수 있었다. 당시 영국에서 전자기적 현상을 역학적인 개념을 사용해서 이해하려는 것이 일반적이었기 때문에 도선의 단면적이나 길이가 전기 유체에 영향을 미쳐 저항을 유발하듯이 도관의 단면적이나 길이가 소리의 전달에 영향을 미쳐 저항을 일으킨다는 생각은 자연스러웠다. 이것은 이 시기에 유체역학에 비해서 전자기학이 보다 정립된 분야가 되었기 때문에 전자기적 이해가 유체역학적 현상에 대한 이해에 도움을 줄 수 있었음을 시사한다.

레일리는 또한 「공명 이론에 관하여」에서 문제에 접근하기 위해서 속도 퍼텐셜이라는 개념을 사용했는데 속도 퍼텐셜 ϕ는 $\frac{d\phi}{dx} = v_x$, $\frac{d\phi}{dy} = v_y$, $\frac{d\phi}{dz} = v_z$와 같이 길이에 대하여 미분하면 각 방향의

---

153) 비슷한 시기에 영국 물리학자들에 의해 전자기적 현상의 이해를 위하여 역학적 유비가 사용된 대표적인 사례는 Daniel M. Siegel, *Innovation in Maxwell's Electromagnetic Theory: Molecular Vortices, Displacement Current, and Light*(Cambridge: Cambridge Univ. Press, 1991)에서 볼 수 있다. 이 저술에서 저자는 맥스웰의 전자기 이론이 철저한 역학적 유비에서 시작되었다가 자체적인 수학적 체계를 잡아가는 과정을 보여주고 있다. 또한 Bruce J. Hunt, *The Maxwellians*(Ithaca and London: Cornell Univ. Press, 1991) 79–84, 87–93쪽에서 FitzGerald와 Lodge에 의해 전자기적 현상을 설명하기 위해서 채택된 역학적 유비의 예를 접할 수 있다.

속도 성분이 얻어지는 물리량이었다.[154] 속도 퍼텐셜은 완전히 닫힌 공간에서의 유체 진동의 방정식을 얻는 데 스토크스에 의해 사용된 유체역학적 개념이었다. 이런 점에서 레일리의 음향학적 현상의 취급이 유체역학과 긴밀히 연관되어 이루어졌음을 알 수 있다. 레일리가 미분 방정식을 세우는 데 있어서 속도 퍼텐셜을 사용하기 시작한 것은 유체에서의 진동을 본격적으로 취급하게 되었음을 의미한다. 공기나 물과 같이 기체나 액체의 진동의 문제는 이전의 수학자들에 의해 별로 엄밀하게 취급되지 않은 주제였다. 이러한 새로운 주제를 본격적으로 취급하기 위해서 레일리는 속도 퍼텐셜이 매우 유용함을 직감하였다. 같은 공명의 문제를 취급한 헬름홀츠도 속도 퍼텐셜의 개념은 채용하지 않았었다.

레일리는 유체역학적 고찰에서 활력(活力, vis viva)과 퍼텐셜 에너지에 관한 식을 이끌어 내고 이것을 라그랑주의 방정식에 대입함으로써 공기의 운동 방정식을 얻어냈으며 이것에서 음파의 진동수를 얻어낼 수 있었다. 레일리는 이런 방식으로 구멍이 하나 있는 공명기의 고유 진동수를 나타내는 식을 이끌어 내고 이를 구멍이 여러 개인 공명기로 확장시켜서 동일한 구멍이 2개가 있을 때의 진동수는 하나 있을 때의 진동수의 $\sqrt{2}$배임을 얻어냈다. 이러한 사실은 존트하우스에 의해 관찰되었고 헬름홀츠에 의해 이론적 입증이 이루어진 것이었는데 레일리는 헬름홀츠와는 다른 방법을 써서 동일한 결과에 도달한 것이었다.[155] 여기에서 레일리는 자신의 이론적 유도를 다른 연구자들의 결과와 비교함으로써 정당화시켰다. 이러한 태도는 이후에 레일리의 음향학 연구에서 전형적으로 나타나게 된다.

---

154) 당시에는 아직 편미분을 $\partial\phi/\partial x$ 같은 식으로 적지 않았다.

155) J. W. Strutt, 앞의 글(*Scientific Papers* #5), 41쪽.

이어서 레일리는 같은 논문에서 개관의 진동 문제로 나아갔는데 이는 공명기에 달린 긴 목의 효과를 분석하기 위한 것이었다. 이 문제에 관해서도 헬름홀츠가 이미 충분히 분석하였지만 레일리는 더 간단한 방식으로 분석을 얻어내려고 시도했다.[156] 이러한 분석이 완료되자 레일리는 큰 통(reservoir)에 부착된 긴 튜브의 문제로 나아갔다. 여기에서도 레일리는 유체역학적 접근법을 채용하였다.[157]

「공명 이론에 관하여」의 2부에서 레일리는 다른 형태의 입구를 가진 공명기들의 전도도 c를 결정하는 방법을 논의했다. 이 값을 존트 하우스는 실험적으로 얻어냈지만 레일리는 이 값을 이론적으로 얻어 내려고 시도했다. 여기에서 레일리는 '최소 활력의 원리'(principle of minimum vis viva)라고 불리는 방법을 이용했다. 최소 활력의 원리에 따르면 어떤 계의 활력의 최소치(minimum)는 밀도에 비례하여 증가했다. 그러므로 공기의 흐름에 밀도가 큰 장애물이 놓이게 되면 활력이 증가하게 되고 이에 따라 공기의 흐름으로 유발되는 음의 피치도 떨어졌다.[158] 결국 레일리는 길이가 L이고 단면적이 σ인 원통의 경우 전도도 c는 저항의 역수이므로 $c = \dfrac{\sigma}{L}$가 됨을 이끌어 내고 무한 평면에 원형의 구멍이 하나 뚫려 있을 경우 그 반지름을 R이라 하면 $c = 2R$이라는 결론을 얻어냈다. 또한 레일리는 구멍이 타원형인 경우에 대해서도 전도도를 유도하였고 이 값들은 헬름홀츠가 얻어낸 값과 일치하였다.[159] 이는 레일리가 헬름홀츠가 얻었던 방법과 다른 방

---

156) 같은 글, 45-48쪽.

157) 같은 글, 48-50쪽.

158) 이 개념에 관해서는 William Thomson and Peter Guthrie Tait, *Treatise on Natural Philosophy*(New Edition. Cambridge: Cambridge University Press, 1879), vol.1, part1, §317에 소개되어 있다.

159) J. W. Strutt, 앞의 글(*Scientific Papers*, #5), 52-53쪽.

법에 의해 같은 결과에 도달했음을 의미한다. 그래서 공명기에 길이가 L, 반지름이 R인 원통형의 목이 달려 있는 경우에 그 저항은 원통에 의한 효과가 $\frac{L}{\pi R^2}$ 이고 양쪽의 구멍에 의한 효과가 $\frac{1}{2R}$ 이 되어 전체 저항은

$$\frac{L}{\pi R^2} + \frac{1}{2R} = \frac{1}{\pi R^2}(L + \frac{\pi R}{2}) \qquad (4-1)$$

이 되었다. 이는 원통의 양쪽 끝이 열려 있음으로 해서 길이가 $\frac{\pi R}{2}$ 만큼 길어진 것으로 해석될 수 있었고, 이는 말단(末端) 효과라 할 수 있었다. 레일리는 헬름홀츠가 다른 방법에 의하여 자신과 동일한 결과에 도달한 것으로부터 자신의 전기적 유비가 정당화될 수 있음에 만족했던 것으로 보인다.[160]

이 논문의 3부에서 레일리는 1부와 2부에서 얻은 이론적 결과들을 자신이 수행한 실험을 통해서 확인하고자 했다. 이것은 이후에 레일리가 기본적으로 유지하는 음향학에서의 연구 성향을 반영하는 것이었다. 이론 연구와 실험 연구를 함께 수행해 나가는 레일리의 연구 스타일은 헬름홀츠의 본을 그대로 따랐다.

헬름홀츠는 일찍이 오르간 파이프에 대한 자신의 이론을 내놓고 존 트하우스와 베르트하임의 실험과 비교한 적이 있었다. 헬름홀츠는 음향학적 문제를 취급하는 데 있어서 공명기의 중요성을 일찍부터 인식하였다. 그는 배음을 분리해 내는 특별한 목적으로 유리 공명기들을 사용하게 되면서 공명기에 대하여 관심을 갖게 되었다. 그리하여 헬름홀츠는 유리구를 공명기로 사용할 때 진동수를 얻기 위한 이론적 접

---

160) 같은 글, 54쪽.

104

근을 시도하였다. 섭씨 0도에서 헬름홀츠가 얻어낸 이 공명기의 진동
수 n은

$$n = 56174 \frac{\sigma^{\frac{1}{4}}}{S^{\frac{1}{2}}} \quad (S: \text{공명기의 부피} \quad \sigma: \text{원형 구멍의 단면적}) \quad (4-2)$$

으로 표현되었다. 이 결과는 존트하우스가 실험적으로 얻은 식과 일치
하였지만 존트하우스는 구멍이 별로 작지 않은 경우에 대하여 식의
계수를 52,400으로 놓았다. 그 차이는 반음(semitone) 이상이었다. 구
멍의 직경이 구의 직경의 10분의 1보다 작을 때 이론에서 유도된 식
은 베르트하임의 실험 결과와 잘 맞았다. 헬름홀츠는 구멍의 직경이
구의 직경의 1/4에서 1/5 사이에 있을 경우 계수는 47,000이 된다는
것을 실험적으로 얻어냈었다.

　레일리는 자신의 실험 결과가 존트하우스의 실험식보다 헬름홀츠의
이론식에 더욱 잘 들어맞는다는 것을 확인하였다. 그는 존트하우스의
실험이 오차를 갖게 된 원인을 지적함으로써 자신의 실험의 정확성에
대한 확신을 드러냈다. 존트하우스는 납작한 끝을 가진 파이프 조각으
로 공명기의 한 구멍을 통해서 공기를 불어넣음으로써 공명을 일으키
게 하여 공명기의 진동수를 결정하였는데 레일리는 이때 파이프가 구
멍에 근접하게 되면 공기의 통로에 장애가 생겨서 피치를 낮추게 된
다고 지적하였다.[161]

　레일리는 선행 연구자들의 실험보다 더욱 정확한 실험을 위해서 자
신의 독특한 방법을 고안하였다. 보통 유리 공명기는 두 개의 구멍을
갖게 되는데 하나의 구멍에 공기가 유입이 되었을 때 다른 하나의 구

161) J. W. Strutt, 앞의 글(*Scientific Papers*, #5), 69-70쪽.

명에 연결된 튜브의 끝에 민감 불꽃을 놓아서 유리구가 공명하는지를 확인할 수 있었다. 이때 불꽃의 신속한 진동을 검출하기 위해서 회전하는 거울이 사용되었다.[162] 이 방법은 파리에서 활동하던 음향기기 제작자인 쾨니히에 의해 고안되었고 헬름홀츠가 주로 사용한 방법이었다.[163] 반면에 레일리는 공명기의 한쪽 출구를 직접 귀에 갖다 대는 방법을 선호하였는데 레일리는 이때 들리는 음을 피아노나 오르간의 음과 비교함으로써 그 진동수를 어렵지 않게 반음의 1/4까지 결정할 수 있었다. 하지만 이것이 쉽지 않을 때에 레일리는 인도고무 튜브의 끝을 귀에 꽂는 방법을 사용하였다. 레일리는 외부 직경이 약 0.5인치 정도인 검은색 프랑스제 튜브를 가장 선호하였다. 레일리는 이 튜브의 한쪽을 귀에 넣고 나머지 한쪽은 공명기 안에 넣어 줌으로써 미세한 음도 들을 수 있었다. 다만 이렇게 할 경우 튜브가 공기의 통로의 장애물로 작용해서 음을 약간 떨어지게 만들었다. 하지만 큰 공명기의 경우에 그 효과는 무시할 만해서 이 방법이 유용하게 사용될 수 있었다. 또한 긴 목을 가진 플라스크의 경우에 레일리는 긴 목을 직접 피아노 현에 가까이 가져감으로써 플라스크의 피치를 정확하게 결정할 수 있었다.[164]

레일리는 「공명 이론에 관하여」를 왕립학회로 보낸 후에 존트하우스가 『물리연보』(Annalen der Physik)에 같은 해에 발표한 논문을 보게 되었다. 여기에서 존트하우스는 목이 달린 공명기의 진동수에 관하여 자신이 실험적으로 유도한 식이 베르트하임의 실험 결과와 잘 맞는다고 주장하였지만 레일리는 자신의 논문 「공명 이론에 관하여」에

---

162) Helmholtz, *On the Sensations of Tone*(New York: Dover, 1954), 374쪽.

163) 이 주제에 관한 쾨니히의 논문은 R. Koenig, "On Manometric Flames", *Phil. Mag.* 45(1873), 1–18, 105–114쪽에 제시되었다.

164) 같은 글, 69–70쪽.

서 유도하였던 목이 달린 공명기의 진동수 식이 더 잘 맞는 것을 확
인하였고 베르트하임이 한쪽이 막힌 원형 실린더형 튜브를 가지고 수
행한 22회의 실험 결과가 존트하우스의 식보다 헬름홀츠의 식에 더
잘 들어맞는 것을 확인하였다. 이런 점과 관련하여 레일리는 같은 해
「존트하우스 박사의 논문에 관한 언급」("A Remark on Resonators of
Dr. Sondhauss")이라는 짧은 논문을 써서 *Philosophical Magazine*에
발표하였다.165) 레일리는 용기의 크기가 1/4 파장과 비교해서 작고
목의 직경이 용기의 크기에 비해 작을 때에만 자신이 이론적으로 유
도한 식이 유효하다는 것을 알고 있었는데 존트하우스는 이 식을 용
기의 부피가 작은 경우나 용기의 부피는 아예 0이고 원통형의 목만
있는 경우까지 확대 적용함으로써 오류를 범했다고 지적했다. 이로써
레일리는 베르트하임의 실험에 의거하여 존트하우스의 실험에 의한
유도식이 헬름홀츠나 자신의 실험과 이론적 추론을 통해 유도된 식에
비해서 정확성이 떨어진다고 주장하였다.166)

　공명 이론에 관한 레일리의 이 논문들은 맥스웰을 비롯한 물리학자
들에게 호평을 받았고 그의 음향학 분야의 연구는 가속화되었다. 1872
년 동안 레일리는 구형 공명기에 담긴 기체의 진동에 관한 논문과 구
형의 장애물이 음파에 일으키는 교란에 관한 논문을 런던 수학회에서
발표하였다. 수학회에서 발표된 만큼 이 논문들은 수학적인 논의를 주
된 내용으로 하고 있었다. 이러한 연구 활동을 바탕으로 레일리는
1873년에 더욱 이론적으로 정교화된 진동 이론의 일반론을 런던 수학
회에 발표했다.167)

---

165) J. W. Strutt, "Remarks on a Paper by Dr Sondhauss", *Phil. Mag.*
　　40(1870), 211-217쪽: *Scientific Papers*, #4, 26-32쪽.
166) 같은 글, 31쪽.
167) R. T. Beyer, *Sounds of Our Times: Two Hundred Years of Acoustics*

「진동에 관한 몇 가지 일반 정리」("Some General Theorems Relating to Vibrations")라는 이 논문은 3부(section)로 이루어져 있었는데 각 부분이 모두 진동 이론에 있어서 중요한 혁신들을 담고 있었다. 이는 이미 레일리가 확고한 음향학 전문 연구자로서의 지위를 굳혔음을 드러내 준다.

이 논문의 1부에서 레일리는 독립된 좌표들에서의 계의 진동에 관련하여 운동 에너지와 퍼텐셜 에너지를 각각 일반적인 형태로 표현하여 에너지의 손실이 없는 보존계가 자유롭게 진동할 때 여기에 첨가된 질량(mass)이 결코 그 운동의 주기를 변경시키지 않는다는 것을 입증하였다.[168] 여기에서 레일리는 톰슨(W. Thomson)과 테이트(Peter G. Tait)의 『자연철학 논고』(*Treatise on Natural Philosophy*) §337에 나온 방식을 사용하여 운동 방정식을 얻었다.[169] 즉 레일리는 먼저 운동 에너지와 퍼텐셜 에너지를 다음과 같이 정규 좌표(normal coordinates)를 써서 모두 제곱만의 합으로 나타냈다.

$$T = \frac{1}{2}\ [1]\ \dot{\phi}_1^2 + \frac{1}{2}\ [2]\ \dot{\phi}_2^2 + \ldots \ldots \qquad (4-3)$$

$$V = \frac{1}{2}\ \{1\}\ \phi_1^2 + \frac{1}{2}\ \{2\}\ \phi_2^2 + \ldots \ldots \qquad (4-4)$$

여기에서 [1], [2], … , {1}, {2}, …은 양의 값을 갖는 상수이고 ϕ_1,

(New York: Springer-Verlag, 1999), 170-181쪽.

168) Rayleigh, "Some General Theorems Relating to Vibrations", *Proc. Lond. Math. Soc.* 4(1873), 357쪽: *Scientific Papers*, #21, 170쪽. 여기에서 레일리는 종전과 달리 활력(vis viva)이라는 용어 대신에 운동 에너지(kinetic energy)라는 용어를 사용했다.

169) Thomson and Tait, 앞의 책, 360-361쪽.

108

$\Phi_{2,...}$ 는 정규 좌표를 의미한다. 레일리는 이것들로부터 라그랑주의 방법을 이용하여 운동 방정식

$$[s]\Phi_s + \{s\} \frac{d^2\Phi_s}{dt^2} = 0 \quad (4-5)$$

을 얻어냈다. 여기에서 레일리는 주기

$$\tau_s = 2\pi \sqrt{\frac{\{s\}}{[s]}} \quad (4-6)$$

를 얻어냈다.

그다음에 레일리는 속박 요인이 작용하여 자유도가 하나만 남게 되는 경우를 상정하여 각 좌표를 하나의 좌표인 Θ의 스칼라 배로 표현하고 Θ가 조화 함수라고 가정함으로써 역시 주기를 구해 냈다. 레일리는 이 상태에서 속박 요인을 식에서 제거하였을 때의 주기는 속박되었을 때의 주기보다 작아질 수는 없다는 점에서 한 계의 자연 주기를 대략적으로 계산하는 데 이 방법을 요긴하게 이용할 수 있음을 보였다.[170] 레일리는 이러한 정리가 실현되는 구체적인 예로 거의 균질한 밀도를 가진 현의 횡진동을 다루었다. 레일리는 이 과정에서 현의 밀도의 변동이 없는 것으로 간주하고 주기 변동이 없다는 결론을 이끌어 냈다.[171]

---

170) Rayleigh, 앞의 글(*Scientific Papers*, #21), 172-173쪽. 이러한 사실은 나중에 양자 역학에서 "레일리-리츠 방법"이라고 불리는 근사로 사용된다. Beyer, 앞의 책, 166쪽.

171) Rayleigh, 앞의 글(*Scientific Papers*, #21), 173쪽.

2부에서 레일리는 속도에 비례하는 저항력을 취급하기 위해 소산 함수(dissipation function)를 도입하였다. 이것은 나중에 진동계를 취급하는 데 있어서 새로운 혁신으로 인정을 받았다.[172] 마찰처럼 속도에 비례하는 힘은 계의 에너지를 소산시키게 되는데 레일리는 이러한 소산율을 표현하는 함수로서 소산 함수 F를 도입할 때 문제를 쉽게 풀 수 있음을 보여주었다.[173] 이러한 소산 함수의 존재는 일찍이 레일리에게 음향학에 대한 관심을 촉발시켰던 돈킨의 저술 『음향학』에서 부인되었던 것인데 레일리는 이의 사용이 현상과 부합하는 이론적 결과를 내놓을 수 있음을 보임으로써 이 개념이 이후에 널리 채용되는 기초를 놓았다.[174]

3부에서 레일리는 상호성의 정리(reciprocal theorem)의 확장을 추구하였다.[175] 헬름홀츠는 1860년에 이미 상호성의 법칙을 제시한 바 있었는데 이는 마찰 없는 균질한 유체 내에서 진동하는 임의의 수의 진동계의 경우에 대하여 제한적으로 증명된 것이었다. 레일리는 그것이 마찰이 존재하는 상황에서 소산에 의해 감쇠되는 현이나 막, 소리 굽쇠 등에 대해서도 확장될 수 있음을 수학적으로 유도했다.[176] 행렬식의 대칭적 성질로부터 유도되는 상호성의 정리는 힘과 변위의 관계에서 제시되었다. 즉 어떤 특정한 곳 A에 작용한 힘이 다른 곳 B에

---

172) Beyer, 앞의 책, 89쪽.

173) Rayleigh, 앞의 글(*Scientific Papers*, #21), 176–178쪽.

174) 맥스웰은 레일리의 소산함수를 전자기적으로 응용하였다. 맥스웰이 사용한 소산함수는 mesh analysis에서 중심적인 역할을 감당하였으며, 저항에 전류의 제곱을 곱한 양의 총합으로 정의되었다. Hong Sungook, "Forging the Scientist–Engineer: A Professional Career of John Ambrose Fleming", (서울대학교 이학박사학위 논문, 1994) 28, 345–347쪽.

175) 같은 글, 179쪽.

176) 같은 글, 179–180쪽.

유발하는 변위는, B에 작용한 힘이 A에 유발하는 변위와 같다는 것이
다. 이러한 정리가 적용되는 구체적인 사례로서 현의 진동과 공기 중
음원에서 비롯된 진동의 전파가 제시되었다.

> A와 B가 일정하거나 가변적인 당겨진 끈 위에 두 점이라고 하자.
> 하나의 주기적 횡 방향 힘이 A에 작용한다면, 그 힘이 B에 작용한다
> 면 A에서 일어날 것과 같은 진동이 B에서 만들어질 것이다. 공기가
> 차 있는 공간에서 A와 B가 교란의 두 원천이라고 하자. A에서 일어
> 난 진동은, 마치 위치가 교환된 것처럼, B에서 같은 상대적 진폭과
> 위상을 가질 것이다.[177]

그러나 1875년에 실험 음향학의 권위자였던 틴들이 이러한 레일리
의 이론적 결론에 반(反)하는 실험 결과를 발표함으로써 레일리의 이
론은 도전에 직면했다.[178] 틴들은 고음을 내는 리드(reed)를 짧은 관
에 장착하고 공기를 그 관을 통해 불어넣었고 다른 지점에서 자신이
고안한 민감 불꽃으로 공기 중의 압력의 변이를 감지하였다. 그리고
틴들은 종이판이나 유리판을 스크린 삼아서 리드와 불꽃 사이에 놓았
을 때, 스크린이 리드에 가까울 때와 불꽃에 가까울 때 불꽃에 나타나
는 효과가 달라지는 것을 관찰할 수 있었다. 스크린을 리드와 불꽃 사
이에서 운동시켜 이 사이의 상대적 거리를 변경시키면 이는 리드와
불꽃의 위치를 교환하는 것과 동일한 효과를 낼 수 있으므로, 상호성
의 원리에 따르면 이런 상황에서도 불꽃에 도달하는 소리의 세기에는
차이가 없어야 한다는 것이 틴들의 주장이었다. 그러므로 이러한 실험
적 발견은 레일리의 상호성의 법칙이 일반적으로 성립하지 않는 분명

---

177) 같은 글, 180-181쪽.
178) J. Tyndall, *The Science of Sound, Proceedings of Royal Institution* (New York: Citadel Press 1964).

한 예외라고 볼 수 있었다.

이러한 문제를 확인하기 위해서 레일리는 직접 왕립 연구소(Royal Institution)로 틴들을 찾아갔고 틴들은 직접 실험을 시범해 보였다. 레일리는 상호성이 원리가 성립하기 위해서는 음원이 단순한 음원(simple source)이어서 모든 방향으로 동일하게 소리가 방출되어야 하는데 틴들의 실험에서 사용된 리드는 그러한 단순한 음원이 아니라 방향성을 갖는 음원이므로 다른 결과가 나온 것임을 지적하였다. 이로써 이 실험의 결과가 레일리의 상호성의 법칙에 위배되지 않는 것이 명확해졌고 오히려 레일리는 이 기회를 이중 음원에 대하여 상호성의 정리를 확장시키는 계기로 삼았다.[179]

레일리의 소리에 대한 탐구는 앞의 예에서 드러나듯이 처음부터 일반적인 파동에 대한 탐구를 염두에 두고 이루어졌고 이로부터 많은 수확을 얻을 수 있었다. 특히 빛과의 유비는 레일리의 소리에 대한 연구에 중요한 가이드 역할을 해 주었다. 이러한 예를 잘 보여주는 것이 1873년에 *Nature*에 발표된 조화 메아리(harmonic echo)에 대한 짧은 논문이다.[180] 조화 메아리란 원래의 소리가 특수한 상황에서 반사되어 다른 음으로 반복되는 현상을 말하는 것인데 레일리 자신이 베지버리 파크(Bedgebury Park)[181]에서 관찰한 바에 따르면 한 여자의 목소리가 계곡 너머의 전나무 숲에서 반사되었는데 정확하게 한 옥타브 높은 음으로 들렸다. 이것은 원음이 충분히 크고 높으면 예외 없이 일어나는 현상이었고 남자의 목소리로는 같은 현상이 일어나지 않았다.

---

179) Beyer, 앞의 책, 88쪽.

180) J. W. Strutt, "Harmonic Echoes", *Nature* 8(1873), 319-320쪽; *Scientific Papers*, #27, 188-189쪽.

181) 런던 남동쪽 Kent주, Tunbridge Wells 근처에 위치하며 넓은 숲이 분포한다.

112

관찰 당시에는 그러한 피치의 변화에 대해서 들어보지 못했던 레일리는 곧 이 현상이 자신이 한두 해 전에 제시하였던 하늘의 색에 대한 설명에 의해 어렵지 않게 이해된다는 생각을 하게 되었다. 하늘의 색은, 태양 광선의 산란율이 태양 광선의 파장의 4제곱에 반비례하여 커지기 때문에 태양광선 중 파장이 짧은 파란색 계통이 산란이 많이 된다고 레일리는 설명했었다. 당시에 레일리는 자신의 서류철에 음파가 그것의 파장보다 규모가 작은 장애물에 의해 교란되는 현상에 대한 수학적 탐구에 관한 초고를 갖고 있었다.[182] 이에 의하면 인간의 음성처럼 복합음이 장애물에 부딪칠 때 그 성분들은 다른 비율로 되튕겨지게 되는데 일단의 작은 장애물들은 첫 번째 배음, 즉 기음의 2배의 진동수를 갖는 음을 기음에 비해서 2^4배, 즉 16배나 강하게 되돌려 준다. 그러므로 일반적인 소리의 파장에 비해서 크기가 작은 장애물인 나무들이 이러한 현상을 일으키는 것은 이해하기 어렵지 않다고 레일리는 판단했다.[183]

조화 메아리에 대한 레일리의 설명에서 광학적 현상과 음향학적 현상을 긴밀한 유비 가운데 탐구하려 하였던 레일리의 연구 성격이 잘 드러난다. 광학과 음향학에서 둘 다 탁월한 연구 성과를 내놓고 있었던 레일리는 소리와 빛이 별개의 현상일지라도 동일하게 파동이라는 점에서 파동에 대한 더 넓은 연구에 함께 포함될 수 있다고 생각하고 있었다. 그는 특수한 파동이나 진동에 관해 다룬다 하더라도 항상 보편적인 현상을 염두에 두고 탐구해 나가는 시각을 잃지 않았다. 이러

182) 확장된 형태의 논문이 1872년에 런던 수학회지에 발표되었다. John William Strutt, "Investigation of the Disturbance Produced by a Spherical Obstacle on the Waves of Sound", *Lond. Math. Soc. Proc.* 4(1872), 253–283쪽; *Scientific Papers* #14, 139–139쪽.
183) Rayleigh, 앞의 글(*Scientific Papers*, #27), 189쪽.

한 레일리의 파동에 대한 일반적인 관심은 초기 연구부터 선명하게
드러났다.

레일리의 파동에 관한 폭넓은 관심은 또한 1876년에 *Philosophical
Magazine*에 발표된 「파동에 관하여」("On Waves")라는 긴 논문을
통해서 드러났다.[184] 이 논문에서 레일리는 직사각형의 단면을 갖는
수로에서의 수면파라는 특별한 경우를 고려하였다. 이렇게 파장이 물
의 깊이에 비해서 매우 길고 진폭이 수심에 비해 크지 않은 특수한
경우에 대한 탐구는 일찍이 라그랑주에 의해 이루어졌다. 이러한 장파
(long wave)의 문제에 접근하면서 레일리는 수로를 하나의 튜브로 간
주하고 튜브의 수직 차원, 즉 깊이의 변화에 따라 단면적이 점진적으
로 변하는 상황에 관심을 기울였다. 이 문제를 풀 때 레일리는 수로
안의 물의 유속이 수면파의 속도와 크기가 같지만 방향이 반대이어서
그 파형이 공간상에 고정되는 정상 운동(steady motion)의 상황을 상
정함으로써 이후 충격파의 분석에서 흔히 사용하게 될 접근법을 창안
하였다. 레일리가 근본적으로 해결하고자 했던 문제는 중력으로 유발
되는 유속의 적절한 조정으로 얼마나 수면의 압력이 일정하게 유지될
수 있는가는 문제였다. 레일리는 유속과 중력은 수면의 압력에 반대의
효과를 낸다는 것을 기초로 하고 물의 부피가 일정하게 보존된다는
가정과 연속 조건을 이용하여 압력의 변동 요인들을 고려하였다. 이로
부터 레일리는 동일 압력을 유지하기 위한 힘이 수로의 바닥으로부터
의 거리의 세제곱에 반비례한다는 것을 밝혀냈다. 그 결과는 단면적이
일정한 특수한 경우에 관하여 이미 그린(George Green, 1793-1841)
과 에어리(G. B. Airy, 1801-1892) 등이 다른 방법으로 찾아낸 것과

---

184) Rayleigh, "On Waves", *Phil. Mag.* 1(1876), 257-279쪽: *Scientific Papers,*
    #38, 251-271쪽.

동일한 것이었다. 이 논문의 주된 논의는 수력학적인 것이었지만 레일리는 이러한 결과가 파동 현상에 보편적으로 적용될 수 있는 것으로 간주하고 있었기 때문에 이 정리를 단면이 점진적으로 변하는 파이프에서 움직이는 음파에 쉽게 적용될 수 있다고 보았다.[185]

이 논문에서 레일리의 다음 관심은 러셀(Scott Russell, 1808-1882)의 고립파(solitary wave)였다. 고립파는 러셀에 의해 붙여진 이름인데 파장이 수로의 깊이의 6 내지 8배 정도 되는 수면파로서 지금까지 레일리가 고려한 장파에 근사적으로 포함시킬 수 있었다. 일찍이 러셀은 실험에 의거해서 고립파가 두 종류의 파, 즉 교란되지 않은 수위보다 상승된 양성파(positive wave)와 교란되지 않은 수위보다 하강된 음성파(negative wave)가 상이한 행동을 나타낸다는 점을 지적하였다. 즉 양성파는 먼 거리까지 손실 없이 전파되지만 음성파는 곧 해체되어 소산된다는 것이었다. 이러한 고립파의 독특성은 이 분야의 전문가인 에어리조차도 그의 저술『조수와 파동』(Tides and Waves)에서 인정하지 않았고 스토크스도 "러셀의 실험이 옳다면 고립파의 독특성이 발견된 것으로 간주할 수 있다"는 소극적인 태도를 취했다. 이러한 상황에서 레일리는 자신의 장파 이론을 기초로 하여, 러셀이 관찰했지만 수학적으로 설명하기 어려웠던 고립파에 대한 만족스러운 근사적 이론을 얻어냈다.[186]

이어서 레일리는 같은 논문에서 깊은 물 속에서의 주기파(periodic wave)에 관하여 논의를 전개하였다. 이 문제는 앞에서 논의한 장파의 경우와 달리 파장에 비하여 수심이 매우 큰 경우였다. 이러한 문제에 관해서는 랭킨(W. J. M. Rankine)이나 프라우드(William Froude) 등

---

185) 같은 글, 255쪽.
186) Rayleigh, 앞의 글(Scientific Papers, #38), 257-261쪽.

이 연구한 적이 있었다. 이들은 이 경우에 유체의 각 입자가 원형의 운동을 하게 된다는 입자 회전(molecular rotation)을 주장했는데 레일리는 이러한 운동이 자연적인 힘에 의해 유체 속에서 유발될 수 없다는 점에 주목하였다. 그리하여 레일리는 입자 회전이 없는 깊은 물에서의 주기파의 운동을 기술해 내고 이것의 특수한 경우가 장파에 해당한다는 것을 보여주었다.[187] 또한 흐르는 물의 수면 근처에서 물이 수면파의 진행 방향으로 천천히 병진한다는 것을 스토크스가 이론적으로 얻어냈는데 이것이 입자 회전의 부재의 직접적 결과임을 레일리는 보여줌으로써 자신의 비회전 이론에 설득력을 더하였다.[188]

이와 같이 이 시기에 레일리는 파동 전반에 관한 폭넓은 관심을 갖고 있었고 수력학, 음향학, 광학, 전자기학 등의 제반 연구들이 파동을 취급하는 면에서 긴밀하게 연관되어 있다는 인식을 바탕으로 문제에 접근하였다. 그러므로 수력학적인 문제 해결은 곧 음향학적 문제에 쉽게 적용되곤 했다. 이 논문의 말미에서 취급한 원통형 용기에서의 유체 진동도 이러한 전형적인 예를 보여준다. 레일리는 원통형 용기에 담겨진 유체의 표면에 교란이 있을 때 수평 경계를 회복하려는 경향에 의해 진동이 유발되는 경우를 취급하였다. 그리고 레일리는 이 문제를 원통형 용기에 담겨진 공기의 진동의 문제와 곧바로 연결시켰다.[189] 레일리는 용기 내부의 유체의 운동이 오로지 표면의 운동에만 의존한다는 사실로부터 표면 입자의 수직 속도를 얻어내고 이것으로부터 속도 퍼텐셜을 얻어냄으로써 운동 에너지를 구할 수 있었고 여기에 라그랑주의 일반화된 좌표계를 이용하여 진동 주기를 구해 냈다.

---

187) 같은 글, 262-263쪽.
188) 같은 글, 263-264쪽.
189) 같은 글, 265쪽.

이 과정에서 레일리는 액체가 흐르는 경로의 수축의 효과를 오르간 파이프의 피치가 그 입구에서의 장애물에 의해 낮아지는 것과 동일한 것으로 간주할 수 있다고 보았다. 이것에서 레일리가 기본적으로 유체 역학의 연장선상에서 음향학적 문제를 고려하고 있었음을 알 수 있다.

레일리가 1870년대에 이룩한 음향학 및 진동론에 있어서의 기여는 두드러진 것이었으며 『음향 이론』의 집필을 시작한 1872년에는 도서 관의 정보를 제대로 이용할 수 없는 나일 강 위의 선상에서 책을 쓸 수 있을 정도로 레일리는 이미 음향학에 대한 전문가적 지식을 소유 하고 있었다.[190] 다른 연구자들의 연구를 면밀히 검토하여 실험이나 이론을 통해 변형이나 확장을 시도하거나 새로운 혁신을 얻어내고 실 험 연구와 이론 연구를 긴밀한 연관성을 갖고 추진하며, 항상 진동과 파동의 일반론에 대한 폭넓은 관심을 잃지 않는 레일리의 음향학 연 구의 핵심적인 특성들이 이 기간 동안 이미 상당한 정도로 형성되어 있었다. 이러한 독특한 연구 스타일을 바탕으로 집필된 『음향 이론』은 음향학에 새로운 전통의 수립을 예고하고 있었다.

2) 『음향 이론』의 출판

『음향 이론』은 1877년에 1권이 나왔고 이듬해에 2권이 나왔으며 1894년부터 1895년에 걸쳐 한번 개정되었다. 이 책은 그때까지의 이론 및 실험 음향학 연구자들의 연구 성과들을 잘 정리해 주었을 뿐 아니 라 레일리의 독창적인 연구의 주된 부분들을 포함하였다. 이는 레일리 의 수학적 기량이 충분히 발휘되어 이루어진 특별한 성과였다. 레일리

---

190) R. J. Strutt, 앞의 책, 62쪽.

의 뒤를 이어 캐번디시 연구소를 맡게 된 J. J. 톰슨(J. J. Thomson)
은 1919년에 레일리와 그의 책에 대해서 이렇게 평가했다.

　　레일리는 그의 논문을 준비하고 제시하는 데 예술가의 정신과 감
　　각을 가졌다. 그의 책 『음향 이론』은 벽돌로 생각되던 주제를 대리석
　　으로 바꾸어 놓았다고 말할 수 있다. 그것은 교재로서 독창적인 연구
　　의 기록으로서 이상적이다. 과학적 문제에 대한 판단력에서 그보다
　　더 건전하고 편견에서 자유로웠던 사람은 결코 없었다.[191]

　앞서 말했듯이 레일리의 『음향 이론』 집필은 요양차 나일 강을 유
람하던 1872년 말에 선상에서 시작되었다. 1873년 5월에 그가 런던으
로 돌아왔을 때, 그의 집필 소식은 세상에 알려졌고 많은 사람들의 관
심과 기대를 모았다. 1873년 5월에 맥스웰은 레일리에게 보낸 편지에
서 레일리의 음향학에 관한 책이 영어로 되어 있는 음향학 책의 부족
을 메울 수 있을 것이라고 언급했다. 또한 같은 해 11월에 레일리에게
보낸 편지에서 맥스웰은 진동에 관한 레일리의 정리가 훌륭하다고 칭
찬하였고 레일리의 소산 함수를 열의 전달에 관련한 자신의 강의에서
사용하였다고 하면서 그의 책의 출간이 기대된다고 적었다.[192]
　수년간에 걸쳐서 집필된 『음향 이론』은 1877년에 완성되어 레일리
의 친구이자 수학 우등졸업시험의 경쟁자였던 테일러(H. M. Taylor)
의 교정을 거쳐서 1877년과 1878년에 각각 1권과 2권이 맥밀란(Mac-
millian) 출판사에서 출간되었다.[193] 이 책에 대한 학계의 호응은 기

191) J. J. Thomson et al., "Lord Rayleigh. O. M., F. R. S. (A Collective
　　Obituary)", *Nature* 103(1919), 365쪽.
192) R. J. Strutt, 앞의 책, 81-82쪽.
193) 레일리의 아들이 쓴 전기에서는 이 책이 1877년 6월에 모두 출간된 것
　　처럼 언급되어 있지만 두 권이 어느 정도 시간 간격을 두고 출간된 것

118

대 이상이었다. 케임브리지에서 레일리에게 수학을 가르쳤던 라우스
(E. J. Routh)는 "원하던 책이 나왔다. 그것을 교재로 사용할 것이며
그것으로부터 많은 것을 배울 것이 기대되며 이 책이 이 분야의 진보
에 기여할 것"이라고 논평했다.[194] 또한 음향학과 수력학을 연구하고
있었던 에어리는 이 저작이 소리에 관해 깊이 있게 논의할 뿐 아니라
비음향적 진동에 대해서도 많은 것을 다루고 있으며 훨씬 더 복잡
한 주제에 적용 가능한 수학적 깊이를 가지고 있다고 논평했다.[195]

　무엇보다도 음향학계의 거두인 헬름홀츠의 서평이 가장 권위가 있
었다. 헬름홀츠는 1877년에 1권과 2권에 대하여 2회에 걸쳐 *Nature*에
우호적인 서평을 게재했다. 헬름홀츠는 이 책이 일관되고 접근 가능한
형태로 주제들을 제시하였기에 차후의 음향학의 연구에 큰 도움을 줄
것이라고 관측했고 이 책에서 사용한 방법이 이 주제의 연구에서 더
많은 진보를 이루어 낼 수 있는 방법이라고 말했다. 헬름홀츠는 인간
의 목소리를 포함하여 리드 파이프의 이론을 취급하는 장이 빠졌기
때문에 이 책이 두 권으로 끝나서는 안 된다고 말했다. 헬름홀츠는 그
밖에 노래하는 불꽃, 오르간 파이프의 불기(blowing) 등이 수학적으로
설명되어야 하며, 바이올린 활의 작용이나 이올로스 하프같이 지속적
인 원인에 의해 진동이 유지되는 문제들도 이론적 취급을 기다리고
있다고 지적했다.[196] 이에 대해 레일리도 3권의 필요성에 대해서는

으로 보인다. 그것은 *Nature*에 실린 헬름홀츠의 서평이 각 권에 대하여
따로 시간 간격을 두고 게재되어 있을 뿐 아니라 서평들에도 1권이
1877년에, 2권이 1878년에 출간된 것으로 되어 있다. 그리하여 1권에
대한 서평은 1878년 1월 24일자로 게재되었고 2권에 대한 서평은 1878
년 12월 12일자로 게재되어 있다. 그러므로 2권은 1878년 5월 내지 6월
경에 출간되었을 것으로 추정된다. R. J. Strutt, 앞의 책, 83쪽.
194) R. J. Strutt, 앞의 책, 83쪽.
195) 같은 책, 84쪽.

인정하였고 출판사도 그것의 집필을 권유하였으나 결국 그것은 씌어지지 않았다. 대신 헬름홀츠가 지적한 내용들 중 상당 부분은 1894년과 1895년에 나온 수정 증보판에 포함되었다.

헬름홀츠의 호평은 이 책이 빨리 독일어로 번역되게 했다. 헬름홀츠의 권유로 이 책은 네젠(F. Neesen)에 의해 1879년에 독일어로 번역되어 출간되었다. 레일리는 이 책의 독일어 번역에 대해서 자신의 책이 좋게 평가되는 것은 바람직하다고 보았으나 수학이 주된 내용을 이루고 있는 이 책이 굳이 번역될 필요가 있는가는 회의적인 태도를 취했다.[197]

3) 『음향 이론』의 구성

이 절에서는 『음향 이론』의 구성만을 간략하게 살펴보고 이 책의 구체적인 내용 분석을 통한 성격의 규명은 다음 장에서 다루겠다.

『음향 이론』 초판의 1권은 모두 10장으로 이루어졌는데 개관적인 논의(1장에서 5장까지)와 주로 고체의 진동에 관한 논의(6장에서 10장)를 포함했다. 1장은 도입부로서 진동과 소리의 속성, 진동수와 피치의 관계, 간단한 음향학적 실험 기구, 악음과 음계, 조화음 등을 취급하였다. 2장은 이론적 논의를 위한 기초로서 조화 운동을 다루었는데 여기에서 맥놀이와 리사주 곡선, 진동 현미경, 단속적 조명에 의한 스트로보스코프 등이 거론되었다. 3장의 제목은 '1차원 진동계'였고 레일리는 여기서부터 본격적인 진동 이론에 관한 논의를 시작하였다. 자

---

196) Helmholtz, "Lord Rayleigh's Theory of Sound" [a review by Hermann von Helmholtz] *Nature* 19(Dec. 12. 1878), 117–118쪽.

197) R. J. Strutt, 앞의 책, 85쪽.

유 진동에서 감쇠 진동, 강제 진동 등에 관련한 논의가 이루어졌고 단순화된 현이나 소리굽쇠의 1차원 진동이 취급되었다. 4장의 제목은 '일반적인 진동계'인데 일반화 좌표계를 도입하여 라그랑주 방법에 의해 운동 방정식을 구하는 방법이 소개되었다. 특히 상호성의 정리가 소개되고 그것이 강제 진동과 감쇠 진동으로까지 확장되었다. 5장은 4장의 논의를 좀 더 연장시켜 다양한 종류의 힘이 가해질 때 일어나는 진동과 다양한 진동계에 대하여 논의하였다. 6장부터 10장까지는 구체적인 음향학적 진동체의 진동을 취급했는데 고체에 한정되어 있었기에 고체에서 소리를 발생시키는 진동을 다루거나 고체를 통한 다양한 진동의 전달에 관해 논의하였다. 6장은 현의 횡진동(橫振動)을 다루면서 여러 선행 연구자들의 이론적 및 실험적 연구들을 광범위하게 소개하였다. 7장은 막대의 종진동(縱振動) 및 비틀림 진동에 대한 짧은 장으로 이 주제에 관하여 연구가 많이 되어 있지 않기 때문에 레일리는 기본적인 방정식을 유도하고 간략하게 수학적 논의들을 소개하였다. 8장의 주제는 막대의 횡진동으로 다양한 상황에서 막대에 발생하는 횡진동의 모드들을 취급하였다. 9장은 박막(薄膜)의 진동에 관한 장으로 박막의 진동 방정식을 유도하고, 사각막, 삼각막, 원형막 등 다양한 막에서 만들어지는 진동을 수학적으로 취급하였다. 10장은 판(板)의 진동을 다루면서 클라드니의 실험적 연구 결과가 어떻게 이론적으로 유도되는가를 보여주었다.[198]

2권은 11장부터 19장까지로 구성되었는데 공기를 비롯한 기체 및 액체의 진동을 취급하였다. 기체나 액체는 특성상 소리를 발생시키는 발음체로서 기능하기보다는 매질로서 주로 기능하기 때문에 이 부분에서 소리의 전파에 관한 문제가 주로 취급되었다. 그러나 튜브나 공

---

198) Rayleigh, *The Theory of Sound*, 2nd ed. (New York: Dover, 1945) 1권.

명기 내부의 공기의 진동 같은 경우에는 그 안의 공기의 진동이 음원
이나 이차 음원으로서의 기능을 하기 때문에 소리의 발생에 관한 문
제도 함께 다루어졌다. 11장의 제목은 '공기 진동'으로서 레일리는 여
기서 운동 방정식, 라그랑주 정리, 음속의 계산, 평면파의 미분 방정
식, 음속 결정 실험 등 공기 진동에 연관된 일반적인 주제들을 취급하
였다. 12장의 제목은 '관에서의 진동'으로 관 내부의 공기에서 형성되
는 배와 마디, 폐관과 개관의 효과, 튜브를 이용한 쿤트의 실험, 오르
간 파이프에서의 기주(氣柱)의 진동 등을 다루었다. 13장에서는 사각
의 방에서의 공기 진동을 취급했고 14장은 다양한 상황에서의 공기
진동을 다루었는데 그중에는 원추형 튜브의 이론, 전기로 진동되는 소
리굽쇠에서 나오는 소리의 간섭, 소리 그늘, 평면 스크린에 뚫린 구멍
에 의한 회절, 곡면에서의 반사, 속삭임 회랑의 원리, 바람에 의한 소
리의 회절, 안개 신호에 대한 틴들의 관찰 등이 망라되었다. 15장에서
는 유체 진동의 일반 방정식의 구체적인 적용 사례들을 취급하였는데
조화 메아리, 역4제곱의 법칙, 도플러 효과 등이 다루어졌다. 16장은
'공명기의 이론'이라는 제목대로 구멍의 형태, 공명기의 목의 형태에
따라 달라지는 진동수에 대한 이론적 및 실험적 고찰로 레일리의 독
창적 연구가 두드러졌다. 17장은 라플라스 함수의 음향학적 문제에 대
한 적용을 다루었고 18장은 구형의 공기층의 문제를 라플라스 함수,
르장드르 함수, 베셀 함수 등을 활용하여 취급하고 원통형의 장애물의
효과 등을 취급하였다. 마지막 19장은 유체의 마찰을 점성과 연관하여
다각적 측면에서 살폈다.199) 그리하여 『음향 이론』은 단순히 음향학
적 현상의 이론적 서술만이 아니라 진동과 파동에 관련한 현상들과
이에 관한 일반적인 논의를 폭넓게 포함하는 포괄적인 책이 되었다.

---

199) 같은 책, 2권.

다만 헬름홀츠의 지적대로 이 책이 미처 취급하지 않은 내용들이 첨가될 것이 요구되었는데 이 중 일부는 재판의 출판을 통해 보완되었다.

『음향 이론』의 재판은 1894년과 1895년에 각각 1권과 2권이 출간되었다. 재판에는 1878년 이후에 이루어진 레일리 자신과 다른 음향학자들의 연구 성과들이 반영되었으며 초판에서 빠져 있었던 주제들이 많이 포함되었다. 그중에는 전기 진동, 곡면(구면, 원통면, 반구면)의 진동, 중력이나 모세관력의 작용하에서의 유체의 운동, 유체의 불안정에서 기인하는 음향학적 현상인 민감 분사(sensitive jets), 민감 불꽃, 이올로스 음(Aeolian tone)[200], 그리고 음의 감각과 연관된 제반 현상들인 가청 진폭, 소리의 방향 지각, 음향학의 옴의 법칙, 차음(差音)과 가음(加音), 모음의 특성과 인공모음 발성 등이 포함되었다.

이 중에서 소리의 감각에 연관된 내용이 새롭게 추가된 것이 특히 주목할 만하다. 소리의 감각에 관계된 제반 현상들은 헬름홀츠에 의해 『음의 감각』에서 깊이 있게 취급되었기에 『음향 이론』의 초판에서 레일리는 이에 관해서 더 서술할 필요성이 없다고 느낀 것으로 보이는데 그 사이에 레일리 자신을 포함한 다른 이들의 새로운 연구 결과들이 쌓임으로써 개정판에서는 이 내용을 추가시킬 필요성을 느낀 것으로 보인다. 재판의 출판으로 헬름홀츠가 지적하였던 누락된 부분이 어느 정도 채워짐으로써 이 책만큼 음향학에 관련한 전 주제를 포괄적이고 깊이 있게 다룬 책은 향후 수십 년간 출판되지 않았다.

---

200) 가늘고 긴 철사의 한쪽 끝을 잡고 빙글빙글 돌릴 때 나는 소리로 철사가 공기를 가르고 지나갈 때 그 주위에 발생하는 소용돌이 때문에 생기는 음이다. 바람의 신 이올로스의 이름을 따서 붙여진 이름이다. 이올로스 하프에 대한 상세한 논의를 Hankins, Thomas L. and Robert J. Silverman, *Instruments and the Imagination*(Princeton: Princeton University Press, 1995), 86-112쪽에서 찾을 수 있다.

❧ 5 ❧
『음향 이론』의 성격과 기여

    레일리의 『음향 이론』의 명성은 드높았지만 정작 이 책의 내용에 대한 분석은 거의 이루어지지 않았다. 『음향 이론』은 어떠한 성격의 책인가? 그것이 발휘하는 지속적 영향력은 어디에서 비롯되는 것일까? 이 책이 그 이전의 음향학 저술과 비교해서 다른 점은 무엇이었는가? 이 책에서 사용하고 있는 수학적 방법이란 어떤 것인가? 『음향 이론』은 이후 음향학의 진로에 어떠한 영향을 미쳤는가? 이 장에서 필자는 이러한 질문들에 답하기 위해서 『음향 이론』의 내용을 자세히 살펴봄으로써 이전의 연구자들이 주목하지 못한 사실들을 찾아내고자 한다. 이러한 논의는 이 책의 영향력과 물리학사적인 의의를 파악하는 데 토대가 될 것이다.[201]

---

201) 이 장의 논의는 필자의 다음 논문의 토대가 되었다. Ja Hyon Ku, "J. W. Strutt, Third Baron Rayleigh, *The Theory of Sound*, First Edition(1877 – 1878) in, Ivor Grattan–Guinness ed. *Landmark Writings in Western Mathematics 1640–1940*(Amsterdam: Elsevier, 2005), 588–599쪽.

124

1) 수리 음향학의 집대성

어떤 책의 가장 두드러진 특성은 그 책이 씌어진 목적에서 드러난
다.『음향 이론』의 주된 목적은 당시까지 이루어진 소리에 관련한 수
학적 연구들을 집대성해 주는 것이었다. 레일리는 서문에서 소리에 대
한 수학적 취급이 포괄적으로 제대로 이루어지지 않은 점을 바로잡기
위한 목적에서 이 책을 집필했음을 분명히 밝혔다.[202] 직접적으로는
돈킨의 유작『음향학』이 미처 이루지 못한 작업을 완성하기 위한 것
이었다. 그런 점에서 이 책의 내용은 수학적 논의가 중심을 이루는 것
이었다고 할 수 있다. 이는 당시까지 씌어진 대부분의 음향학 저술들
이 주로 실험적 발견과 경험적 사실에 대한 논의에 초점을 맞추어 수
학적 논의는 전혀 포함하지 않는 상황을 변화시키려는 시도였다.

그런 점에서 이 책은 선행 연구자들의 이론적 탐구에 대한 소개가
중심적인 내용을 이루었다고 할 수 있다.『음향 이론』에서 선행 연구
자들의 소리에 관한 수학적 탐구 작업을 잘 정리해 준 사례로 음속의
이론적 유도의 문제를 볼 수 있다. 레일리는 음속에 관한 뉴턴의 고찰
과 여기에서 발생한 착오를 어떻게 라플라스가 수정하게 되었는가를
소개하였다. 뉴턴의 탐구를 통하여 음속이 진폭과 피치에 무관하다는
것이 확립되었지만 그의 음속 계산은 관측치와는 상당한 오차를 보였
고, 라플라스는 소리가 전달될 때 공기의 압축과 팽창이 번갈아 나타
나는데 공기가 압축될 때는 온도가 상승하고 공기가 팽창할 때는 온
도가 하강한다는 점을 고려하여 실제 소리가 전달될 때 압력 변화는
뉴턴이 가정한 등온 과정보다 커서 실제로는 음속이 뉴턴의 계산치보
다 더 크다는 것을 간파하였다.[203] 또한 레일리는 푸아송이 이론적

---

202) Rayleigh, *The Theory of Sound*, 1권, xxxiii쪽.

논의를 통해서 라플라스의 음속 값이 뉴턴의 값보다 비열비의 제곱근 만큼 크다는 점을 처음으로 알아냈음을 지적하였다. 이로써 속도의 이론적 결정에서 비열비의 크기가 중요한 의미를 띠게 되었고 레일리는 비열비를 결정하려는 클레망과 드소름((Nichola Clément-Desormes), 그리고 르뇨의 실험적 노력이 어떻게 이루어졌는지를 논의하였다.[204]

또한 레일리는 실제 열이 복사될 때 소리의 전달 속도가 늦어질 가능성에 대한 1851년의 스토크스의 연구 논문을 개략적으로 소개하면서 결론적으로 열의 소산은 음속을 떨어뜨리기보다는 진동의 감쇠를 가져온다는 점을 지적하였다.[205] 그리고 나서 레일리는 음속이 절대온도의 제곱근에 비례하며 공기의 건조도와 무관하지 않음을 지적하였고[206] 음속의 온도에 따른 변화에 대해서는 쿤트의 실험이 있었음을 언급하였다. 이와 같이 레일리는 선행 연구자들의 음속에 연관한 이론적 탐구와 이에 관련한 실험적 탐구의 역사를 자세히 정리했다.

이런 점에서 소리에 관련한 이론적 논의의 역사를 간략하게 정리해 주는 일에 레일리는 상당한 관심을 보였다고 할 수 있다. 가령, 10장에서 레일리는 원형판 진동 이론의 역사를 간략하게 제시했다.[207] 레일리는 소피 제르맹이 이 문제를 기술하는 올바른 미분 방정식을 처음으로 찾아냈지만 잘못된 경계 조건을 썼기에 틀렸음을 언급하였고 푸아송이 자유 경계(free boundary)의 모든 점에서 만족하는 세 개의 방정식을 제시했지만 키르히호프가 그것 모두를 만족시키기는 불가능하다는 것을 보였음도 언급하였다. 또한 레일리는 푸아송이 틀린 경계

---

203) 같은 책, 2권, 21쪽.
204) 같은 책, 2권, 22쪽.
205) 같은 책, 2권, 24-29쪽.
206) 같은 책, 2권, 29쪽.
207) 같은 책, 1권, 370-371쪽.

조건에도 불구하고 대칭 진동의 이론에서는 옳았다는 점과 키르히호프가 1850년에 처음으로 자유 경계에 적당한 두 방정식을 제시하여 원형판의 진동 이론을 완성했음을 지적했다. 그리고 레일리는 이에 대해 마티외(Emile L. Mathieu)가 1869년에 비판을 제기했지만 키르히호프에게 논박당했음도 언급하였다.

또 다른 이론적 논의의 진척을 잘 보여준 사례는 막의 진동이다. 막의 진동은 선행 연구가 많이 이루어진 주제였는데 레일리는 이러한 막에 대한 탐구가 어떻게 이루어져 왔는가를 잘 정리해 주었다. 레일리는 1829년에 푸아송에 의해 발표된 막의 자유 진동에 대한 연구가 사각막의 경우는 거의 손색이 없었지만 원형막의 경우는 대칭 진동만 다룬 한계점을 가지고 있었음을 지적하였다. 그는 또 훨씬 더 어려운 원형막에 대한 연구는 키르히호프에 의해 1850년에 이루어졌고, 장력과 회전 관성을 고려한 원형막의 일반 이론은 클렙쉬(Alfred Clebsch, 1833–1872)의 『탄성 이론』(*Theory of Elasticity*, 1862)에서 제시되었음을 언급하였다.[208]

이러한 선행 연구에 대한 진술들은 이 주제에 대한 레일리의 논의가 근본적으로 독창적인 연구에 기반을 둔 것이 아님을 드러낸다. 이렇게 레일리는 이 책에서 특정한 논의가 선행 연구자들의 연구에 바탕하고 있음을 분명히 했으며 선행 연구자들의 연구를 총망라해서 제시하는 것을 자신의 임무로 여겼고 실제로 방대한 자료를 수집하여 그것을 하나의 체계 속에 정리하였다.

그러나 레일리는 선행 연구자들의 이론적 연구를 정리함에 있어서 단순히 선배들의 논문이나 저술에서 필요한 부분을 발췌해서 제시하기보다는 자신의 논리에 맞게 자료들을 재구성하였고 필요한 경우에

---

208) 같은 책, 1권, 346–347쪽.

는 확장 또는 수정하는 노력을 경주하였음이 강조되어야 한다. 이러한 작업을 위해서 저자는 이 주제에 대한 확실한 이해와 통찰력이 필요하였다.

가령 레일리는 12장에서는 관(tube) 속에서의 공기 진동을 취급하였는데 이 주제는 오일러나 라그랑주 같은 다른 연구자들에 의해서 많은 연구가 이루어졌기 때문에 이 부분의 논의가 그렇게 독창적인 레일리의 이론을 담고 있는 것은 아니었다. 하지만 레일리는 이것들을 소화하여 재구성하여 소개하였다. 레일리는 먼저 원통형 파이프 안에서의 진동의 기술을 위해 조화 진동이 안에 있는 경우부터 고려했다. 이를 위해 레일리는 공기 중 소리 전파의 기본 방정식인

$$\frac{d^2\phi}{dt^2} = a^2 \frac{d^2\phi}{dx^2} \quad (\,a : \text{파속}) \quad (5-1)$$

을 사용하였다. 이것은 공기 중에서의 속도 퍼텐셜이 단일한 축에 대하여만 변화를 보일 때 성립하는 방정식의 형태로 레일리는 11장에서 공기 중에서의 소리 전파에 대한 일반적인 논의에서 윌리엄 톰슨의 소용돌이 운동에 대한 식으로부터 이 식을 유도하였다.[209] 레일리는 여기에서 ϕ가 e^{int}에 비례한다고 가정하였고 이에 따라서 이 식은

$$\frac{d^2\phi}{dx^2} + k^2\phi = 0 \quad (k = \frac{2\pi}{\lambda} = \frac{n}{a}) \quad (5-2)$$

로 변형되었다.[210] 레일리는 이로부터 속도 퍼텐셜의 식을 얻어냈고

---

209) 같은 책, 2권, 15쪽.
210) 같은 책, 2권, 49쪽.

$\dfrac{d\Phi}{dx} = 0$, 즉 속도가 0이 되는 조건으로부터 마디의 위치를 찾아냈고 그 사이사이에 압력의 변이가 없는 점인 배들의 위치를 찾아냈다. 이로써 양쪽이 닫힌 관의 진동에서 최저음이 나올 조건인 $\lambda = 2l$이 얻어졌다. 레일리는 이어서 다른 진동 모드의 파장들을 찾아내 이렇게 구성된 폐관의 진동들은 조화 음계(harmonic scale)를 구성함을 지적하였다.[211] 이 과정에서 선행 연구자와는 달리 레일리는 속도 퍼텐셜을 사용하여 문제에 접근하였고 이 현상의 보다 많은 측면들에 대해서 고려할 수 있었다. 레일리는 오일러와 라그랑주가 이미 개관의 진동의 경우에는 열린 끝의 압력이 일정하게 유지된다는 조건을 가정하여 문제를 풀었음을 소개했다. 레일리는 이를 받아들이고 펄스의 운동을 분석하여 주기를 구했고 기주(氣柱)의 복합 진동도 고려했다.[212] 그러고 나서 레일리는 선행 연구자들이 생각하지 못한 측면들, 즉 관에 있어서 한쪽만이 열린 채 외부에서 기인한 교란에 놓인 경우, 양쪽이 열린 채 교란에 놓인 경우, 피스톤에 의해 진동이 유발되는 경우 등 다양한 상황에서의 관의 진동을 취급했다.[213]

또한 레일리는 소리의 전달에 대한 푸아송의 이론을 소개하면서 거기에 자신의 새로운 기여를 덧붙여 제시하였다. 레일리는 우선적으로 제한을 받지 않는 대기 중에서 발생한 교란의 전달 문제를 고려했다. 이때 레일리는 교란이 매우 작다고 가정함으로써 근사적인 방정식을 적용할 수 있고 공기 입자의 회전(circulation)이 없다고 가정함으로써 입자의 초기 속도들이 속도 퍼텐셜에서 유도될 수 있다고 보았다.[214]

---

211) 같은 책, 2권, 50-51쪽.
212) 같은 책, 2권, 52-53쪽.
213) 같은 책, 2권, 54-57쪽.
214) 같은 책, 2권, 97쪽.

레일리는 푸아송이 이 문제를 최초로 성공적으로 취급하였음을 인정하였고 그의 방법을 채용하여 논의를 전개하는 것임을 분명히 밝혔다.[215]

레일리는 푸아송을 따라 모든 장소에서 모든 시간에 적용되는 자유 운동 방정식을

$$(\frac{d^2}{dt^2} - a^2 \triangledown^2)\phi = 0 \quad (5-3)$$

으로 표현했다.[216] 레일리는 이 방정식의 해를 구하여 그것을 다양한 상황에 적용하였다. 이 과정에서 레일리는 푸아송이 고려하지 않은 측면들까지 자신의 논의를 확장시켰다. 우선적으로 파를 평면파로 가정하고 ϕ를 z에 독립인 것으로 가정하여 2차원의 문제에 적용하여 두 평행면 사이의 기체층의 운동과 무제한으로 펼쳐진 막의 진동을 취급하였다.[217] 다음으로 레일리는 자유 진동이 아니라 연속적으로 발생하는 교란에 의한 진동을 취급하였다. 이 경우 교란의 원천을 Φ로 표현하면 일반 방정식은

$$\frac{d^2\phi}{dt^2} = a^2 \triangledown^2\phi + \Phi \quad (5-4)$$

로 표현되었다.[218] 이 식을 어떤 한계면 S로 둘러싸인 부피 V 안에서 적분하게 되면

---

215) 같은 책, 2권, 97쪽.
216) 같은 책, 2권, 98쪽.
217) 같은 책, 2권, 102-103쪽.
218) 같은 책, 2권, 104쪽.

130

$$0 = a^2 \iint \frac{d\Phi}{dn}\, dS + \int\int\int \Phi dV \quad (5-5)$$

가 얻어졌다. 이때 Φ의 효과는 그 장소에서 유체의 유입과 유출을 나타내게 되어 가장 단순한 음원은 열전도 이론에서 열원(focus)이나 전기 이론에서 전극(electrode)에 비유될 수 있었다.[219] 그리고 나서 레일리는 Φ나 Φ가 모두 조화식 $Re^{i(nt+\varepsilon)}$으로 표현 가능하다는 가정을 도입하였고 복합해를 구함에 있어 푸리에 정리를 따라 운동을 분석하여 조화 유형을 분리시켜 취급하는 방법을 사용했다. 이에 따라 속도 퍼텐셜은

$$\Phi = \frac{1}{4\pi a^2} \iint\int \frac{e^{-ikr}}{r} \Phi dV \quad (\; k = \frac{2\pi}{\lambda} = \frac{n}{a} \;) \quad (5-6)$$

로 구해졌다.[220] 이것은 표면 S에 퍼져 있는 힘

$$\Phi_1 = \int\int\int \Phi dV = \iint\int \Phi b dS \quad (\; b : 층의 두께) \quad (5-7)$$

을 구하는 데 이용될 수 있었고 레일리는 이를 이용해 무한히 작은 간격으로 떨어져 있는 두 장의 평행한 얇은 면의 문제, 즉 이중 시트(double sheets) 문제를 풀 수도 있었다.[221] 이렇게 이 부분의 논의에서 레일리는 선행 연구자 푸아송의 방법을 사용하되 필요에 따라서 자신이 생각해 낸 새로운 측면들을 독창적으로 풀어냈다.

219) 같은 책, 2권, 104쪽.
220) 같은 책, 2권, 105쪽.
221) 같은 책, 2권, 108-109쪽.

이렇게 『음향 이론』의 내용의 상당 부분은 레일리가 독창적으로 혼자서 밝혀낸 것이 아니라 여러 연구자들에 의해 제시되었던 논문들을 총망라하여 하나의 체계 내에서 묶어낸 것이다. 이러한 많은 연구 내용들을 하나의 체계 내에서 이론에서 실험에 이르기까지 묶어내는 과정은 결코 쉬운 작업이 아니었다. 레일리는 선행 연구자들의 이론적 성과에 대한 숙달을 바탕으로 이를 일관된 체계로 엮어낼 수 있는 통찰력을 가지고 있었기에 이러한 작업이 가능했다.

2) 실험 음향학 연구 성과의 망라

이 책이 소리에 관한 선행 연구의 효과적인 집약이 되기 위해서는 수학적 논의만이 망라되어서는 안 될 것이었다. 그런 점을 감안해서 레일리는 실험 및 경험적 연구의 전개에 대해서도 광범위한 자료를 수집하여 제시하였다. 이런 점에서 『음향 이론』은 수학적, 경험적, 실험적 연구를 총망라하여 당시까지의 소리에 관련된 연구들을 정리하려는 의도로 씌어졌다고 평가할 수 있다. 레일리의 관점에서 이런 성격의 저술은 시대적 필요성에 부응하는 것이었다. 이는 레일리가 책의 서문에서 명시해 놓은 당시 연구 상황에 대한 언급에서 잘 드러난다.

현재 가장 가치 있는 과학에 대한 기여들 중 다수가 단지 학회들의 정간물이나 학회지에서만 볼 수 있다. 그것들은 세계 각처에서 여러 언어로 출판되어 큰 공공 도서관 근처에 살지 않는 사람들에게는 실질적으로 접근이 불가능하다. 그런 상황에서 연구에 관련된 난관들이 보상받을 길 없는 노고를 노정하여 결과적으로 과학의 발전에 엄청난 장애물이 되고 있다.[222]

이런 상황에서 소리에 대한 포괄적인 저술의 필요성이 컸던 점이 레일리가 이 책을 쓰게 된 주된 이유 중 하나였다. 자료에 접근하기 어려운 점이 이 분야의 발전에 장애가 되고 있다는 생각에서 레일리는 영국, 독일, 프랑스, 스위스 등 여러 국가의 학술지와 학회지에 발표된 논문들을 읽고 분석하여 일관된 체계 안에서 정리하여 독일어, 프랑스어에 능숙하지 않은 연구자들에게 접근이 힘들었던 내용을 쉽게 접할 수 있게 해 주려는 의도로 이 책을 썼다. 그런 점에서 이 책은 앞서 이루어진 소리에 대한 각종 이론적 연구뿐 아니라 실험적, 경험적 연구들도 체계적으로 정리하는 것에 초점이 맞추어졌다.

레일리는 실험적 탐구로부터 음향학적 연구를 시작하였기 때문에 그의 실험 연구에 대한 관심은 남달랐다. 레일리는 수학적 논의를 이상적인 상황에서 전개함으로써 현실과 거리가 있는 이론의 전개에 머물려고 하지 않았다. 이런 점은 돈킨의 책이 실험적 연구를 비중 있게 다루지 않는 것과 확실한 대조를 이룬다. 레일리는 확고하게 현실에 토대를 두고 논의를 전개하기를 원했고 이것은 그의 책에서 소리에 관한 실험적 및 경험적 연구에 대한 상세한 소개에 반영되었다.

그런 점에서 1장은 특히 두드러진다. 레일리는 여기에서 소리에 관련한 경험적이고 실험적인 그간의 논의들을 정리하면서 1877년까지 실험과 관찰을 통해 알려진 경험적 사실들이 음향학적 현상들의 이해를 위한 기초를 이루고 있음을 드러냈다. 레일리는 먼저 소리 전달에 대한 선행 연구들을 소개했고 음속 측정 사례들의 소개와 음속이 소리의 세기나 피치와는 무관하지만 바람의 세기에는 영향을 받는다는 실험적 사실을 언급했다. 레일리는 르뇨의 정교한 음속 측정 실험을 소개했고 이 실험을 통해 음속은 소리가 통과하는 파이프의 직경에

---

222) 같은 책, 1권, xxxiii쪽.

무관하지 않다는 것이 분명해졌음을 언급했다. 다음으로 레일리는 1826년에 콜라돈과 슈투름에 의해 행해진 물에서의 음속 측정 실험을 소개했고 고체 중의 소리 전달의 예로서 휘트스톤의 '마술 비파' 실험에 대해서 소개했다.[223]

소리의 전달에 대한 논의를 마친 레일리는 소리의 본성에 대한 논의로 옮아갔다. 이 부분에 있어서 레일리는 헬름홀츠와 돈킨의 영향을 많이 받았다. 레일리는 헬름홀츠의 영향을 받아 악음(樂音)과 소음(騷音)을 구분했다. 그리고 악음을 만들어 내는 방법으로 사바르에 의해 사용된 톱니에 카드를 대서 규칙적인 진동음을 일으키는 방법과 카냐르 드 라 투르(Cagniard de la Tour)에 의해서 발명된 사이렌의 발음 원리를 설명했다. 레일리는 반복되는 진동의 최소 시간으로서 주기를 정의하고 주어진 시간에 이루어지는 진동의 수로서 진동수를 정의하고 진동수의 비로부터 음정(音程)을 정의했다. 음정에 대한 레일리의 논의는 오랫동안 음악가들과 악기 제작자들에 의해 연구되었던 것들에 바탕을 뒀고 직접적으로는 헬름홀츠의 책에서 따왔다. 레일리는 협화음들은 진동수의 단순한 정수비에서 비롯되며 모든 3화음은 4:5:6의 진동수 비를 갖는 음들로 이루어진다는 것과 이들을 바탕으로 전음계(diatonic scale)가 형성되는 원리를 설명했다. 그리고 레일리는 절대음 높이에 대한 각국의 다양한 기준들을 소개하고 조옮김을 용이하게 만들어 주는 평균율(equal temperament)의 형성 원리를 설명했다.[224] 레일리는 가장 단순한 음의 형태로서 순음(tone)[225]을 정의했

223) 같은 책, 1권, 3-4쪽.

224) 같은 책, 1권, 11-12쪽.

225) 일반적으로 순음은 pure tone으로 불린다. tone은 꼭 순음을 지칭하는 것은 아니다. 헬름홀츠가 독일어로 Ton이라고 지칭한 것이 Ellis에 의해 『음의 감각』 영역본에서는 tone으로 옮겨졌는데 이는 일반적인 음

고 일반적인 악음은 순음의 합으로 이루어지고 가장 낮은 순음의 피치가 전체 악음의 피치가 된다는 것을 지적했다. 또한 그는 귀에서는 이러한 여러 진동수의 음들이 분해되어서 인식된다는 '음향학의 옴의 법칙'을 소개했고 이러한 성분음의 분해를 위한 실험적 방법으로 헬름홀츠의 공명기를 언급했다.[226]

이렇게 1장의 내용은 수학적인 논의가 없고 전적으로 다른 연구자들의 경험적 연구를 바탕으로 하는 음향학의 일반론이 주종을 이룬다는 점에서 이 책에서 특수한 성격을 갖는다. 물론 이것은 1장이 이 책의 도입 부분이기 때문이기도 하지만 이후에 수학적 논의가 중심을 이루게 됨을 감안할 때, 이 장에서의 경험적, 실험적 연구의 자세한 서술은 이에 대한 레일리의 특별한 관심의 표명으로 볼 수 있다.

이후의 장들에서는 수학적 논의가 중심을 이루지만 거기서도 경험적 및 실험적 탐구에 대해서도 되도록 자세히 알리려는 레일리의 노력은 지속되었다. 이렇게 실험이나 경험적 사실에 대해 언급할 때 레일리는 상당히 자세하게 실험 연구의 과정을 묘사하여 실험에 대한 레일리 자신의 세세한 관심과 다른 연구자들이 재현 가능하도록 실험을 제시하려는 배려를 보여주었다. 이는 수학적 논의가 중심을 이루는 책으로서는 상당히 예외적인 특성이라고 할 수 있는데 이는 레일리가 수학자이면서 동시에 실험 음향학적 연구에 계속 종사하고 있었던 점이 반영되었다고 할 수 있다.

가령, 막진동에 대한 선행 연구를 거론하면서 레일리는 특히 부르

을 지칭하는 것이라고 볼 수 있다. 그러나 19세기 후반 당시 영국에서는 악음을 지칭하는 일반적인 용어가 note였기에 레일리는 tone이라는 용어를 note와는 별도로 순음을 지칭하는 것으로 사용하고 있다. 이는 돈킨이 취하고 있는 태도와 동일하다. W. F. Donkin, 앞의 책, 12쪽.
226) Rayleigh, 앞의 책, 1권, 16쪽.

제(Bourget)가 막진동의 실험 연구에서 탁월한 경지를 개척했음을 언급하고 부르제가 종이를 사용해서 막을 만드는 과정을 상세히 소개했다. 부르제는 물에 담근 종이에 압지(押紙)를 대고 눌러 습기를 제거하고 이를 아교를 입힌 나무틀에 놓아 말려 종이막에 필요한 장력을 만들어 냈다. 공기 중의 습기가 피치에 상당한 변화를 일으켰기 때문에 부르제는 잘 펼쳐진 종이막을 조심스럽게 다루면서 종이막 근처에서 오르간 파이프로 진동을 일으키고 가는 모래를 종이막 위에 뿌려 진동을 눈으로 확인할 수 있었다. 진동이 충분히 강력하면 모래는 마디선에 모였다. 레일리는 부르제가 이 방법을 써서 원형막의 진동 모드가 푸아송의 이론에 따라 형성됨을 확인했음을 언급했다.[227]

이렇게 실험에 대한 자세한 언급을 볼 수 있는 또 다른 예는 쿤트의 관 실험에 관한 소개 부분이다. 레일리는 파동을 발생시키기는 쉬우나 조사하기는 어려운 상황에서 쿤트가 어떻게 정상파의 마디를 티끌에 의해 선명하게 나타낼 수 있도록 했는가를 자세히 기술했다. 레일리는 쿤트의 실험 과정뿐 아니라 실험의 결과로 쿤트가 알게 된 사실도 자세히 적었다. 즉 관의 직경에 따라 음속이 감소한다는 것과 속도의 감쇠는 파장과 함께 커간다는 것, 좁은 관에서는 흩어진 가루가 음속을 감소시킨다는 것, 관의 내면의 거칠기와 표면적의 확대가 음속을 늦춘다는 것, 넓은 관에서는 속도가 압력에 무관하지만 작은 관에서는 속도가 압력에 따라 증가한다는 것, 그리고 음속의 변화는 마찰 또는 공기와 관의 측면 사이의 열 교환에 기인한다는 것 등 쿤트가 알아낸 사실들이 자세히 제시되었다.[228]

실험 연구에 대한 소개로 상당한 분량을 할애한 또 다른 주제는 도

---

227) 같은 책, 1권, 346쪽.
228) 같은 책, 2권, 58-59쪽.

플러 효과에 대한 실험적 검증 과정이었다. 레일리는 도플러 효과에 대한 이론적 예측이 1842년에 도플러에 의해 처음으로 제시되었지만 논리적 비판에 직면하였다가 1852년에 발로(Buijs Ballot)와 러셀 (Scott Russell)에 의해 기관차를 이용한 실험에서 입증되고, 마흐 (Ernst Mach)가 고안한 실험 장치에 의해서 1861년에 다시 입증되고, 두 대의 소리굽쇠의 맥놀이 현상을 이용해 쾨니히에 의해 확증된 과 정을 되도록 자세히 적었다.[229] 레일리는 이에 추가하여 도플러 효과 가 일어날 때, 속도에 따라 진동수마다 변환의 비가 일정하기 때문에 음악은 제대로 들린다는 점과 음속의 2배의 속도로 관찰자가 음원에 서 멀어질 때 관찰자는 같은 빠르기의 정상적인 곡조를 듣되 거꾸로 흐르는 음악을 듣게 된다는 이론적 예측도 했다.[230] 그리고 레일리는 음원이 움직이고 관찰자가 정지해 있는 경우도 동일한 효과가 나타나 야 한다는 것과 음원과 관찰자가 같은 속도로 움직일 때 음의 변화는 일어나지 않아야 한다는 것도 언급하였다.

이렇게 레일리는 주요한 실험적 성과들에 대해서 되도록 자세히 기 술해 줌으로써 이 책이 수학적 논의뿐 아니라 경험적 논의에 있어서 도 부족함이 없는 음향학 책이 되도록 배려하였다. 이는 종전의 경험 적 음향학 저술들에서 다루어졌던 내용들까지 포함시키려는 레일리의 관심의 반영이었다. 이렇게 해서 이 책은 소리와 관련해서 그동안 이 루어진 여러 연구자들의 이론적 논의를 중심으로 취급하되 실험 연구 에 대한 소개도 포함함으로써 1877년 이전까지의 음향학적 연구를 고 르게 망라하였다.

---

229) 같은 책, 2권, 155쪽.
230) 같은 책, 2권, 154쪽.

3) 독창적 연구의 제시

선행 연구자들의 연구 성과의 체계적 정리만으로는 이 책의 특성을
제대로 전달했다고 말할 수 없다. 거기에 추가하여 『음향 이론』의 상
당 부분이 레일리 자신만의 독창적인 이론적 및 실험적 연구들을 제
시하는 데 할애되었음이 지적되어야 할 것이다. 레일리 자신의 연구
성과도 집대성되어야 할 음향학사의 일부분을 이루고 있다는 점에서
이는 당연한 것이겠지만 다른 연구자들의 연구 성과를 나름대로의 방
법으로 다시 풀어내고 확장하는 것 외에도 레일리 자신만의 독특한
연구 성과들이 잘 정리되어 있다는 점에서 이 책은 레일리의 독창적
연구 성과물로서 손색이 없다.

레일리의 독창성이 가장 두드러지는 부분 중 하나는 4장과 5장에서
일반화 좌표를 도입하여 진동론 일반을 취급한 부분이다. 4장에서 레
일리는 일반화 좌표를 사용해서 라그랑주 방정식을 유도하기를 시도
하였다. 레일리는 먼저 달랑베르 원리와 가상 속도(virtual velocities)
의 원리를 사용해서

$$\frac{d}{dt}\left(\frac{dT}{d\dot{\psi}}\right) - \frac{dT}{d\psi} = \Psi \quad (5-8)$$

을 얻어냈다. 여기에서 Ψ는 일반화된 힘의 성분을 지칭했다.[231] 그
리고 보존계의 경우 계의 배열(configuration)에만 의존하는 부분을
Ψ에서 분리해 내는 것이 가능하므로 이 식은

---

231) 같은 책, 1권, 101쪽.

$$\frac{d}{dt}\left(\frac{dT}{d\dot{\psi}}\right) - \frac{dT}{d\psi} + \frac{dV}{d\psi} = \Psi \quad (5-9)$$

로 표현되는 라그랑주 방정식이 되었다. 여기에서 V는 이 보존계의 퍼텐셜 에너지를 의미했다. 이때 Ψ는 퍼텐셜 에너지로부터 유도되지 않는 힘에만 제한되었다.[232] 더 나아가 레일리는 여기에 마찰 혹은 점성에 의해서 유발되는 효과를 고려하여 이 식을 소산 함수 F가 포함된 식

$$\frac{d}{dt}\left(\frac{dT}{d\dot{\psi}}\right) - \frac{dT}{d\psi} + \frac{dF}{d\dot{\psi}} + \frac{dV}{d\psi} = \Psi \quad (5-10)$$

로 고쳐 썼다. 이 소산 함수는 이미 1873년의 논문에서 레일리에 의해 처음으로 도입되었다. 레일리는 이 방정식의 선형성으로부터 작은 진동이 겹쳐질 때 제곱항이 작아서 무시될 수 있다는 다니엘 베르누이의 '작은 운동 공존의 원리'(principle of the coexistence of small motion)를 유도하였고 마찰 없는 자유 진동에 대한 식도 얻었다.[233] 레일리는 이러한 일반화된 논의가 제한 조건을 첨가하여 하나의 자유도만을 남김으로써 쉽게 접할 수 있는 1차원 계의 문제에 적용될 수 있음을 보였다. 그는 이렇게 얻어진 단순화된 운동 에너지와 퍼텐셜 에너지를 라그랑주 방정식에 대입함으로써 해를 얻어냈다. 이 해는 자유 진동에서 진동계의 질량을 증가시킬 때 주기가 길어짐을 함축했다.[234]

5장에서도 레일리의 독창적인 논의는 계속되었다. 앞 장에서는 소

---

232) 같은 책, 1권, 80쪽.
233) 같은 책, 1권, 105쪽.
234) 같은 책, 1권, 110쪽.

산 함수 F가 0인 경우를 다루었으나 이 장에서는 마찰이 존재하는
경우를 다루었다. 레일리는 우선적으로 F가 T나 V처럼 제곱항의
합으로 되어 있는 경우를 취급했다. 이러한 조건하에서 레일리는 다음
과 같은 형태의 운동 방정식을 얻어냈다.

$$a\frac{d^2\phi}{dt^2} + b\frac{d\phi}{dt} + c\Phi = \Phi$$

(a, b, c: 임의의 상수, ϕ: 속도 포텐셜)   (5-11)

여기에서 레일리는 $\Phi = 0$인 조건을 써서 자유 진동의 감쇠 진동식
을 얻어냈다. 이 식은 자유 진동이 결국 소산의 결과로 사라지게 될
것을 보여주었다.[235] 이와는 별도로 Φ에 의존하는 강제 진동이 존재
할 수 있으므로 레일리는 이에 대한 식을 얻어냈고 이어서 더 간단한,
마찰이 없을 때의 강제 진동식도 얻어냈다. 레일리는 실제적인 예로서
당겨진 현의 한 지점에 조화적인 힘이 작용할 때를 고려했다.[236] 이
때 생기는 성분 진동의 세기는 두 가지에 의존했는데, 하나는 힘이 가
해진 지점과 마디가 존재하는 위치의 상관관계이고 또 하나는 강제
주기와 고유 주기의 일치 정도였다.[237] 레일리는 힘의 주기가 계의
고유 주기에 비해 매우 길 때는 평형 이론이 적용되며 해는 정규 좌
표계(normal coordinates)를 사용하지 않고도 쉽게 발견될 수 있음을
언급했고 이것이 적용될 수 있는 예로 조수에 관한 베르누이의 이론
을 들었다.[238]

---

235) 같은 책, 1권, 131쪽.
236) 같은 책, 1권, 132쪽.
237) 같은 책, 1권, 133쪽.

　5장에서 계속된 이러한 힘과 운동의 고려에서 레일리는 편미분과
행렬식의 대칭성으로부터 상호성의 정리를 이끌어 내고 이를 특수한
예에 대하여 적용했다.[239] 이는 이미 그의 초기 논문에서 다루어졌던
독창적인 연구 성과를 반영한 것이었다. 가령, 공기로 채워진 밀폐 공
간에서 공 A에 작용하는 주기적 힘은, 공 B에 작용하는 같은 힘에 의
해 공 A에 유발되는 것과 같은 운동을 공 B에 유발한다. 레일리는 장
애물이 두 진동점 사이에 위치해 있을 때에도 이런 현상이 동일하게
나타난다는 점을 지적했다. 레일리의 상호성의 정리는 소산력이 함수
F로 나타날 때도 성립했다. 다만 상호성의 정리는 바람이 불 때 대
기 중 음파의 전달과 같은 상황에서는 성립하지 않았는데 이는 상호
성의 원리가 평형 배열 주위에서의 진동에만 적용되기 때문임을 레일
리는 지적했다. 또한 레일리는 상호성이 일반적으로 성립하기 위한 힘
과 변위의 쌍은 항상 그 변위에 걸쳐서 힘이 한 일을 나타내는 경우
에만 해당된다는 점도 명확히 했다.[240]

　레일리의 독창적 연구에 대한 소개가 두드러지는 또 다른 장들은
14장부터 17장까지이다. 레일리는 14장에서 소리의 전달에 대한 논의
를 전개하면서 자신이 수행한 실험을 직접 소개하였다. 이는 두 음원
에 의한 음파의 간섭과 연관된 이론적 논의를 검증하기 위한 실험을
소개하면서였다. 레일리는 같은 피치의 음원이 놓인 O_1과 O_2로부터
r_1과 r_2의 거리만큼 떨어진 점에서의 속도 퍼텐셜은

$$\phi = \frac{A\cos k(at - r_1)}{r_1} + \frac{B\cos k(at - r_2 - \alpha)}{r_2} \quad (5-12)$$

---

238) 같은 책, 1권, 133쪽.
239) 같은 책, 1권, 150-153쪽.
240) 같은 책, 1권, 156-157쪽.

로 표현됨을 제시한 후,[241] 이로부터 침묵점(point of silence)들이 발생할 조건들을 찾아내고 이와 관련하여 자신이 직접 수행한 음의 간섭 실험에 대해서 자세하게 기술했다.[242] 이 실험은 1877년 6월에 *Philosophical Magazine*에 발표되었던 실험이었다. 이 실험은 서로 10야드 정도 떨어져 있는 256cps의 고유 진동수를 갖는 2개의 소리굽쇠를 128cps의 소리굽쇠 단속기로 만들어진 단속적 전류가 흐르는 전자석에 의해 진동시켜 간섭을 만들어 내는 실험이었다.[243] 레일리는 이 소리굽쇠들에 적당한 공명기를 부착하여 소리를 강화시켜 줌으로써 한쪽 귀를 막은 상태에서 한쪽 귀만 사용해서 정확하게 침묵점의 위치를 찾아냈고 그 결과가 이론과 일치함을 확인한 것을 언급하였다. 레일리는 또 다른 방법으로는 길이가 같은 가지가 달린 관의 두 끝에 같은 세기, 동일 위상의 음원을 놓아서 간섭을 일으키는 방법이 있지만 이 실험은 용이하게 이루어지지 않는다는 점을 지적했다.[244] 레일리는 음향학 실험에 있어서 공기 진동을 정확하게 감지해 내는 것이 중요하지만 당시로서는 그것이 매우 어려우며, 또 반사를 피하기 위해서는 열린 공간에서 실험이 실시되어야 하지만 민감한 장치는 이 상황에서 교란되기 쉽고 또한 실험자 자신이 방해물이 된다는 점을 지적했다. 그리고 그는 약한 소리를 검출해 내기 위해서 사용되는 다양한 실험적 방안들을 소개했다.[245]

같은 장에서 레일리는 건물 안에서의 소리 전달과 연관된 현상으로 논란이 일고 있었던 '속삭임 회랑'(whispering gallery)의 문제를 자신

241) 같은 책, 2권, 116쪽.
242) 같은 책, 2권, 116-117쪽.
243) Rayleigh, 앞의 글(*Scientific Papers*, #46), 317쪽.
244) Rayleigh, 앞의 책, 2권, 117쪽.
245) 같은 책, 2권, 117-118쪽.

142

의 관찰을 토대로 논의했다. 레일리는 속삭임 회랑의 대표적인 예로 세인트 폴 대성당(St. Paul's Cathedral)의 원형 회랑 내의 한쪽에서 발생한 작은 소리가 회랑 안의 다른 쪽에서 잘 들리는 현상을 언급했다. 에어리는 원형의 돔에서의 반사로 이 현상의 설명을 시도했으나 레일리는 자신의 관찰을 토대로 반론을 제기했다. 레일리는 에어리의 견해대로라면 음원과 관찰자가 동일한 지름 위에 있을 때에만 이러한 현상이 일어날 수 있지만 자신의 관찰에서는 그렇지 않은 경우에도 소리가 잘 들린다는 점을 들어 이 설명이 옳지 않음을 주장했다. 레일리는 속삭임이 수평으로 회랑의 주위를 따라서 기는 것 같다는 견해를 폈다. 이때에도 반드시 짧은 호를 따라서 소리 전달이 강하게 이루어지는 것이 아니라 속삭이는 사람이 향하고 있는 방향의 호를 따라서 소리가 주로 전달된다고 보았다. 레일리는 이에 대한 이론적 고찰을 전개하고 소리가 오목한 벽면에 붙어 전달되기 위해서는 돔이 정확하게 반구형일 필요가 없음도 주장하였다.246)

또한 공기 중 소리 전달의 문제에 있어 레일리의 관심을 끈 다음 주제는 수학자나 실험가 모두가 별로 관심을 기울이지 않은 문제로 구멍 주위에서의 소리의 회절이었다.247) 레일리는 일반 방정식의 해로 주어진 속도 퍼텐셜에 대한 논의로부터 다양한 형태와 수의 구멍에 대한 효과를 논의했다.

이어서 레일리는 평면파가 다른 재료로 이루어진 매질로 진입할 때 이로 인해 생기는 교란인 이차파(secondary wave)에 대한 자신의 독창적인 이론을 제시했다. 그는 이론적 논의로부터 이차파의 진폭은 거리에 반비례하고 파장의 제곱에 비례한다는 사실을 연역했고 압축률

---

246) 같은 책, 2권, 126-129쪽.
247) 같은 책, 2권, 141쪽.

(compressibility)이 변화된 지역은 단음원(simple sound source)처럼 행동하고 변화된 밀도의 지역은 이중 음원처럼 행동한다는 것도 유도하였다.[248] 그리고 그는 이러한 내용이 구체적으로 적용되는 사례로 조화 메아리를 거론하였다. 이는 앞서 발표되었던 자신의 논문에서 제기되었던 주장을 소개한 것이었다. 레일리는 숲과 같은 반사체로부터 돌아온 메아리가 한 옥타브 높은 음이 되는 이유는 성분음 중 한 옥타브 위의 음은 16배 강해지기 때문임을 주장했다. 그리고 그는 이러한 이차파에 의해 복합음의 특성이 어떻게 변화하는지를 다루었다.[249]

공명기에 관한 장인 16장은 레일리 자신이 이미 공명기에 대한 이론적 및 실험적 연구를 균형 있게 진척시켜 왔기 때문에 레일리의 독창적인 이론이 논의의 중심을 이루는 장이었다. 단순한 선행 연구자들의 연구에 대한 소개를 뛰어넘어 저자의 주장하는 바가 주된 내용을 이루었다. 목(neck)이나 구멍이 있는 공명기에 대한 이 부분의 논의의 대부분은 1870년에 「공명 이론에 관하여」라는 논문을 통해서 발표하였던 레일리의 독창적인 연구에서 따왔다. 레일리는 앞서 소개되었던 공명기의 전도도에 대한 독특한 자신의 논의를 소개하였고 이와 관련하여 말단 효과에 대해서도 상세하게 논의하였다. 레일리는 1851년에 말단 효과를 첨가하여 길이를 수정해 주어야 함을 처음으로 지적한 이가 베르트하임이었던 것과 이를 근사적으로 이론적 결정을 한 이는 헬름홀츠였음을 언급하고 이러한 말단 수정이 제한적으로만 성립하는 이유에 대한 자신의 견해를 전개하였다.[250]

이어서 레일리는 다중 공명기의 문제에 독창적으로 접근했다. 다중

---

248) 같은 책, 2권, 152쪽.
249) 같은 책, 2권, 153쪽.
250) 같은 책, 2권, 188쪽.

144

공명기는 둘 이상의 용기가 좁은 통로로 서로 또 외기와 소통되는 것
으로 이것을 하나의 공명기로 보고 취급하면 잘못된 결과를 얻게 된
다는 것이 레일리의 지적이었다. 그러나 파장이 용기들의 크기에 비교
해서 충분히 크면 라그랑주 방법으로 쉽게 취급될 수 있었다. 레일리
는 이중 공명기에서 양쪽 끝의 통로와 두 공명기를 연결하는 중앙 통
로에서의 운동 에너지와 퍼텐셜 에너지를 구해서 라그랑주의 방법으
로 미분 방정식을 세웠다. 이때 미분 방정식은 두 모드로 나누어서 풀
게 되는데 하나의 모드는 한쪽 끝의 통로와 다른 쪽 끝의 통로의 흐
름이 크기는 같고 방향이 반대여서 중앙 통로의 흐름이 0인 경우였고
다른 하나는 모든 통로에서 흐름이 같은 경우였다. 레일리는 이 각각
의 경우에 해당하는 공명기의 피치를 구해 냈다.[251]

레일리는 그다음에 공명기에서 에너지 흐름을 살폈다. 그는 에너지
의 구멍을 통한 유출을 감안한 미분 방정식을 세웠다. 그는 소산이 없
는 원래의 방정식

$$\frac{d^2x}{dt^2} + \frac{a^2c}{S}x = 0 \qquad (5-13)$$

에 소산에 관한 항을 첨가하여 운동 방정식

$$\frac{d^2x}{dt^2} + \frac{n^2c}{2\pi a}\frac{dx}{dt} + \frac{a^2c}{S}x = 0 \qquad (5-14)$$

을 얻어냈다.[252] 이 식은 전형적인 자유도 1의 소산 체계(dissipation

251) 같은 책, 2권, 189-192쪽. 이는 이미 1870년의 「공명 이론에 관하여」에
서 발표한 것이다. *Rayleigh, Scientific Papers*, #5, 41-45쪽.

system)의 자유 진동 방정식이었다. 여기에서 얻어진 진폭은 $e^{-n^2ct/4\pi a}$에 비례해서 감소하므로 c가 작을수록, 즉 입구가 작아질수록 진동은 지속력을 갖게 되고 각진동수 n이 감소하면 역시 지속력이 강해짐을 의미했다.[253] 그리고 레일리는 이것을 산소 속에서 인을 태우기 위해 만들어진 목이 달린 유리구를 공명기로 써서 직접 실험적으로 확증하였음을 언급했다.[254]

다음으로 레일리는 외부의 음원에서 지속적으로 음을 발생시킬 때, 공명기 내부의 진동이 어떻게 유발되는지를 살폈다. 레일리는 위의 방정식 우변에 Fe^{ikat}를 넣어 줌으로써 새로운 진동 방정식을 만들 수 있었고 그것에서 필요한 요소들을 얻어낼 수 있었다.[255] 그리고 레일리는 여기에 상호성의 정리를 적용하면 공명기 안의 음원의 효과에 대한 계산이 얻어질 수 있음을 언급하였다.[256]

17장에서 레일리는 고체의 진동으로 유발된 진동에 대한 공기의 반작용으로 공기 중에서 전파되는 음파를 일반해를 써서 기술하는 문제를 독창적으로 취급하였다. 레일리는 이 문제에 대해서는 그린과 푸아송의 선구적인 연구가 있었음을 언급하고 거기에서 발전시킨 자신의 독특한 이론을 소개하였다.[257] 특히 레일리는 회전축을 중심으로 대칭성을 갖는 강체가 회전축에 평행한 진동을 할 때에는 구면조화함수 S_n이 르장드르 함수 $P_n(\mu)$으로 환원됨을 보였고 진동하는 구에서

252) 여기에서 x는 이송률, n은 각진동수, c는 전도도, a는 음속, S는 공명기의 부피를 의미한다.
253) Rayleigh, 앞의 책, 2권, 194쪽.
254) 같은 책, 2권, 195쪽.
255) 같은 책, 2권, 195-196쪽.
256) 같은 책, 2권, 196쪽.
257) 같은 책, 2권, 248-249쪽.

방출되는 에너지를 표면 적분을 사용하여 계산했다.[258] 그리고 나서 레일리는 교란이 구면의 작은 부분에 제한되는 경우로 나아갔다. 이 문제는 상호성의 정리를 사용하면 외부 음원에서 발생한 음파가 구면 형태의 장애물의 각 점에서 어떠한 세기로 도달하는가는 문제로 바뀔 수 있기 때문에 이를 이용해서 레일리는 공기 중 소리 전달에 대한 머리의 장애물로서의 효과에 대하여 논의할 수 있었다.[259]

다음에 레일리는 음원을 포함하지 않는 경우 일반 방정식을 어떻게 적용해야 할 것인가를 논의했다.[260] 레일리는 극에 음원이 없는 경우는 베셀 함수 이론을 써서 수월하게 풀어냈다.[261] 그리고 이것을 구형의 강체 덮개(envelope) 속의 기체의 진동에 성공적으로 적용했다. 레일리는 이로써 구 안에서 형성되는 마디의 위치와 각 경우 발생하는 진동수를 구할 수 있었다.[262] 계속해서 레일리는 구면조화함수의 분석의 다른 응용으로 평면파가 장애물인 구에 입사하는 경우를 다루었다.[263] 이 경우에도 대칭 때문에 구면조화함수가 르장드르 함수로 환원될 수 있었다. 레일리는 구 밖에서의 운동을 교란되지 않은 평면 파와 구에 의해 교란되어 나오는 파로 나누어서 접근한 뒤, 두 속도 퍼텐셜을 더해서 최종적인 공기 진동식을 얻어냈다. 그리고 유사한 논의를 기체상의 장애물이 있는 경우로 확장시켰다.[264]

---

258) 같은 책, 2권, 252-253쪽.

259) 같은 책, 2권, 255-258쪽. 이는 나중에 레일리의 소리의 방향 지각 방법에 대한 이론의 기초가 되었다.

260) 같은 책, 2권, 260쪽.

261) 같은 책, 2권, 262-264쪽.

262) 같은 책, 2권, 264-272쪽.

263) 같은 책, 2권, 272쪽.

264) 같은 책, 2권, 282쪽. 레일리는 이 장에서의 논의된 내용의 상당 부분이 스토크스의 이론에 기초한 것이지만 레일리 자신이 발표한 두 편의 논

이와 같이 『음향 이론』은 레일리가 그동안 이룩한 독창적인 성과들을 체계적으로 제시함으로써 레일리만의 독특한 음향학적 업적이 제시된 책이 되었다. 레일리의 독창적 업적은 다른 연구자들의 업적과 어우러져 포괄적인 음향학 체계를 형성하였다.

4) 이론적 논의와 실험적 논의의 다양한 연결

『음향 이론』은 타 연구자들과 레일리 자신의 이론적 및 실험적 연구를 망라하여 음향학의 연구 정보를 풍부하게 포함하였다. 그러나 레일리는 이 정도에서 만족하지 않고 그의 책을 통합된 음향학 저술로 만들기 위하여 이론적 논의와 실험적 논의를 단순히 늘어놓는 데 그치지 않고 긴밀히 연결시키기를 꾀하였다. 이 책에서 레일리는 일반론에서 시작해서 현, 막대, 막, 판, 그리고 공기 진동에 이르기까지 이론적 체계에 따라 논의를 전개시키면서 관련된 실험이나 경험적 사실을 함께 제시함으로써 이론적 논의의 결론을 실험 결과에 의해 지지하기를 꾀하였다. 혹은 실험적 현상의 설명을 이론적으로 추구함으로써 이론적 논의의 가치를 높였다. 이로써 레일리는 이론적 연구와 경험적 연구를 연결시켜서 하나의 '음향학'을 만들어 내고자 했다.

그러나 이론과 실험을 긴밀하게 연결시켜 제시하려는 레일리의 의

문에서 다루어진 상당히 독창적인 논의를 담고 있는 것임을 밝혔다. 같은 책, 2권, 284쪽. Rayleigh, "On the Vibrations of Gas Contained within a Rigid Spherical Envelope", *Lond. Math. Soc. Proc.* 4(1872), 253–283; Rayleigh, "Investigation of the Disturbance Produced by a Spherical Obstacle on the Waves of Sound", *Lond. Math. Soc. Proc.* 4(1872), 93–103쪽.

도는 항상 만족스러운 결과를 내놓지는 않았다. 어떤 경우에는 이론적 논의를 뒷받침해 줄 실험적 연구가 전무한 경우도 있었고 실험적 연구는 많이 진척되었지만 그것에 대한 이론적 이해는 별로 진척되지 않은 경우도 있었다. 이런 경우에 이론과 실험을 긴밀하게 연결시켜 제시하려는 레일리의 의도는 제대로 구현될 수 없었다. 그래서 레일리는 이론과 실험 연구를 망라하려는 이 책의 목적에 따라서 직접적 관련성이 없는 이론적 논의와 실험적 논의를 함께 제시하기도 했다.

레일리가 이 책에서 실험 연구와 이론 연구를 제시한 방식에는 몇 가지 유형이 있다. 우선 이론적 논의가 제시되고 그것이 실험적 연구 사례에 의해 뒷받침 또는 정당화되는 경우가 있다. 이 경우에는 보다 정밀하게 행해졌다고 믿어진 실험이 근사적으로 추구된 이론 연구를 정당화해 주는 도구로 쓰였다. 두 번째는 이론적 연구가 제시되었지만 관련된 실험 연구가 존재하지 않아 관련성이 먼 실험이나 경험적 사례를 제시한 경우이다. 이 경우에는 이론적 논의와 경험적 및 실험적 논의는 느슨하게 연결되었다. 세 번째는 실험을 통한 검증을 염두에 두지 않고 이상적인 문제를 수학적으로 취급한 경우이다. 이 경우에는 관련된 실험에 대한 언급이 없었는데 이론의 성격상 실험이 불가능한 경우가 많았다. 마지막으로는 이론적 논의가 엄밀하게 이루어진 반면에 실험적 연구는 미약하여 이론이 실험을 가이드하거나 평가하는 잣대로 사용된 경우이다.

레일리의 책에서 이렇게 이론적 논의와 실험적 논의를 관련시키는 다양한 방식을 구체적인 사례들을 통하여 살펴보기로 하겠다. 우선 레일리는 2장에서 일차원 진동계에 대한 이론적 논의를 전개한 후에 이를 예시해 주는 구체적인 현상들을 제시했다. 이때 제시되는 예들은 단순화된 이론적 논의를 실험으로 확인하기 위해서 의도적으로 구성된 실험들이었다. 이 실험들은 단순한 사고 실험이 아니라 실제적으로 이루어진 실험이라는 점이 특기할 만하다. 레일리는 양쪽이 고정되어 당겨진 줄의 중앙에 질량 M인 추가 부착된 계의 운동 방정식을 제시하고 주기를 구했다.[265] 그리고 그는 일반적인 현의 진동의 특성을 이 문제와 연관해서 고려했다.[266] 그는 또 다른 예로써 한쪽 끝에는 추가 매달리고 다른 한쪽은 바이스 등에 고정된 철사의 진동을 제시했다. 이 경우에도 이상적인 상황에서만 일차원 진동이 일어날 수 있음을 지적한 레일리는 이상적인 진동에 더욱 가깝게 하기 위해서 동일한 두 개의 철사와 추를 같은 틀에 나란히 부착시키고 반대 방향으로 동일 진폭으로 평행한 평면상에서 진동시킴으로써 전체 계의 관성 중심이 정지되도록 하는 방법을 제시했다.[267] 이것은 레일리가 이론적 상황의 실험적 실현을 목적으로 신중한 실험 설계를 했음을 보여준다.

또 레일리는 3장에서 일차원 강제 진동에 대해서 수학적으로 논의한 후에 그것의 간단한 예로써 주기적으로 진동하는 줄에 매달린 추의 운동과 무거운 추를 가진 진자에 매달린 또 하나의 추의 운동을 거론했다.[268] 그리고 나서 그는 단속적 전류에 의해 강제 진동을 하는 소리굽쇠 장치에 대해서 상세히 설명했다. 여기에서 레일리는 자연 주기와 강제 주기가 일치할 때 이론과 같이 최대의 진동이 유발됨을 확인했다. 그리고 그는 같은 단속 전류에 의해 강제되는 동일한 두 소리굽쇠를 수직으로 배열하면 같은 위상 같은 주기에서 직선의 궤적이

---

265) Rayleigh, 앞의 책, 1권, 54-56쪽.
266) 같은 책, 1권, 56-57쪽.
267) 같은 책, 1권, 57-58쪽.
268) 같은 책, 1권, 63-64쪽.

유발되지만 위상이 조금씩 어긋나면 타원 궤도가 유발됨을 확인했다.[269] 그리고 이와 연관해서 레일리는 이 장치에 단속적 전류를 공급해 주는 헬름홀츠의 장치의 작동에 대한 설명을 제시했다.[270] 더 나아가서 레일리는 공명 현상도 동일한 방식으로 이해될 수 있음을 언급하고 현의 진동을 확대시키는 울림판이나 소리굽쇠의 울림을 확대시키는 공명기의 운동도 설명했다.[271] 여기에서 제시된 실험적 상황들은 레일리 자신이 직접 장치를 꾸며서 수행한 실험으로 이론적 전개를 실험을 통해 정당화하려는 레일리의 의도를 잘 드러내 준다.

레일리는 6장에서 현의 횡진동에 대한 이론적 취급을 하면서 주요한 이론적 성과들에 대하여 소개할 뿐 아니라 그와 연관된 실험들도 소개함으로써 이론과 실험의 자연스런 연결을 꾀하였다. 레일리는 1715년에 브룩 테일러(Brook Taylor)가 현의 횡진동의 주기를 표현하는 식과 근본적인 진동의 특성을 찾아냈고 1755년에는 다니엘 베르누이가 일반적 해를 얻어내는 등 현의 횡진동의 문제가 여러 명의 수학자들에 의해 연구되었음을 밝혔다.[272] 그리고 레일리는 테일러가 유도한 주기의 식은 이미 1636년에 메르센에 의해 실험적으로 발견되었음을 지적했다.[273] 이어서 레일리는 이러한 이론적 논의가 현악기를 통해서 충분히 예시될 수 있음을 보였고 악음의 피치를 쉽게 결정할 수 있는 현을 이용한 진동수 측정기(sonometer)의 원리를 소개했다.[274] 레일리의 논의는 현의 진동에서 생기는 독특한 정지점인 마디

---

269) 같은 책, 1권, 65-66쪽.
270) 같은 책, 1권, 68쪽.
271) 같은 책, 1권, 70쪽.
272) 같은 책, 1권, 181쪽.
273) 같은 책, 1권, 182쪽.
274) 같은 책, 1권, 184쪽.

와 연관된 논의로 이어졌다. 레일리는 현의 특정한 위치에 손가락을 가볍게 대면 그 위치에 마디를 갖지 않는 배음의 진동들은 일어날 수가 없음이 실험에 의해 확인되었음을 언급하였다.[275]

실험을 이론적 논의와 긴밀히 연결시켜 제시한 또 다른 예는 13장에서 발견된다. 여기에서 레일리는 다른 종류의 기체 사이에서의 반사와 굴절이나 온도 차나 습도 차에 의한 반사와 굴절 효과들을 계산해 냈다. 이러한 계산으로부터 다른 기체 사이에서 소리의 반사는 소리의 세기의 3분의 1 정도를 줄이는 데 그치지만 더운 공기나 습한 공기에서의 반사율은 그보다 훨씬 작다는 것이 유도되었다. 레일리는 이것이 1875년에 출판된 틴들의 『소리에 관하여』에 나와 있는 상이한 기체 사이에서의 소리의 반사 실험 결과와 일치함을 언급했다.[276] 또한 레일리는 이러한 이론적 유도를 뒷받침하는 근거로서 리드(reed)에서 나온 고음의 소리가 민감 불꽃을 향해 주석 튜브를 따라 전달될 때 튜브와 민감 불꽃 사이에 박쥐날개형 버너에서 나오는 석탄 가스 불꽃을 삽입하면 민감 불꽃의 흔들림이 크게 줄어드는 것을 제시했다. 이와 같이 레일리는 이론적 논의를 전개하면서 가능하면 실험적 검증을 받을 수 있기를 희망하였다. 레일리는 이론적 논의가 제대로 이루어졌다는 것이 실험을 통해서 강력하게 지지될 수 있다고 생각했기 때문이었다.

그러나 이론적 전개를 입증해 줄 실험적 발견이 항상 준비되어 있는 것은 아니었다. 그래서 두 번째 유형의 이론적 논의와 실험적 논의의 연결 양상인 이론적 논의와 실험적 논의의 느슨한 연결이 나타났다. 여기에서 레일리는 이론적 논의 끝에 이론적 논의를 정당화시킬

275) 같은 책, 1권, 184쪽.
276) 같은 책, 2권, 83쪽.

실험 및 경험적 논의를 제시하지 못하고 앞서 제시된 이론적 논의와 엇비슷한 내용의 실험이나 경험적 사실을 덧붙였다. 이는 단순히 그동안 이루어진 실험적 연구를 정리하여 제시하려는 목적에서 적당한 위치에 실험이나 경험적 발견들을 끼워 넣은 것으로 사실상 앞서 나온 이론적 논의와 무관한 언급들이다.

가령 레일리는 3장에서 1차원 감쇠 강제 진동에 대해서 수학적 논의를 전개한 후 이러한 진동을 보여주는 예로서 소리굽쇠 가지(prong)의 진동을 제시하면서 소리굽쇠의 일반적인 특성에 대한 상세한 논의로 옮아갔다. 레일리는 소리굽쇠의 일반적 특성이 감쇠 강제 진동과 꼭 연결되지는 않음에도 불구하고 감쇠 강제 진동의 설명과는 무관하게 소리굽쇠의 특성에 대해서 상세하게 논의하였다. 여기에서 레일리는 감쇠 진동과는 아무런 관련성이 없는 논의인 표준 소리굽쇠와 동일한 진동수의 음을 내는 소리굽쇠를 만드는 샤이블러의 방법에 대해 소개했다. 즉 보조 소리굽쇠를 표준 소리굽쇠보다 약간 피치를 높게 만들어 그것이 표준 소리굽쇠와 함께 울릴 때 초당 4회의 맥놀이를 일으키게 하고 다시 이 소리굽쇠보다 약간 피치를 낮추어서 이 소리굽쇠와 함께 울릴 때 초당 4회의 맥놀이를 일으키는 소리굽쇠를 만들면 이 소리굽쇠는 표준 소리굽쇠와 동일한 진동수를 갖게 된다는 것이다.[277] 또한 레일리는 역시 감쇠 강제 진동과 무관한 샤이블러에 의해 제시된 표준 소리굽쇠의 절대 피치를 결정하는 방법에 대해서도 상술했다.[278] 이는 레일리가 이 책에서 실험 음향학에 대한 소개를 포함시키기 위해서 소리굽쇠의 특성에 관련한 논의를 어디서든 해야 하는데 적당한 곳을 찾지 못하여 이곳에 끼워 넣은 것으로 보아야 할

---

277) 같은 책, 1권, 60쪽.
278) 같은 책, 1권, 61쪽. 이 글 3.1.2.에서 자세히 언급됨.

것이다.

또 다른 경우로 레일리는 12장에서 관 내부의 공기의 고유 진동에 대한 이론적 고찰을 제시한 후, 더불어 클라드니나 사바르, 쾨니히의 실험을 통해서 다양한 관 내부에서의 진동의 문제가 어떻게 밝혀졌는지를 소개했다.[279] 그러나 이러한 실험 연구의 보고는 전술한 이론적 논의와 별로 관계가 없었다. 수학적 전개의 결론을 뒷받침해 주는 실험 결과는 전혀 제시되지 않았다. 그러므로 이 부분의 실험 연구에 대한 논의는 이전의 이론 연구 결과를 정당화하기 위한 맥락에서 제시되고 있지 않다. 이 부분에서 레일리는 단지 이 주제와 연관된 실험적 연구들을 정리해 주는 데 의미를 두고 있었던 것으로 보인다.

이는 레일리가 이론과 실험과의 연결을 꾀하고 있지만 그것이 그렇게 쉽게 이루어지고 있지는 않음을 드러내 준다. 분리된 연구 전통을 이루어온 수학자와 실험가들은 상호 긴밀한 상호 작용을 수행하는 가운데 연구를 진척시키지 않았기 때문에 각 진영의 연구가 상당히 독립적으로 진행되었던 것이 이 책을 통해 드러난다. 이러한 예로 대표적인 것은 7장의 막대의 종진동에 대한 실험 연구를 언급한 부분이다. 앞에서 막대의 종진동에 대한 이론적 논의를 마치고 레일리는 절을 바꾸어 종진동에 대한 실험에 대해서 논의했다. 레일리는 막대의 종진동 실험이 전나무나 금속 막대를 로진(rosin) 가루를 먹인 가죽으로 마찰하거나 젖은 헝겊으로 유리 막대를 문질러서 이루어질 수 있다고 말했지만[280] 여기에서 자신의 실험이 아닌 돈킨의 책에 실린 실험을 그대로 인용했다. 그러나 인용된 돈킨의 실험마저도 막대가 아닌 현의 종진동에 관한 것이었다.[281] 또한 레일리는 사바르의 종진동 실험에서 '쉰 소

---

279) 같은 책, 2권, 60-62쪽.
280) 같은 책, 1권, 252쪽.

154

리'(son rauque)라고 불린, 종진동 음보다 한 옥타브가 낮은 특이한 음에 대해서 언급했다. 이 소리의 원인은 테르켕(A. Terquem)에 의해 종진동이 유발될 때 더불어 유발되는 횡진동에 의한 것으로 지적되었고 레일리는 그것이 사실이라면 막대의 종적 압축이 곡률을 유발함으로써 생기는 2차적인 진동일 것이라고 추측했다.[282]

이상의 종진동 실험에 대한 레일리의 언급은 앞에서 논의된 이론적 논의와 연결될 만한 실험적 사실 확인이 없었다. 또한 레일리는 선행 연구자들의 실험 연구만을 언급함으로써 이 분야에 대한 자신의 실험이 제대로 이루어지지 않았음을 암시했고 이에 대한 이론적 논의도 실험과 긴밀한 연관을 가지고 연구되지는 않았음을 드러냈다. 더구나 막대의 종진동을 다루면서 레일리는 실상은 현의 종진동에 대한 예만을 언급함으로써 이에 대한 실험적 연구가 매우 부족함을 드러냈다.[283]

레일리는 이론과 실험을 연결시키는 것을 염두에 두고 있었지만 모든 이론적 전개가 꼭 당장의 실험적 재현을 전제로 하는 것은 아니라고 보았다. 수학적 논리를 따라 전개해 나가다가 풀어야 할 이상적인 문제가 있으면 그것도 거론함으로써 논의를 풍부히 하는 것이 레일리

281) 돈킨은 인도 고무로 현을 종방향으로 부드럽게 문지름으로써 피아노 현의 종진동을 유발할 수 있다고 기술했고 바이올린 현은 현을 가로질러 비스듬히 활을 놓고 그것을 종방향으로 움직임으로써 진동을 유발할 수 있었는데 이때 소리가 매우 날카롭게 들렸다고 적었다. 또한 돈킨은 바이올린의 줄감개를 돌릴 때 일어나는 음의 변화에 대해서도 기술했다. 이 경우 횡진동의 피치는 크게 변했으나 종진동의 피치는 별로 변하지 않았다. 이에 대해서 돈킨은 종진동이 주로 신장(伸張)의 변화에 의존하기 때문이라고 적었다. 같은 책, 1권, 252-253쪽.

282) 같은 책, 1권, 253쪽.

283) 현의 종진동이 아무리 막대의 종진동과 동일한 방식으로 진동이 일어난다고 하더라도 그 차이에 대한 아무런 언급도 없이 제시되는 것은 적절하다고 볼 수는 없다.

의 방법이었다. 예를 들면, 레일리는 6장에서 평면 위에서의 현의 횡
진동을 취급한 후 굽어진 매끈한 면 위에 펼쳐진 현의 진동을 다루었
다. 곡면 위에서 현이 진동하는 경우는 실제적으로 접할 기회가 거의
없지만 이론적 논의가 가능하기 때문에 레일리는 이 문제를 이론적
맥락에서 다룬 것으로 보인다. 이 경우 현은 측지선(geodesic line)에
평형점들이 있는 진동을 하는데 가장 간단한 예가 원통면 위에서 축
에 수직 방향으로 평형점들이 늘어선 상태로 현이 진동하는 경우이다.
레일리는 이 경우에 운동은 실린더의 곡률에 무관하며 현이 평면에
펼쳐진 것과 근본적으로 동일하게 진동함을 어렵지 않게 입증했다. 또
레일리는 비교적 간단한 문제로 구의 표면 위에 펼쳐진 현의 진동을
실제적으로 풀어냈고 이 경우 곡률은 평면 위에 펼쳐진 현의 경우보
다 각각의 음을 더 낮게 만드는 효과가 있음을 수학적으로 보일 수
있었다.[284] 이렇게 레일리는 실용성이 낮은 문제라도 수학적 논리를
따라 논의될 만하면 그것을 자세히 제시하였다. 아무리 어떤 수학적
논의가 이상적인 상황을 다루어서 실험적 확인이 어렵다 하더라도 다
룰 수 있는 문제라면 다루었다. 이러한 이상적인 문제들의 취급은 레
일리의 논의를 더욱 풍부하게 만들었고 현상에 대한 폭넓은 이해를
가져왔다.

　　레일리의 경우에 실험이나 경험은 이론적 전개 과정에서 채택된 근
사를 정당화하거나 수학적 도구의 미비함으로 유발되는 부정확성을
평가하는 가이드라인을 제시하는 등의 안내자 역할을 하지만 실험이
이론에 비해서 덜 발전한 부문에서는 정반대로 수학적 이론이 실험적
발견을 예고하거나 실험의 잘됨과 못됨을 평가하는 등 실험의 안내자
역할을 할 수도 있었다. 가령, 레일리는 9장에서 막의 진동에 대한 이

---

284) Rayleigh, 앞의 책, 1권, 214-215쪽.

론적 논의가 상당히 잘 이루어졌다고 자신했기 때문에 이에 관련한
실험들을 평가할 수 있다는 입장을 취했다. 정사각막의 진동에 대한
논의에서 레일리는 상반되는 실험가들의 주장에 대해서 이론이 판단
기준을 제시한다는 입장을 취했다. 정사각막에 대한 실험 탐구는 베르
나르(Bernard)와 부르제에 의해 이루어졌지만 1860년에 이들은 사바
르가 실험을 통해서 주장한 것과는 달리 막이 모든 소리에 반응해서
진동하지는 않는다고 보고했다. 베르나르와 부르제는 막의 가장 낮은
고유 진동음보다 다소 낮은 음으로 막 주위에서 파이프를 진동시켰을
때 막 위에 뿌려진 모래는 정지해 있었고 동음으로 근접해가자 크게
진동하는 것을 보았다. 또한 이들은 파이프의 음이 막의 고유음보다
높아지자 모래는 다시 정지하는 것을 관찰했으며, 다음에는 막의 온도
를 높여 피치를 파이프의 음보다 올린 상태에서 천천히 식히면서 모
래의 운동을 관찰하자 막의 음이 파이프의 음과 일치하게 되었을 때
모래가 크게 진동하는 것을 관찰했다고 주장했다. 이에 대하여 레일리
는 자신의 이론이 강제 진동은 언제나 일어나야 한다는 것을 보여주
므로 사바르의 주장이 옳다고 판단하였고 이에 따라 수행된 실험에서
이러한 사실을 확인했다고 주장했다. 레일리는 오르간 파이프에 의해
막이 강제로 진동하게 되었을 때에는 비록 작은 진동일지라도 강제
진동이 언제나 일어나지만 자유 진동에서는 단지 고유 진동수로만 진
동한다는 점을 지적하였다.[285]

이러한 실험에 대한 이론의 가이드 역할은 레일리가 부르제의 원형
막 실험을 평가하면서도 이루어졌다. 레일리는 부르제의 실험에서 원
형 마디선의 반지름이 이론과 거의 일치하지만 실험이 아주 정확하게
는 이루어지지 않았다고 평가했다. 부르제의 실험은 다양한 단음의 상

---

285) 같은 책, 1권, 347쪽.

대적 피치가 이론적 추정에서 상당히 떨어져 있었음을 드러냈는데 이에 대해서 파리 과학 아카데미는 경계를 완전히 고정시키지 못했던 점을 지적했다. 레일리는 보통의 막에서는 완벽한 유연성이 실현되기 어려운 점과 공기의 저항이 막에서는 현이나 막대에 비하여 크다는 점을 이유로 들었다.[286] 이러한 레일리의 논의는 이론적 이해를 토대로 실험을 평가하려는 것으로 이론적 논의의 진전에 대한 믿음이 이론으로 하여금 실험에 대한 가이드와 평가 기준의 역할을 할 수 있다고 생각하게 했던 예를 보여준다. 이것은 레일리가 이론적 탐구를 왜 가치 있게 여겼는가를 보여준다.

또 하나의 사례는 12장에서 레일리가 관에서의 진동을 다루면서 이론적 성과가 새로운 현상을 예견할 수 있다고 본 것에서 찾을 수 있다. 레일리는 직경이 길이 방향으로 조금씩 변하는 관의 피치를 구하기 위해서 단면을 통과하는 유체의 전체 이송량(total transfer)을 x로 정하면 $\dot{x}$는 흐름의 전체 속도(total velocity)를 나타내고 단면적 S에 대해서 $\dfrac{\dot{x}}{S}$는 유체의 입자의 실제 속도를 나타내게 된다고 지적한 후, 이로부터 관 내부의 공기의 운동 에너지와 퍼텐셜 에너지를 구해 냈고 이것들로부터 x의 식과 진동 주기를 얻어냈다.[287] 이 식은 이전에 주목해서 관찰되지 않았던 새로운 사실로 단면적의 변화가 진동 주기에 미치는 효과가 마디나 배 근처에서 가장 커지며 그 사이의 지점들에서는 단면적의 변화가 효과가 없음을 드러냈다.[288] 이에 추가해서 레일리는 에너지 보존 법칙이 관 속의 공기의 진동의 이해에 근사적 풀이를 제공할 수 있음을 지적했다. 레일리는 에너지가 진폭의

---

286) 같은 책, 1권, 348쪽.
287) 같은 책, 2권, 66-67쪽.
288) 같은 책, 2권, 67쪽.

제곱에 비례하므로 파동이 전파됨에 따라 진동의 진폭은 관의 단면적의 제곱근에 반비례한다는 결과를 얻었고 이것으로부터 나팔형 보청기(ear-trumpet)의 작용을 이해할 수 있었다. 또한 레일리는 매질의 밀도가 서서히 변하는 문제의 경우도 에너지 불변의 가정으로부터 진폭은 밀도의 제곱근에 반비례함을 말할 수 있다고 보았다.[289] 이와 같이 레일리의 이론적 논의는 새로운 현상에 대한 예측을 통해 실험의 가이드 역할을 할 수 있었다.

요컨대 레일리는 이론적 논의를 실제적 사실에 연관시켜 정당화시키는 것이 좋다고 생각했지만 실험적 입증이 여의치 않다 하더라도 이론적 논의에 제동이 걸리는 것은 아니었다. 수학적 논리에 따라 일반적인 논의를 전개하는 것은 구체적인 특정 현상에만 관련된 것이 아니라 다양한 진동 현상, 흔히 비음향학적 진동의 현상까지 포괄적으로 기술 또는 설명해 준다고 여겨지기 때문에 수학적 논리만 정확하다면 그 자체로서 얼마든지 가치가 있다고 여겼다. 레일리는 이론적 논의와 기존의 실험적 성과를 연결시켜 제시할 수 있으면 그것을 시도하고 그렇지 못할 경우에는 실험적 성과를 제시하지 않거나 직접적 관련이 없는 실험 연구를 덧붙여 제시하는 방식을 취했다.

5) 진동 및 파동 일반론의 추구

『음향 이론』의 또 하나의 두드러진 특성 중 하나는 진동 및 파동 일반론에 대한 큰 관심이다. 레일리가 이 책을 집필한 일차적인 목적은 음향학적 현상에 대한 이론적 논의를 완벽하게 정리하는 것이었지

---

289) 같은 책, 2권, 68쪽.

만 그 자신의 관심이 항상 일반적인 진동에 폭넓게 걸쳐 유지되고 있었기 때문에 이 책은 일반적인 논의를 폭넓게 포함하였고 이러한 일반론의 전개는 진동에 관련한 현상을 취급하는 모든 연구자들에게 유용한 정보였다. 레일리는 보편적 진동에 대한 일반적인 접근을 통해서 음향학적 진동뿐 아니라 광학적 현상, 전기 진동, 조수 현상, 수면파, 천체의 섭동 등 다양한 현상에 적용할 수 있는 원리를 추구했다. 일반화된 논의는 다양한 문제에 적용될 수 있기 때문에 그 활용도가 크고 자연의 일반적인 모습을 보여주는 점에서 자연의 통일성을 가늠케 해주는 장점이 있었다. 특히 4장과 5장은 레일리의 일반적 논의가 두드러진 장들이다.

레일리는 음향학적 진동과 관련된 진동을 논의하면서 진동에 관련된 다른 현상들도 함께 논의하는 경우가 많았다. 가령, 강제 진동수가 자연 진동수와 갖는 관계에 따라 유발되는 운동의 차이에 대해서 논의하면서 레일리는 구체적인 사례로서 두 종류의 빛의 선택적 흡수에 관한 설명을 제시했다.[290] 이는 흡수대(absorption band) 양쪽에 위치하는 빛줄기들이 다른 방식으로 굴절하는 현상으로 크리스티안센(Christian Christiansen, 1843 - 1917)과 쿤트에 의해서 발견되었다. 이때 한쪽에서 보통의 경우보다 강한 흡수가 생기는 것은 빛의 진동수와 흡수체의 분자의 고유한 진동수의 일치의 결과라면 이론에 따라 좀 더 긴 주기의 빛의 효과가 에테르의 자연 탄성의 완화(relaxation)와 동일해야 하며 흡수대의 반대쪽의 빛은 정반대의 효과를 나타내야 한다는 추론이 가능했다. 레일리는 이것이 현상과 부합하는지를 살폈다. 이는 음향학적 현상에 대한 논의가 광학적 현상에까지 확장된 예를 보여준다. 레일리는 이러한 유사한 광학적 현상에

---

290) 같은 책, 1권, 168쪽.

대한 논의가 음향학적 현상에 대한 논의를 더욱 확고하게 입증해 준
다는 생각을 가지고 있었다. 그는 일반적인 논의를 통해서 이론의 지
지 근거를 더욱 확장시키려 했다.

또 다른 예는 13장에서 레일리가 파동의 반사와 굴절의 문제를 논
의하면서 광학적 현상과의 긴밀한 유비를 사용하고 있는 경우이다. 레
일리는 입사 평면에 수직으로 편광된 빛에 대해 프레넬이 준 식을 얻
어냈고 브루스터(Sir David Brewster)의 전반사 조건도 찾아냈다.[291]
또한 그는 에너지에 대한 고려로부터 전파 속도가 위쪽의 매질보다
아래쪽의 매질에서 더 크고 입사각이 임계각보다 클 때, 에너지는 아
래쪽 매질로 전혀 전달되지 않는다는 것을 수학적으로 유도했다. 이는
모든 파동에 적용될 수 있는 이론적 일반론이었기에 광학적 현상에서
친숙한 전반사가 음향학적 현상에서도 나타나야 함을 알려주는 것이
었다. 레일리는 이어서 삼중의 매질에서의 소리의 반사와 투과의 문제
를 논의하고 진폭의 제곱이 에너지와 비례함을 이용해서 자신의 결과
가 에너지 보존 법칙을 만족함을 보였다. 특히 에너지의 고려로부터
물과 공기 사이에서 밀도 차이가 현저하기 때문에 소리는 거의 대부
분이 반사되지만 나무 막대나 금속선은 거의 손실 없이 상당한 거리
까지 소리를 전달한다는 점을 지적하였다.[292] 레일리는 이러한 논의
가 광학에서 이미 엄밀하게 상당 부분 다루어졌음을 지적함으로써 이
부분을 일반적인 파동에 대한 논의로 확장시켰다. 또한 그는 이러한
보편적인 논의에서 에너지 보존 법칙이 문제를 해결하는 강력한 도구
임을 드러냈다.

이러한 일반론의 전개를 가능하게 해 주는 핵심에는 반복해서 사용

---

291) 같은 책, 2권, 82쪽.
292) 같은 책, 2권, 88-89쪽.

되는 미분 방정식들이 있었다. 어떤 현상을 표현해 주는 미분 방정식을 찾아내는 것은 레일리에게 있어서 문제 풀이에 있어서 가장 핵심적인 과제였다. 그렇지만 어떤 계에 들어맞는 미분 방정식을 발견하는 것은 쉽지 않은 문제였다. 그렇기 때문에 레일리는 어떤 계의 미분 방정식을 얻기 위해서 여러 가지 수단을 강구하였다. 일단 미분 방정식이 얻어지면 그것을 풀어내는 것 또한 어려운 문제였다. 이러한 미분 방정식의 수립과 미분 방정식의 풀이 과정에서 레일리의 논의의 독창성이 유감없이 발휘되곤 했다. 이러한 과정이 항상 원만하게 이루어지는 것은 아니었기 때문에 레일리는 운동 방정식을 세우는 과정에서 이상적인 조건의 가정이나 단순화된 모형을 도입하는 경우가 많았다. 운동 방정식을 세운 다음에도 그것의 풀이가 수학의 한계로 쉽지 않은 경우도 많았다. 이런 경우에 레일리는 추가적인 가정을 도입하여 운동 방정식을 단순화시켜 문제를 풀거나 임의로 단순화시킨 미분 방정식을 풀어서 근사적인 해를 구한 후, 원래의 복잡한 방정식에 대입해서 해를 수정해 나가는 과정을 반복하였다. 그리고 그는 이렇게 해서 얻은 해를 보여줄 수 있는 실험적 및 경험적 사례를 언급함으로 이론적 논의의 정당성을 확고하게 하였다. 그것이 쉽지 않은 경우에 레일리는 그 검증을 뒤로 미루고 그 자체로 만족하였다.

　이러한 스타일의 문제 풀이를 잘 보여주는 예는 3장에서 1차원 진동계를 푸는 표준적인 경우에서 발견된다. 레일리는 단순한 진동계의 운동 에너지와 퍼텐셜 에너지를 각각

$$T = \frac{1}{2} m\dot{u}^2 \qquad V = \frac{1}{2} \mu u^2 \qquad (5\text{-}15)$$

로 놓을 때 m과 μ는 각각 변위 u의 함수이나 u가 작은 상황에서는 상수로 간주할 수 있다고 보았다. 여기에 역학적 에너지가 일정하다는 것에서

$$T + V = 일정 \qquad (5-16)$$

이라고 놓고 양변을 시간에 대해서 미분하고 $\dot{u}$로 양변을 나누어 운동 방정식

$$m\frac{d^2u}{dt^2} + \mu u = 0 \qquad (5-17)$$

을 얻어냈다. 이는 가장 간단한 2차 미분 방정식이고 그 해는 적분을 통해서 조화 진동식으로부터 쉽게 얻을 수 있었다.[293] 이 식은 이후의 감쇠 진동과 강제 진동을 나타내는 미분 방정식을 얻는 데 기초가 되었다.

 뒤이어 레일리는 공기의 마찰이 존재하는 경우에 나타나는 진동을 고려했다. 공기는 교란력을 발휘하는 것으로 볼 수 있으므로 이 교란력은 가속도에 비례하는 부분과 속도에 비례하는 부분으로 나누었을 때, 전자는 질량을 변화시키는 효과와 같고 후자는 마찰과 같은 효과를 내는데 음향학적 목적에서는 후자만이 의미가 있었다. 이 경우에 운동 방정식은

$$\frac{d^2u}{dt^2} + \kappa\frac{du}{dt} + n^2 u = 0 \quad (\kappa: 마찰계수) \quad (5-18)$$

---

293) 같은 책, 1권, 44−45쪽.

로 표현되었다. 이 식의 해는

$$u = Ae^{-\frac{1}{2}\kappa t}\cos\left\{\sqrt{n^2 - \frac{1}{4}\kappa^2}(t-a)\right\}$$

(A: 초기 진폭, a: 초기 위상)   (5-19)

이 되어 감쇠 진동을 나타냈다. 이 식은 마찰계수 κ의 크기에 따라
다른 운동이 나타나지만 음향학적 상황에서는 이 값이 작아서 시간이
경과함에 따라 그 진폭이 기하급수적으로 줄어드는 조화 진동을 나타
냈다. 이때 진동수는 $n^2 - \frac{1}{4}\kappa^2$에 의존하는데 κ의 제곱항만을 포함
하므로 1차 근사에 의해 마찰은 진동수에 아무런 영향을 미치지 않는
것으로 간주할 수 있었다.[294] 여기에서 한 걸음 더 나아가 레일리는
주기적인 강제력이 존재하는 경우, 미분 방정식을

$$\frac{d^2u}{dt^2} + \kappa\frac{du}{dt} + n^2 u = E\cos pt$$

(E: 강제력의 진폭, p: 강제력의 각진동수)   (5-20)

로 나타냈다. 이 식은 $u = a\cos(pt-\varepsilon)$를 식에 대입하면 만족하므
로 이로부터 진폭 a를 얻어낼 수 있었다. 그러고 나서 레일리는
$n = p$일 때 최대의 운동 에너지가 나타날 수 있음을 보였다.[295] 만
약 마찰이 없는 경우에 해는

---

294) 같은 책, 1권, 45-46쪽.
295) 같은 책, 1권, 46-47쪽.

$$u = \frac{E}{n^2 - p^2} \cos pt \qquad (5-21)$$

가 되는데 p가 n보다 작은 경우에는 가해지는 힘과 진동은 동일한 위상을 갖지만 p가 n보다 큰 경우에는 가해지는 힘이 최대가 될 때 변위는 정반대 방향으로 최대가 되어 힘과 진폭이 반(半) 주기의 위상차를 갖게 되어, 조수의 운하 이론(canal theory of the tides)에서 종종 역설로 보였던 현상이 설명됨을 레일리는 지적했다.[296] 더욱 일반적인 예로서 탄성력이 약해서 n이 작아지는 경우에는 진동의 위상이 강제력의 위상과 반대가 되고, 질량이 작아서 n이 커지는 경우에는 진동과 강제력이 동일 위상이 되는 현상이 쉽게 관찰됨을 레일리는 언급했다.[297] 또한 레일리는 방정식의 선형성에서 여러 개의 힘이 동시에 작용하는 경우 독립적인 진동을 각각 고려한 뒤, 이를 합침으로써 복합적인 진동을 취급할 수 있음을 지적하고 자유 진동과 강제 진동이 복합된 식

$$u = \frac{E sin \varepsilon}{p \kappa} \cos(pt - \varepsilon) + A e^{-\frac{1}{2}\kappa t} \cos \{\sqrt{n^2 - \frac{1}{4}\kappa^2}(t - a)\} \qquad (5-22)$$

이 이 방정식의 일반적인 해가 됨을 언급했다. 이때 앞부분은 영속적으로 나타나지만 뒷부분은 일시적으로 나타나다가 점차 사라진다. 이 부분의 언급에서 레일리는 초기에 두 운동이 함께 나타날 때 자연 진동수와 강제 진동수가 약간만 다르고 κ가 작을 경우에 신기한 맥놀

---

296) 같은 책, 1권, 48쪽.
297) 같은 책, 1권, 49쪽.

이 현상이 나타날 수 있음을 지적하였고 이것이 실험적으로 확인됨을 언급하였다.[298] 그러고 나서 레일리는 강제 진동수와 자연 진동수의 비에 따라 감쇠가 일어나는 속도가 결정됨을 헬름홀츠의 도움을 받아서 논의했다.[299] 이러한 논의는 레일리의 독창적인 기여는 아니지만 운동 방정식을 세우고 그 해를 얻어서 풀어나가고 분석하는 전형적인 레일리의 논의 스타일을 보여주었다.

이런 방식으로 논의를 전개할 때, 논의의 핵심을 이루는 운동 방정식이 동일한 미분 방정식으로 표현되기 때문에 동일한 방식으로 풀릴 수 있는 경우도 많았다. 실험적 연구에서는 동떨어진 현상들로 여겨졌던 것이 동일한 형태의 미분 방정식을 쓰기 때문에 긴밀하게 연관되어 있음이 드러났다. 이는 실험 음향학의 발전에서는 전혀 감지할 수 없는 것이었는데 이론적 전개를 통해서 현상의 이면에 있는 질서의 파악이 가능해진 것은 수학적 논의의 큰 수확이었다.

이렇게 여러 차례 사용되어서 중요한 현상들을 연결시켜 준 미분 방정식은 파동의 전파를 나타내는 방정식

$$\frac{d^2y}{dt^2} = a^2\,\frac{d^2y}{dx^2} \qquad (5-23)$$

이었다. 이는 x 방향으로 무한히 펼쳐진 현에서의 횡파의 진동을 기술할 때 처음 사용되었다.[300] 해의 분석은 여기에서 계수 a 가 파의 속도임을 알려주었다. 레일리는 무한한 길이의 현에서 일어나는 반대 방향의 파동의 전파에 의해서 현에서의 파동의 전파와 반사를 취급했다.

298) 같은 책, 1권, 50쪽.
299) 같은 책, 1권, 51–52쪽.
300) 같은 책, 1권, 224쪽.

여기에서 중첩의 원리를 따라 두 방향의 파동은 전적으로 독립적으로 행동하는 것으로 정상파의 진동이 해석될 수 있었고 고정점에서의 반사도 다룰 수 있었다. 이로써 레일리는 튕겨진 현의 진동을 해석할 수 있었다.[301]

그런데 이와는 전혀 다른 현상인 막대의 종진동이 동일한 미분 방정식의 형태로 표현됨으로써 이와 연결되었다. 레일리는 막대의 종진동이 현의 횡진동과는 달리 신장(伸張)과 압축(壓縮)에 대한 막대의 저항이 추진력이 된다는 것을 지적했다. 이때 힘은 단면적에 비례해서 커지는데 또 움직여야 할 질량도 단면적에 따라 커지기 때문에 막대의 종진동은 단면적과 형태에 무관한 진동 양상을 만들어 냈다. 레일리는 종진동의 경우 관련된 역학적 상수를 물질의 밀도와 영률(Young's modulus)이라 보았고 작은 신장이나 압축에서는 훅의 법칙이 성립한다고 가정했고 신장률 ε을 (실제 길이−자연 길이)/(자연 길이)로 써서 단위 면적당 장력을 $T = q\varepsilon$으로 표현했다. 이때 q는 영률로서 막대의 길이를 두 배로 만들 때 필요한 단위 면적당 힘에 해당했다.[302] 이를 바탕으로 레일리는 종진동에 관한 운동 방정식

$$\frac{d^2\xi}{dt^2} = a^2 \frac{d^2\xi}{dx^2}$$

(ξ: x 방향의 변위, $a^2 = \frac{q}{\rho}$, ρ: 원래의 밀도)   (5−24)

을 얻어냈다. 이렇게 얻은 막대의 종진동식은 현의 횡진동식과 똑같은 형태가 되어 이해가 훨씬 쉬웠다. 그러므로 a는 파의 전파 속도에 해

---

301) 같은 책, 1권, 225−230쪽.
302) 같은 책, 1권, 243쪽.

당했다. 레일리는 이를 바탕으로 강철에서의 종진동의 전파 속도를 계
산하였고 그 결과는 530,000 cm/s로서 공기 중에서의 음속의 16배에
달했다.[303]

레일리는 막대의 비틀림 진동에서도 동일한 미분 방정식을 사용할
수 있었다. 비틀림을 일으키는 힘은 꼬임에 대한 저항력으로서 강체성
(rigidity)이라고 불리는 것과는 다른 탄성 상수에 의존했다. 레일리는
이를 사용하여 비틀림에 대한 미분 방정식을 세우고 이것이 종진동의
식과 형태가 동일함을 주목했다. 그리하여 레일리는 같은 방식으로 비
틀림 진동의 전파 속도와 진동수를 구하여 종진동과 비틀림 진동의
속도와 진동수를 비교하였다.[304]

이와는 별도로 2권에서 널리 사용된 미분 방정식은 라플라스 방정
식이었다. 11장에서 레일리는 '공기 진동'에 대한 일반적인 논의를 전
개하면서 공기 진동에서 널리 사용하게 될 라플라스 방정식을 이끌어
냈다. 레일리는 우선 이 주제가 1차원의 몇몇 단순한 문제를 제외하고
는 일반적으로 수학적으로 매우 이해하기가 어려워 다른 분야보다 진
보가 더뎠을 뿐만 아니라 문제가 이론적으로 풀리더라도 소리의 세기
를 측정할 적절한 방법이 없어서 실험적 검증이 매우 어렵다는 점을
지적했다.[305] 레일리는 기본적으로 이 장에서 다루는 유체를 '완전
한'(perfect) 것으로 취급했는데 여기에서 '완전하다'는 말은 "어떤 이
상적인 면에 의해 구분된 두 부분의 상호 작용은 이 면에 대해서 수
직임"을 의미했다. 그러므로 주어진 점 주위에서 압력의 동등성은 완
벽한 유체성의 필연적 결과였다.[306] 이러한 이상적 상황의 설정으로

303) 같은 책, 1권, 245쪽.
304) 같은 책, 1권, 254쪽.
305) 같은 책, 2권, 1쪽.

이 문제는 풀릴 수 있게 되었다. 레일리는 이 분야의 취급에서 꼭 필요한 수력학에 관련된 기초적인 개념을 소개하고 이로부터 속도 퍼텐셜(velocity potential) ϕ의 라플라스 방정식

$$\frac{d^2\phi}{dx^2} + \frac{d^2\phi}{dy^2} + \frac{d^2\phi}{dz^2} = 0 \ \text{또는} \ \nabla^2\phi = 0 \qquad (5-25)$$

을 얻어냈다. 이 과정에서 레일리는 헬름홀츠, 코시(A. L. Cauchy), 스토크스, 톰슨(William Thomson) 등의 수력학적 논의, 그중에서도 특히 스토크스의 논의를 가장 많이 의존했다.[307]

이렇게 얻어진 라플라스 방정식은 여러 상황에 적용되어 현상을 기술하는 데 사용되었다. 이 과정에서 레일리는, 비압축성 유체의 비회전 운동이 라플라스 방정식을 만족시키는 속도 퍼텐셜에 의존한다는 것으로부터 유체의 운동과 균일한 도체에서의 전기나 열의 운동 사이에 유비를 이끌어 내는 것을 정당화했다. 레일리는 이 영역들 모두가 수학적으로 퍼텐셜에 의존한다는 점에서 연결되어 있다는 점에 주목했다.[308] 이와 같이 라플라스 방정식은 적용될 수 있는 영역이 상당히 넓은 보편적인 방정식이었다. 레일리가 수력학적 논의를 일반적으로 사용하기는 했지만 그의 논의는 수력학 전반까지 확장되지 않고 되도록 음향학적 문제에 집중되었다. 이를 위해 레일리는 음향학적 문제의 특수성을 따라 속도와 응축(condensation)이 작은 경우에 논의를 제한했다. 그는 소용돌이 운동에 관한 윌리엄 톰슨의 방정식을 사용해서

306) 같은 책, 2권, 1쪽.
307) 같은 책, 2권, 4-9쪽.
308) 같은 책, 2권, 13쪽.

$$\frac{d^2\phi}{dt^2} = a^2 \triangledown^2\phi \quad (a = \frac{dp}{d\rho}, \ p:\ \text{압력, } \rho:\ \text{밀도}) \quad (5-26)$$

를 얻어냈다. 이 식은 이후에 계속 공기 중에서의 소리 전달을 취급하는 문제에 있어서 보편적으로 사용된 기본 방정식이었다. 여기에서 레일리는 가장 단순한 파동 운동으로서 모든 입자가 x축 방향으로만 움직이는 경우를 고려하여 파동 방정식

$$\frac{d^2\phi}{dt^2} = a^2 \frac{d^2\phi}{dx^2} \quad (5-27)$$

을 얻어냈다. 레일리는 이 미분 방정식에 대한 일반해로

$$\phi = f(x-at) + F(x+at) \quad (5-28)$$

를 얻어내어 이것이 a의 속도로 x의 방향과 그 반대 방향으로 움직이는 임의의 파형의 독립파들임을 확인하였다. 이로부터 음파는 그 형태와 무관하게 a의 속도로 전파되고 가장 간단한 형태로는 그 파장이 무엇이든

$$\phi = A\cos\frac{2\pi}{\lambda}(x-at) \quad (\lambda:\ \text{파장}) \quad (5-29)$$

로 나타낼 수 있었다.[309] 이 식으로부터 레일리는 속도를 구해 내고 이것에 압력의 변이를 곱해 줌으로써 단위 시간당, 단위 면적당 전달

309) 같은 책, 2권, 15쪽.

170

되는 일을 계산하여 소리의 세기가 진폭의 제곱에 비례하고 주기의
제곱에 반비례함을 이끌어 냈다.[310]

　동일한 방정식이 등장하는 또 다른 예는 2차원에서의 평면파의 반
사와 굴절의 문제를 취급한 것에서 발견된다. 레일리는 상자 내의 음
파의 진동 문제를 앞서 수립된 기본 방정식 5-26에 Φ가 $\cos kat$에
비례하여 변한다는 가정을 넣어 줌으로써

$$\nabla^2\Phi + k^2\Phi = 0 \qquad (5-30)$$

를 얻었다.[311] 레일리는 여기에 상자의 여섯 개의 면에서 만족되는
표면 조건

$$\frac{d\Phi}{dn} = 0 \qquad (5-31)$$

를 사용하여 방정식을 풀어냈다. 여기에서 dn은 표면에 수직인 요소
를 나타낸다.[312] 레일리는 x, y, z 세 방향의 전형적인 진동으로부터
일반적인 해

$$\Phi = \sum\sum\sum (A\cos kat + B\sin kat)\times \cos(p\frac{\pi x}{\alpha})\cos(q\frac{\pi y}{\beta})\cos(r\frac{\pi z}{\gamma})$$
$$(5-32)$$

---

310) 같은 책, 2권, 16쪽.
311) 같은 책, 2권, 69쪽.
312) 같은 책, 2권, 69쪽.

를 얻어냈고 이 식으로부터 $p=1$, $q=0$, $r=0$인 가장 낮은 음의 모드에서 시작하여 여러 모드들을 이끌어 냈다.[313] 레일리는 이러한 상자 속의 공기의 고유음은 음계를 불러 봄으로써 감지해 낼 수 있었다. 레일리는 실제적인 예로서 맹인들이 몇 마디의 말을 해봄으로써 자신이 있는 방의 가로, 세로, 높이를 추정할 수 있다는 흥미로운 보고를 소개했다.[314]

또 반복해서 사용된 미분 방정식으로 베셀 방정식이 있었다. 이는 베셀 함수라는 특수한 해를 갖는 방정식으로 원형막이나 원형판의 진동의 해석에 사용되었다. 레일리는 원형막의 문제를 풀기 위하여 일반 미분 방정식을 극좌표로 표현하여

$$\frac{d^2w}{dt^2} = c^2 \ \{ \frac{d^2w}{dr^2} + \frac{1}{r}\frac{dw}{dr} + \frac{1}{r^2}\frac{d^2w}{d\Theta^2} \} \qquad (5-33)$$

을 얻었다.[315] 이것에 푸리에의 수열로 전개되는 일반적인 형태의 해인

$$w = w_0 + w_1\cos(\Theta + a_1) + w_2\cos 2(\Theta + a_2) + \ldots \qquad (5-34)$$

를 대입하여 정리함으로써 w_n을 얻기 위한 미분 방정식인 베셀 방정식

---

313) 같은 책, 2권, 70-71쪽.

314) 같은 책, 2권, 72쪽.

315) $c^2 = \dfrac{T_1}{\rho}$ 이며 여기에서 T_1는 막의 장력, ρ는 막의 밀도를 의미한다. 같은 책, 1권, 318쪽.

$$\frac{d^2 w_n}{dr^2} + \frac{1}{r}\frac{dw_n}{dr} + (k^2 - \frac{n^2}{r^2})w_n = 0 \quad (k = \frac{p}{c}) \quad (5-35)$$

을 얻었다.[316] 레일리는 그 해를 n차 베셀 함수 $J_n(kr)$를 써서

$$w = PJ_n(kr)\cos n(\Theta + \alpha)\cos(pt + \varepsilon) \qquad (5-36)$$

로 얻었다. 이 문제에서 경계 조건은 $J_n(kr) = 0$로 표현되었다.[317] 그리하여 레일리는 베셀 함수의 성질에 대한 분석을 바탕으로 강제 진동을 비롯하여 다양한 진동 모드에 대한 탐구를 통해서 원형막의 진동에 대한 이해를 심화시켰다. 레일리는 원형막의 진동 모드를 그림으로 표현했고 이러한 진동들이 서로 조화 관계(harmonic relations)를 이루지 못하는 점도 지적했다.[318]

또 레일리는 원형판의 신동 문제를 푸는 과성에서도 베셀 방정식에 도달하였다. 판의 경우에는 일반 방정식이

$$\frac{d^2 w}{dt^2} + c^4 \triangledown^4 w = 0 \qquad (5-37)$$

의 형태였다.[319] 여기에 레일리는 w가 $\cos(pt - \varepsilon)$에 비례한다는 조건을 대입하여

---

316) 같은 책, 1권, 319쪽.

317) 같은 책, 1권, 322쪽.

318) 같은 책, 1권, 332쪽.

319) 여기에서 w는 판에 수직인 작은 변위이고 $c^4 = qh^2/3\rho(1-\mu^2)$이고 q는 판의 영률, $2h$는 판의 두께, ρ는 판의 밀도, μ는 판이 당겨질 때 측방향 수축 대 종방향 신장의 비에 해당한다.

174

$$\nabla^4 w = k^4 w \qquad (\; k^4 = \frac{p^2}{c^4} \;) \qquad (5-38)$$

라는 관계식을 얻었다.[320] 이 미분 방정식은

$$(\nabla^2 + k^2)(\nabla^2 - k^2) w = 0 \qquad (5-39)$$

으로 쓸 수 있는데 여기에 원형판이라는 조건에 맞게 판의 중심을 축으로 하는 극좌표를 도입하고 경계 조건을 적용하고 w를 푸리에 수열로 전개하여

$$w = w_0 + w_1 + \ldots + w_n + \ldots \qquad (5-40)$$

로 표현하고 w_n이 $\cos(n\Theta - \alpha)$에 비례한다는 조건을 적용하면 이 미분 방정식은 w_n에 대하여

$$(\frac{d^2}{dr^2} + \frac{1}{r} \frac{d}{dr} - \frac{n^2}{r^2} + k^2)(\frac{d^2}{dr^2} + \frac{1}{r} \frac{d}{dr} - \frac{n^2}{r^2} - k^2) w_n = 0 \qquad (5-41)$$

으로 표현되었다. 이것은

$$(\frac{d^2}{dr^2} + \frac{1}{r} \frac{d}{dr} - \frac{n^2}{r^2} \pm k^2) w_n = 0 \qquad (5-42)$$

---

320) Rayleigh, 앞의 책, 1권, 358-359쪽.

을 만족하는 w_n을 더해서 얻을 수 있는데 복호(復號) 중 위의 부호의 방정식의 해는 앞에서 원형막의 진동의 경우에서 얻은 베셀 함수 $J_n(kr)$에 비례하고 같은 방식으로 아래 부호의 방정식의 해는 $J_n(ikr)$에 비례하는 해를 얻어 전체 해는

$$w_n = \cos n\Theta \; \{aJ_n(kr) + \beta J_n(ikr)\} \; + \sin n\Theta \; \{\gamma J_n(kr) + \delta J_n(ikr)\}$$

$$(5-43)$$

이 되고 네 계수의 비례 관계 $a : \beta = \gamma : \delta$를 적용하여 해는

$$w_n - P\cos(n\Theta - a) \; \{J_n(kr) + \lambda J_n(ikr)\} \; \cos(pt - \varepsilon) \qquad (5-44)$$

로 변형되었다. 레일리는 이 형태를 통해서 마디가 어디에서 나타나는지를 분석하였다. 레일리는 이 식이 $w_n = 0$을 만족하는 곳에서 마디 체계가 형성됨을 보여주므로 $\cos(n\Theta - a) = 0$을 만족하는 조건에 따라, 원형막에서와 같이 중심 주위에 대칭으로 분포하는 n개의 직경이 마디선이 되고 또

$$J_n(kr) + \lambda J_n(ikr) = 0 \qquad (5-45)$$

를 만족하는 조건에 따라 동심원의 형태로 마디선이 나타남을 지적하였다. 이로써 베셀 함수들만 분석을 해 주면 어디에서 마디가 나타나는지 이론적인 유도가 가능해졌고 각각의 경우에 진동수가 얼마인지도 알아낼 수 있었다.[321]

이렇게 동일한 미분 방정식을 사용하여 여러 문제를 접근할 수 있다는 것은 자연이 통일성을 가지고 있음을 보여줌으로써 일반론의 추구가 더욱 정당화될 수 있음을 드러냈다. 음향학에서 사용되는 미분 방정식들은 다른 물리학의 분야들에서도 이미 사용되고 있었기에 이제 음향학도 그들 분야와 마찬가지로 동일한 수학적 취급에 의해 이해될 수 있는 분야로서 확고한 토대를 얻게 되었다고 말할 수 있었다. 이로써 음향학은 19세기 물리학의 다른 분야들과 마찬가지로 엄밀한 수학적 이론 위에 구축된 체계적인 분야로서 위상을 부여받을 수 있게 되었다. 그런 점에서 『음향 이론』은 체계적인 수학화된 음향학의 기초를 놓았다고 평가할 수 있다.

6) 『음향 이론』의 기여

1945년에 『음향 이론』의 첫 미국판이 출판되었을 때 린제이는 레일리와 『음향 이론』에 대한 역사적 소개(Historical Introduction)를 덧붙이면서 1945년 당시 이 책이 출판된 지 65년이 넘었음에도 불구하고 음향학계에서 표준적인 저술로 사용되고 있다고 언급했다.[322] 뿐만 아니라 음향학자 로싱(Thomas Rossing)은 1980년대에 이르러서도 "나는 개인 서재에 손때 묻은 레일리의 책을 갖고 있지 않은 음악 음향학자를 알지 못한다."[323]라고 말할 정도로 이 책은 지금까지도 음

---

321) 같은 책, 1권, 360쪽.

322) R. B. Lindsay, "Historical Introduction," in J. W. Strutt, 3rd Baron Rayleigh, *The Theory of Sound*(New York: Dover Publications, 1945), v쪽.

323) Beyer, 앞의 책, 94쪽.

향학자들에게 영감을 주는 많은 내용을 담고 있다. 이에 대해서 베이어는 "누군가 그의 책과 논문집을 집어 들면 이전에 놓쳤던 참으로 흥미로운 뭔가를 항상 발견하게 된다."[324]라고 말한다. 이러한 레일리의 책의 영향력은 책의 출판 직후부터 계속 이어져 왔다.

어떤 점이 음향학 연구자들에게 이 책을 특별하게 만드는가? 우선적으로 레일리의 책이 갖는 정보의 다양성을 지적할 수 있다. 레일리가 스스로 밝혔듯이 『음향 이론』은 흩어져 있었던 많은 음향학 연구를 하나로 모아 정리해 줌으로써 이전의 텍스트들이 담당하지 못했던 '정보의 보고'로서의 기능을 담당할 수 있었다. 이후의 음향학 연구자들은 레일리의 책에서 많은 연구의 주제들을 잡을 수 있었고, 연구를 위한 자료를 얻을 수 있었고, 레일리의 생각에 새로운 요소들을 가미함으로써 자신의 성과를 얻어갈 수 있었다. 이러한 경향은 실험적, 수학적 연구에서 공통적으로 나타났다. 하지만 실험적 연구에 있어서는 권위 있는 책들이 상대적으로 많이 존재하고 있었기 때문에 레일리의 책이 다른 책에 비해서 실험 연구 정보가 많은 편은 아니었다. 하지만 레일리의 책은 다른 책이 담고 있지 않은 내용을 포함함으로써 실험 연구자들의 연구에 기여했다. 그것은 레일리의 독특한 실험 연구 보고와 실험에 대한 통찰력 있는 이론적 해석들, 그리고 문제를 풀어낼 수 학적 방법들이었다.

가령, 1886년에 발표된 논문을 통해서 실배너스 톰슨(Silvanus P. Thompson)은 전기에 의해서 유지되는 소리굽쇠의 진동에 관한 논문에서 『음향 이론』에서 레일리에 의해 최초로 제시된 전자석의 배열 형태의 우수성을 지적하였다. 레일리의 배열은 이전에 사용되던 것처럼 말굽형의 전자석이 소리굽쇠의 가지 바깥에 배열되는 것이 아니라

---

324) 같은 책, 101쪽.

178

짧은 원통형의 전자석이 소리굽쇠의 가지 사이에 놓이는 방식이었다. 톰슨은 이러한 방식이 이전의 방식에 비해서 훨씬 효과적으로 에너지를 전달할 수 있는 방식임을 지적하였다.[325] 톰슨은 레일리가 이러한 새로운 배열을 제안한 것은 그의 장치에 대한 치밀한 이해에 바탕을 둔 것임을 언급하였다. 이러한 방법은 쾨니히에 의해서도 즉각적으로 채택되었고[326] 그레고리(W. G. Gregory)에 의해서도 진동을 유지시키는 개선된 장치에서 사용되었다.[327] 그런 점에서 레일리의 통찰력에 바탕을 둔 실험 장치의 설계가 이후의 음향학 실험의 수행에서 중요한 역할을 하였다고 말할 수 있다.

또한 레일리의 치밀한 실험과 이에 대한 이론적 설명이 다른 실험 연구자들에게 권위 있는 정보를 제공한 사례를 많이 볼 수 있다. 실례로 존 리콘트(John LeConte)는 1874년에 수중에서 탄약을 폭파시켜 수중에서의 소리 그늘의 존재를 알아보는 실험을 하였는데 1882년에 그것을 이론적으로 해석함에 있어서 『음향 이론』에서 레일리가 제시한 소리 그늘에 관한 실험과 그 결과에 대한 해석으로부터 큰 영향을 받았다.[328] 또한 버튼(Charles V. Burton)은 1895년에 소리의 세기의 변화에 따라 피치가 변하는 현상이 생리적 기원을 갖는다는 주장을 제기하면서 『음향 이론』에서 레일리가 "소리굽쇠의 진동이 사라져 갈 때, 피치가 조금이기는 하지만 상승한다"고 언급한 사실을 권위 있게

---

325) Silvanus P. Thompson, "Note on a Mode of Maintaining Tuning Forks by Electricity", *Phil. Mag.* 22(1886), 216-217쪽.

326) 같은 글, 218-219쪽.

327) W. G. Gregory, "On a Method of Driving Tuning-Forks Electrically", *Phil. Mag.* 28(1889), 490-492쪽.

328) John LeConte, "On Sound-Shadows in Water", *Phil. Mag.* 13(1882), 99쪽; Rayleigh, 앞의 책, 2권, 118-122쪽.

인용하였다.[329] 또한 켈빈 경(Lord Kelvin)은 1898년에 귀의 민감성에 대하여 소리의 진동은 6×10^{-9} 기압이라는 극히 적은 양만 변하더라도 감지가 되며 이는 인간이 만들 수 있는 고도의 진공보다 훨씬 더 작은 밀도의 첨가나 감소라는 점을 레일리가 이미 『음향 이론』에서 언급했음을 밝혔다.[330]

직접 레일리가 실험을 한 경우는 아니더라도 레일리의 이론적 연구 결과가 실험 연구자들의 연구에서 중요한 지침이 된 경우도 있다. 가령, 블레이클리(D. J. Blaikley)는 1884년에 관 속에서 유체의 속도를 구하는 실험의 보고에서 『음향 이론』에서 제시된 이론적 결과를 중요한 권위로서 인용하였다.[331] 또한 로버츠(Joseph H. T. Roberts)는 1912년에 이중의 진동력에 의해 유지되는 현의 횡진동 실험에 관해 논의하면서 실험이 성공하기 위해 『음향 이론』에서 레일리가 제시한 피치의 조정을 참고해야 함을 언급하였다.[332] 이런 점에서 19세기 말과 20세기 초에 실험 음향학자들에게도 『음향 이론』은 표준 텍스트로서의 기능을 하고 있었음을 확인할 수 있다.

또한 레일리는 그의 책에서 음향학적 현상을 다루는 다양한 수학적

---

329) Charles V. Burton, "Some Acoustical Experiments", *Phil. Mag.* 39(1895), 452쪽.

330) Lord Kelvin, "Continuity in Undulatory Theory of Condensational - Rare -Factional Waves in Gases, Liquids, and Solids, of Distortional Waves in Solids, of Electric Waves in All Substances Capable of Transmitting Them, and of Radiant Heat, Visible Light, Ultra Violet Light", *Phil. Mag.* 46(1898), 495쪽.

331) D. J. Blaikley, "Experiments on the Velocity of Sound in Air", *Phil. Mag.* 18(1884), 331, 332쪽.

332) Joseph H. T. Roberts, "On Transverse Vibrations of a String Maintained by Forces of Double Frequency", *Phil. Mag.* 23(1912), 932쪽.

방법을 예시함으로써 이후의 연구자들에게 다른 문제에 그러한 방법을 적용할 수 있게 했다. 레일리는 어떻게 특정한 계를 다룰 미분 방정식을 만들 수 있는지, 구성한 미분 방정식을 어떻게 풀고 물리적 계를 해석할 것인지를 알려 줌으로써 유사한 다른 문제들을 어떻게 풀어갈 수 있는지를 보여주었다.

가령, 1907년 발표한 논문에서 니콜슨(J. W. Nicholson)은 작은 회전타원체(spheroid)나 원반에 의한 소리의 산란을 취급하는 데『음향 이론』을 이론 전개의 토대로 삼았다.[333] 레일리는 이미 구에 의한 산란의 문제를 파장에 비해서 산란체의 규모가 매우 작은 경우에 한정하여 1차 근사를 적용하여 풀었었다. 니콜슨은 이를 타원체나 원반의 경우로 확장시키기 위해서 레일리가 사용한 작용자(operator) 방법을 써서 운동 방정식을

$$(\nabla^2 + k^2)\Psi = 0 \qquad (5-46)$$

로 놓고 이것에 타원체 좌표(ellipsoidal coordinates)를 적용하여 조화 함수(harmonic function)에 의해서 해를 표현하였다.[334]

또한 바턴(E. H. Barton)은 1908년에 원뿔형 파이프에서의 소리의 전달을 취급하면서『음향 이론』에 제시된 레일리의 수학적 논의를 이론적 토대로 삼았다.[335] 바턴은 문제를 풀어 나가는 방법에 있어서도 레일리를 많이 따랐다. 그는 레일리가 식을 찾아내는 데 자주 사용하

---

333) J. W. Nicholson, "The Scattering of Sound by Spheroid and Disks", *Phil. Mag.* 14(1907), 364–365쪽.

334) 같은 글, 366–377쪽.

335) E. H. Barton, "On Spherical Radiation and Vibrations in Conical Pipes", *Phil. Mag.* 15(1908), 69쪽.

였던 차원 방법(method of dimensions)을 사용하였으며,[336] 미분 방
정식을 작성하고 경계 조건을 찾고 단순화된 수정된 식의 해를 찾아
낸 후에 원래의 미분 방정식에 대입하여 수정된 해를 구해나가는 방
법, 즉 연속 근사(successive approximation)의 방법을 쓴 점에서도 레
일리와 같았다.[337] 이런 예들에서 레일리의 문제 풀이 방식이 이후의
연구자들에게 중요한 방법론상 힌트가 되고 있었음을 확인할 수 있다.

또한 『음향 이론』은 수학적 이론 전개에 기초 개념을 제공함으로써
이후의 음향학의 진로에 중요한 영향을 미쳤다. 이후의 많은 수리 음
향학자들에게 『음향 이론』은 많은 새로운 문제 풀이의 출발점을 제공
했다. 가령, 1893년에 버튼(Charles V. Burton)의 평면 음파의 전달에
대한 이론 전개는 리만(G. F. B. Riemann)의 이론을 비판한 레일리
의 개념을 따름으로써 출발하였다.[338] 버튼은 공기를 마찰이 없고 수
학적으로 연속인 유체로 간주하여 음파의 전달 과정에서 수축과 팽창
과정을 순수 등온 또는 순수 단열 과정으로 본 리만의 개념을 따르지
않고 불연속 개념을 도입함으로써 소산되는 에너지를 고려한 레일리
의 개념을 채용하여 이론적 논의를 전개하였다.[339] 또한 관 속의 여

---

336) 레일리는 미지의 물리량을 관련된 변수들의 식으로 표현하는 방법으로
서 차원 방법을 자주 사용하였다. 가령, 현에서의 횡파의 전달 속도 v
를 구하기 위해서 관련된 변수로서 현의 선밀도 ρ와 장력 T이 있음
을 안다면, 속도의 차원 $[LT^{-1}]$을 선밀도의 차원 $[ML^{-1}]$과 장력의 차
원 $[MLT^{-2}]$을 써서 구하는 식은 $\sqrt{T/\rho}$이 되어야 한다는 것을 알 수
있다. Rayleigh, 앞의 책, 1권, 182쪽.
337) Barton, 앞의 글, 77쪽. 레일리가 연속 근사를 사용한 구체적인 사례로
는 Rayleigh, 앞의 책, 1권, 190-191쪽을 볼 것.
338) Charles V. Burton, "On Plane and Spherical Sound-Waves of Finite
Amplitude", *Phil. Mag.* 35(1893), 317쪽.
339) 같은 글, 325쪽.

182

러 기체 속에서의 소리의 전파 속도를 취급한 로우(Webster Low)의 연구에서 개관의 말단 효과에 대한 『음향 이론』의 유도를 사용한 것이나,340) 윌버포스(L. R. Wilberforce)의 스프링의 진동 문제를 푸는 과정에서 관성 모멘트의 계산에서 『음향 이론』의 값을 사용한다든지,341) 에버렛(J. D. Everett)이 조합음에 관한 이론적 논의에서 헬름홀츠의 책과 보잔켓(R. H. M. Bosanquet)의 논문과 함께 레일리의 책을 이 주제에 관한 널리 받아들여진 이론의 권위로서 인용하였고 이를 근거로 하여 자신의 논의를 전개한 것.342) 크리(C. Chree)가 막대의 종진동을 취급하면서 『음향 이론』에 언급된 레일리의 이론적 유도를 표준적인 권위로 받아들이고 논의를 전개한 것,343) 개렛(C. A. B. Garrett)이 막대의 횡진동 문제를 풀면서 레일리의 수학적 논의를 이론의 기초로 삼은 것,344) 매리 테일러(Mary Tayler)가 원통형 관 속에서의 소리의 전파의 문제를 위한 논의의 제안을 『음향 이론』에서 발견한 것345) 등에서 이들에게 『음향 이론』이 수학적 논의를 위한 기본적인 표준 텍스트로 사용되고 있었으며 새로운 이론적 전개를 위한 출발점이 되었음을 확인할 수 있다. 19세기 말이면 수학적 방법으로

---

340) Webster Low, "On the Velocity of Sound in Air, Gases, and Vapours for Pure Notes of Different Pitch", *Phil. Mag.* 38(1894), 251쪽.

341) L. R. Wilberforce, "On the Vibrations of a Loaded Spiral Spring", *Phil. Mag.* 38(1894), 390쪽.

342) J. D. Everett, "On Resultant Tones", *Phil. Mag.* 41(1896), 199쪽.

343) C. Chree, "Longitudinal Vibrations in Solid and Hollow Cylinders", *Phil. Mag.* 47(1899), 333-334쪽.

344) C. A. B. Garrett, "On the Lateral Vibration of Bars", *Phil. Mag.* 8(1904), 581쪽.

345) Mary Taylor, "On the Emission of Sound by a Source on the Axis of a Cylindrical Tube", *Phil. Mag.* 24(1912), 655쪽.

음향학을 연구하는 이들에게 『음향 이론』은 참조해야 할 권위적 저술
로서의 확고한 지위를 획득한 것으로 보인다. 이 시기에 많은 수리 음
향학 연구자들은 『음향 이론』에서 새로운 연구할 문제, 문제 풀이 방
법, 문제 풀이에 필요한 정보 등을 얻을 수 있었고 레일리의 책 이외
에는 이러한 역할을 할 수 있었던 책이 없었던 점을 감안할 때, 19세
기 말과 20세기 초 수리 음향학의 전개에 레일리의 책은 중심적 역할
을 감당했다고 평가할 수 있다.

　이 모든 것을 두고 종합적으로 판단할 때, 레일리는 『음향 이론』을
통해서 음향학이라는 분야에 새로운 성격을 불어넣었다. 그것은 레일
리가 해석학적 방법을 통해서 여러 음향학적 현상들을 풀어냈고 이
과정에서 여러 현상들의 연결에 대한 통찰력을 얻어냈고 이론적 논
의의 순서를 따라 음향학의 체계를 구축하기 위한 기틀을 마련하였
기에 미해결의 많은 문제들이 노출되게 되었고 이 문제들도 동일한
방법으로 해결하려는 시도들을 불러냈기 때문이다. 또한 이런 과정에
서 이 책이 통합된 음향학의 이미지를 창출시켰다는 점을 지적할 수
있다. 『음향 이론』은 음향학적 현상들을 광범위하게 수학적으로 취급
하면서 실험적 연구 성과들까지 이와 관련하여 제시함으로써 전례 없
이 수학적 분석과 실험적 연구의 제시가 함께 어우러진 책이 되었다.
레일리 이전에 음향학의 주제를 포괄적으로 다룬 책들은 여럿 있었지
만 대부분이 경험적 및 실험적 연구에 대한 논의가 주종을 이루는 것
이었다. 1802년에 출판된 클라드니의 『음향학』(*Die Akustik*), 1836년
에 출간된 파이어스(Benjamin Peirce)의 『음향 기초론』(*A Elementary
Treatise on Sound*),[346] 1862년에 출간된 헬름홀츠의 『음의 감각』,

---

346) Benjamin Peirce, *An Elementary Treatise on Sound*(Boston: James
　　Munroe, 1836).

184

1867년에 출간된 틴들의 『소리에 관하여』 등은 모두 포괄적으로 음향
학의 주제를 다룬 텍스트들이었다. 그러나 이것들은 기본적으로 경험
적 논의가 중심이었다. 이것들은 모두 수학적인 논의를 되도록 본문에
서 배제한 채 실험적이고 개념적으로만 음향학을 취급하였다.

그렇다고 해서 이전에 음향학적 주제에 관한 수학적 연구가 없었던
것은 아니었다. 17세기로부터 19세기에 걸쳐서 뉴턴, 달랑베르, 오일
러, 라그랑주, 다니엘 베르누이, 푸아송, 제르맹 등이 이미 여러 가지
진동체에 대한 수학적 기술을 시도하였고 이미 상당한 수준에 도달하
였다. 그럼에도 불구하고 대부분의 19세기의 주요한 음향학 저술에
서는 이들에 의해 전개되었던 수학적 취급들이 빠져 있었다. 예외적인
저술 중에는 1870년에 나온 돈킨의 유작 『음향학』이 있었다. 돈킨은
진동에 관한 기본적인 사실로부터 체계적으로 진동에 관한 그동안의
연구 상황들을 정리해 나가려 했다. 그의 책에서는 현과 막대의 진동
에 대한 탐구가 더 기초적인 정리들과 함께 제시되었다. 출판된『음향
학』은 당초에 계획했던 전체 중 이론적 부분의 1부였다.[347] 이론적
부분의 2부는 펼쳐진 막과 판의 진동, 탄성체의 입자의 운동, 소리에
대한 수학적 이론에 대한 탐구를 포함할 예정이었다. 그리고 세 번째
부분은 실제적 부분으로 음악의 이론(theory)과 실천(practice)을 다
룰 예정이었다.[348] 그러나 사실은 3부도 다분히 수학적인 내용이 주
종을 이루었을 것이다. 음악 이론이 비록 실제적이라고는 하나 실험
음향학의 전통과는 거리가 멀었기 때문에 돈킨의 책에서 실험적 연구
에 관한 내용들은 레일리의 책에서만큼 비중 있게 다루어지지 않았을
것이다.

347) W. F. Donkin, *Acoustics*(London: Macmillan and Co., 1870), v쪽.
348) 같은 책, vi쪽.

이런 점에서 헬름홀츠의 『음의 감각』과 레일리의 『음향 이론』의 성격은 특수하다. 헬름홀츠와 레일리는 실험 음향학에 직접 종사하였고 이 분야에서의 연구 성과에 대해서 잘 알고 있었을 뿐만 아니라 이러한 음향학적 문제에 대한 수학적 취급에 대해서도 관심이 있었고 그 것을 이해하고 거기에 새로운 요소를 첨가할 수 있는 능력을 갖추고 있었다. 그리하여 이들은 음향학에 관련된 수학적 연구를 수행하였고 이를 수차례 여러 학술지에 발표하였다. 이러한 이들의 연구의 성격은 그들의 저술에서도 드러났다.

그러나 헬름홀츠의 『음의 감각』은 실험적 연구의 서술과 수학적 이론의 전개가 균형 있게 이루어지지 않았다. 헬름홀츠는 실험 음향학적 전통을 따라 수학적 기술은 배제한 개념적 기술로서 『음의 감각』의 본문을 구성하였다. 헬름홀츠의 『음의 감각』은 생리 음향학, 물리 음향학, 음악학, 미학에 걸친 주제를 다루고 있었고 특히 음악가와 생리학자들을 주 독자로 삼아 책을 썼기 때문에 수학적 취급이 본격적으로 제시될 수는 없었다.[349] 그들에게 있어서 수학은 낯선 언어였기에 그는 수학을 책의 전면에서 내놓고 사용할 수는 없었다. 이로써 이 책은 음의 현상에 대하여 기본적으로 물리학적 접근을 쓰고 있으면서도 수학적 표현은 모두 부록으로 돌릴 수밖에 없었다.[350]

뿐만 아니라 헬름홀츠가 『음의 감각』의 부록에 실은 음향학에 관련한 수학적 논의는 성격 면에서 레일리의 책과는 판이하게 달랐다. 헬름홀츠가 부록에 수록한 내용들은 자신이 발표하였던 음향학 관련 논문들을 그대로 게재해 놓은 형태였다. 부록 1에서 19까지의 내용들은

---

349) Helmholtz, *On the Sensations of Tone as a Physiological Basis for the Theory of Music*, trans. A. J. Ellis(New York: Dover, 1954), 1쪽.
350) 같은 책, 371-418쪽.

대부분이 수학적 논의를 담고 있었고 미분 방정식을 이용한 진동계의 분석이 주종을 이루고 있었지만 다루고 있는 내용은 매우 한정된 주제에 국한되었다.[351] 그러므로 헬름홀츠에게 있어서는 음향학에 관련한 수학적 논의의 체계를 잡으려는 의도도 없었고 선행 연구자들의 수학적 연구 성과들을 총망라하려는 의도도 없었다. 그는 단순히 본문에 게재하지 못한 자신의 독창적인 이론적 연구 성과들을 부록에서 다룬 것뿐이었다. 그러므로 헬름홀츠의 책은 『음향 이론』처럼 음향학을 견고한 수학적 기초 위에 세우려는 의도와는 거리가 멀었다.

그렇기 때문에 레일리의 『음향 이론』은 전례 없는 새로운 성격의 음향학 책이었다. 레일리는 헬름홀츠처럼 자신의 독자층을 수학의 비전문가들로 상정하지 않고 수학을 이해할 수 있는 학생과 연구자들을 위하여 음향학과 관련된 수학적 연구들을 체계적으로 정리했고 그것을 소리에 관한 실험 연구 성과와 연관시켰다. 레일리는 이전의 수학자들이 음속의 이론적 유도나 여러 가지 현이나 판의 진동 및 기주의 진동 등에 관하여 수학적 연구를 수행한 것을, 자신의 보편적인 파동론에 대한 접근의 틀을 기본으로 하여 자신의 연구 결과와 결합하여 체계적으로 정리하였다. 이로써 레일리의 『음향 이론』은 전문적인 수학자의 관점에서 음향학적 제반 현상을 제대로 취급한 최초의 저술이 되었다. 헬름홀츠가 수학에 익숙하지 않은 독자를 감안하여 수학적 표현을 자제하고 수학적 논의들을 모두 부록으로 돌렸던 것과는 달리 레일리는 수학적인 기술을 책 내용의 중심으로 삼았다. 게다가 그는 이러한 수학적 논의를 실험적 연구 성과와 연결시키려고 애를 썼다. 그의 실험 음향학 연구에 대한 지식은 수학적 논의에 대한 지식만큼 깊이가 있었다. 그것은 자신이 수학적 연구뿐 아니라 실험적 연구에서

---

351) 같은 책, 372-430쪽.

도 계속 창의적 연구 성과를 내놓고 있었기 때문이었다. 레일리는 많은 실험적 발견들을 근원적인 역학적 원리 속에서 설명하기를 시도했다. 실제로 음향학 연구자들이 실험적 연구이건 수학적 연구이건 모두 『음향 이론』을 참조하게 되었다는 것은 이들이 이제 동일한 연구 분야에 종사하고 있다는 인식을 널리 퍼뜨리게 된 것을 의미한다. 레일리의 책은 새로운 수학적 기법을 음향학 연구에 끌어들였고 이후의 연구를 위한 토대를 제공하였다. 이론적 논의를 통해서 실험 연구를 자극했고 실험적 발견과 그에 대한 이론적 설명을 통해서 이론 연구자들에게 연구 방향을 제시해 주었다.

  『음향 이론』의 영향력이 음향학에서 지대했지만 이 책이 물리학 전반에 끼친 영향력 또한 간과될 수 없다. 지금까지 『음향 이론』에 대한 역사적 연구가 음향학자들에 의해 주로 이루어졌기 때문에 이 책의 음향학적 가치와 기여가 주로 평가받아 왔다. 그러나 이 책은 단순히 음향학적 주제에만 국한된 저술이 아니라 보다 폭넓은 진동 현상에 대한 일반적인 논의를 포괄함으로써 더 넓은 의미에서 물리학 전반에 중요한 영향을 미쳤다. 이것은 『음향 이론』이 음향학자들 이외의 연구자들에게도 중요한 텍스트로서 오랫동안 쓰였다는 것에서 선명하게 드러난다. 이 점에 대해서 베이어는 "그의 책에서 레일리는 수학을 사용했을 뿐 아니라 그것을 창조했으며 많은 그의 유도와 전개가 나중에 물리학의 다른 분야들에서 사용되었다."고 적고 있다.[352]

  1926년에 『음향 이론』의 재판이 재인쇄되었을 때 이것은 음향학계의 수요에만 부응한 것이 아니었다. 미국 음향학회(The Acoustical Society of America)의 초대 회장이 된 벨 전화 연구소(Bell Telephone Laboratories)의 플레처(Harvey Fletcher)는 1928년에 쓴 이 책에 대한

---

352) Beyer, 앞의 책, 91쪽.

서평에서 당시에 레일리의 저술이 전기 진동의 전달에 관심이 있는 연구자들, 특히 전화 기술자들에게 요긴하게 쓰이고 있다고 지적했다.[353] 이는 『음향 이론』이 제목과는 달리 귀로 감지할 수 있는 소리에만 논의를 국한시키지 않고 진동 현상이라는 보다 포괄적인 현상들을 취급하였기 때문이었다. 레일리의 일반론에 대한 관심은 재판에서도 더욱 확장되어 나타났다. 1894년의 개정판에서는 '전기 진동'(10B장)과 '모세관 현상'(20장), '소용돌이와 민감 분출물'(21장)에 대한 새로운 장으로 추가되어 음향학적 진동을 표현하기 위해 만들어진 방정식과 개념들이 전기적 전달이나 물결파, 소용돌이나 분출물 등의 다양한 문제들에 적용되었다.[354] 그러므로 레일리의 『음향 이론』은 진동론 혹은 파동론을 구축함에 있어서 가시적이고 쉽게 접할 수 있는 실제적인 예로서 음향학적 진동을 채택하였다고도 볼 수 있는 것이다. 이것은 레일리가 평생 음향학 외에도 광학, 전자기학, 열역학, 기체 운동론 등 다양한 분야에 걸쳐 연구를 수행하였지만 『음향 이론』 외에는 다른 책을 쓰지는 않은 것과 연관성을 갖는다. 레일리의 연구의 상당 부분을 이 한 권의 책이 포괄해 줄 수 있었기 때문일 것이다.

이 책의 영향력이 두드러지게 드러난 구체적인 분야로는 탄성학을 들 수 있다. 레일리가 다양한 발음체의 운동을 광범위하고 철저하게 수학적으로 취급한 것은 음향학의 경계를 뛰어넘어 고체 탄성체의 진동에 대한 다양한 이후 논의의 기초가 되었다. 이러한 사실을 잘 보여주는 것은 20세기의 탄성 이론의 기초를 이루었던 러브(A. E. H. Love)의 저작 『수학적 탄성 이론 논고』(*A Treatise on the Mathematical Theory*

---

353) Harvey Fletcher, "Book Review of The Theory of Sound by Lord Rayleigh", *Proceedings of the Institute of Radio Engineers* 16(1928), 181-191쪽.

354) Rayleigh, 앞의 책, 1권, 433-474쪽; 2권, 343-431쪽.

of Elasticity)이다. 여기에서 『음향 이론』은 러브의 다양한 주제에 관한 논의의 출발점이 되었음을 확인할 수 있다. 러브는 여러 곳에서 레일리의 영향력을 드러내고 있는데 그중에는 레일리의 저서뿐 아니라 여기에 포함되지 않은 레일리의 연구 논문들이 대거 인용되었다. 막대, 원형판, 원통, 휘어진 판 등의 다양한 형태의 진동에 대한 레일리의 수학적 논의는 러브의 책에서 핵심적 기초 이론으로 취급되었다.[355] 러브가 채용하고 있는 수학적 방법의 상당 부분이 레일리의 방법으로부터 지대한 영향을 받았음은 말할 나위도 없다.

이 책에서 비롯된 개념들이 이후 물리학에 중요한 영향을 미친 점들은 그런 점에서 우연이 아니다. 레일리가 『음향 이론』에서 다룬 내용은 일반적인 역학적 현상들과 긴밀하게 맞물려 있었고 레일리 자신이 항상 일반적인 문제를 염두에 두고 논의를 전개하였기 때문에 그만큼 다른 문제로의 적용이 쉽게 이루어질 수 있었을 것이다. 그는 일반론에서 시작해서 구체적인 현상에 이르기까지 진동에 관한 다양한 주제들을 취급하였고 여기에 수력학적 지식을 광범위하게 사용하기도 했다. 그가 개발하여 양자 역학에까지 사용될 소위 '레일리-리츠 (Ritz) 방법'을 이 책이 다루었고[356] 그의 표면파 이론이 20세기 지진 학자들에게 매우 요긴하게 사용된 점,[357] 그리고 그의 책에서 처음 등장한 상태 밀도(state density) 개념이 이후 고체 물리학의 핵심적

355) A. E. H. Love, A Treatise on the Mathematical Theory of Elasticity, 4th ed. (New York: Dover Publications, 1944), 29-30, 289-292, 328, 427-430, 440-441, 489, 496, 501쪽.

356) Beyer, 앞의 책, 166쪽.

357) Rayleigh, "On Waves Propagated along the Plane Surface of an Elastic Solid", Proc. Lond. Math. Soc. 17(1885), 4-11쪽: Scientific Papers, #130, 441-447쪽.

개념이 된 점 등은 음향학 이외의 연구 분야에서『음향 이론』이 끼친 중요한 영향력을 단적으로 보여준다고 할 수 있다.[358] 그러므로 레일리의『음향 이론』은 음향학을 넘어서 관련 분야에까지 지대한 영향을 미친 저술이라고 말할 수 있다.

요컨대 이 장에서 살펴본 대로 레일리의 저술『음향 이론』은 몇 가지 두드러진 특성을 가진 저술이었다. 우선적으로『음향 이론』은 소리에 관련된 수학적 논의들을 체계적으로 정리하는 것을 일차적인 목표로 하였다. 이를 위해서 레일리는 그동안 이루어진 이론적 성과들을 광범위하게 수집하여 정리하였다. 이러한 자료의 수집과 정리 작업에서 레일리는 자신의 체계를 세워서 자신의 방법으로 문제들을 다시 풀어놓았다. 이것은 이 분야에 대해서 정통해 있어야만 할 수 있는 작업이었고 그 가운데서 레일리의 독창성이 한껏 발휘되었다.

그렇다고 해서 이 책에 경험적 및 실험적 논의가 빠져 있었던 것은 아니었다. 레일리는 경험적 음향학 연구들도 광범위하게 자료를 수집하여 정리하려는 의도를 가지고 있었다. 그리하여 레일리는 이론적 논의가 전개되는 사이사이에 관련된 실험적 논의들을 끼워 넣었다. 이 과정에서 레일리는 이론과 실험을 긴밀히 연결시키려는 의도를 가지고 이론적 논의를 입증해 줄 수 있는 실험적 발견들을 제시하려고 애를 썼다. 그렇지만 모든 문제들에서 이론적 논의를 실험적 연구와 연결시킬 수 있는 것은 아니었다. 그런 경우에 레일리는 실험적 논의 없이 이론적 전개만을 제시하기도 하고 이론적 전개와는 별로 관계가 없는 실험적 사실들을 끼워 넣기도 했다.

이러한 선행 연구들의 정리 작업이 이 책의 중요한 요소인 것은 사실이지만 그 가운데 레일리의 독창적인 연구 성과의 반영 또한 무시할

---

358) Beyer, 앞의 책, 167-168쪽. Rayleigh, 앞의 책, 2권, 69-70쪽.

수 없는 이 책의 중요한 특성이다. 레일리 자신이 이론 및 실험적 연구자로서 소리에 관한 많은 연구를 수행하였고 그 성과들이 이 책에 상당 부분 반영되었다. 4장과 5장에서 진동에 대한 일반적인 취급에서 레일리의 독창성이 두드러지며 14장에서 17장까지 소리 전달에 관한 다양한 이론적 논의에서도 레일리의 독창적인 연구 성과들이 많이 반영되었다. 이런 점에서 이 책은 레일리의 독창적인 연구들을 포함하여 당시까지의 소리에 관한 모든 연구들을 포괄하는 저술로 평가될 수 있다.

또한 이 책의 두드러지는 특징은 진동 일반론에 대한 큰 관심을 들 수 있다. 레일리는 음향학적 책을 쓰면서 더 폭넓은 진동 및 파동에 관한 일반적인 논의를 연결시켜서 논의를 전개함으로써 이 책의 용도를 더욱 확대시키려는 의도를 가지고 있었다. 이 책은 일반적인 진동으로부터 음향학적 진동이라는 특수한 진동으로 논의를 옮겨가지만 음향학적 논의 중간 중간에 다양한 물리학의 분야들인 수력학, 광학, 천체 물리학, 전자기학 등에서의 진동이나 파동에 관련된 논의까지 고려함으로써 일반적인 논의와 음향학적 논의를 연계시키려 하였다. 이러한 경향은 특히 미분 방정식을 논의 전개의 핵심으로 삼음으로써 더욱 강화되었다. 동일한 미분 방정식을 사용하여 풀릴 수 있는 계 (system)들이 여러 주제에 널려 있기 때문에 이들은 동일한 풀이법에 의해 서로 연결될 수 있었다. 또한 동일한 미분 방정식을 사용함으로써 이전에 알지 못했던 음향학적 현상들 사이에 새로운 연관성이 밝혀지고 이로써 산만했던 실험 음향학적 지식들이 수학적 체계 속에서 일관되게 정리되는 모습을 보여주었다.

『음향 이론』은 실험과 이론의 두 연구 분야의 전통을 모두 반영하는 저술로서 양 분야의 탁월한 연구자인 레일리의 통찰력에 의거하여 엮어졌기 때문에 이후에 음향학 연구자들의 고전이 되었고 이로써 이 책을 사용하는 이들에게 실험적 연구와 수학적 연구가 어우러진 분야로서 음향학의 새로운 이미지를 심어주어 음향학이 물리학의 한 분야로서의 위상을 얻게 되는 데 중요한 역할을 하였다.

✢ 6 ✢
레일리의 이론 음향학 연구의 성격

레일리는 1866년에 과학계에 입문한 이후 1919년에 사망하기까지 50년 남짓한 기간 동안 정력적으로 과학 연구에 종사하였다. 레일리는 그 가운데 『음향 이론』뿐 아니라 다양한 논문들에서 음향학에 관련한 많은 수학적 이론들을 전개하였다. 그의 전체 음향학 논문 중에서 대략 3분의 2가 이론 음향학 논문에 해당할 정도로 레일리의 이론 음향학 연구는 레일리의 음향학 연구에 있어서 비중이 크다. 그의 이론적 연구는 그의 연구 경력 내내 독특한 성격과 꾸준한 생산성을 유지했다. 이 장에서는 『음향 이론』과 그의 논문들에 나타난 레일리의 이론적 음향학 연구의 특성의 기원과 본성 및 실험 연구와의 관련성에 주목해 보고자 한다.

1) 케임브리지 수학적 전통

이러한 레일리의 이론 음향학 연구의 특성은 레일리가 교육받은 케임브리지 대학의 수학적 전통과 긴밀하게 연결되어 있었다. 케임브리지 대학에서의 훈련은 그의 이론 음향학 연구 방법과 스타일에 지대한 영향을 미쳤다. 그러므로 레일리의 이론 음향학 연구의 성격을 이해하기 위해 레일리가 케임브리지에서 받은 훈련에 대해 좀 더 자세히 살필 필요가 있다.

케임브리지는 빅토리아시대의 영국에서 수학과 수리 물리학 연구의 중심지였다. 이러한 전통의 형성에 수학 우등졸업시험(Mathematical Tripos)이 중요한 역할을 했다. 해마다 치러졌던 수학 우등졸업시험은 교양을 갖춘 엘리트를 키워내려는 목적에서 시행되었다. 당시 케임브리지에서 수학은 모든 교양의 기초였으며 정량화는 빅토리아시대의 가치였기 때문이다. 이 시험에서 수위(首位)를 차지하는 것은 상당한 지적 성취의 표시였다. 가장 우수한 점수를 받은 응시자들은 랭글러(wrangler)라고 불렸다.[359] 랭글러가 되려고 하는 이들의 준비 과정은 상당한 부담감을 주는 것이었는데 앞서 2장에서 언급하였듯이 그들의 지도는 대학의 교수나 강사에 의해 이루어지지 않고 소수의 개인 지도 강사, 즉 코치(coach)들에 의해 이루어졌다. 이러한 코칭 시스템은 케임브리지만의 독특한 것이었는데 이를 통해 19세기 내내 케임브리지는 켈빈 경(윌리엄 톰슨), 맥스웰, 스토크스, 테이트, J. J. 톰슨과 같은 걸출한 일류 물리학자들을 꾸준히 배출할 수 있었다. 이들은 수학 우등졸업시험을 통해서 뛰어난 수학적 능력을 인정받았고, 졸

---

359) 1725년경부터 시작된 수학 우등졸업시험의 역사에 대해서는 W. W. Rouse Ball, *A History of the Study of Mathematics at Cambridge* (Cambridge: Cambridge University Press, 1889), 10장에서 자세히 다루고 있다.

194

업 이후 이들은 물리학의 여러 분야에서 탁월한 수학적 능력을 바탕
으로 중요한 성과들을 이룩함으로써 일류 물리학자들로 인정을 받았
다. 수학 우등졸업시험은 케임브리지의 수학적 전통에 있어 핵심적인
위치를 점유하고 있었으며 영국 수리 물리학의 발전에 실질적으로 중
요한 공헌을 했다.[360] 한편 자연과학 우등졸업시험(Natural Sciences
Tripos)이 1851년부터 실시되었지만 이 시험은 레일리가 케임브리지
를 졸업하던 1860년대 중반까지는 수학 우등졸업시험만큼 물리학자의
배출 코스로서 정립되지 않았다. 자연과학 우등졸업시험은 1873년에
물리학 선택이 생겨나면서부터 물리학자들을 키워내기 시작했지만
1870년대까지는 수학 우등졸업시험이 거의 배타적으로 물리학자들을
이론 중심으로 훈련시키는 코스가 되었다.[361]

레일리는 케임브리지 재학 시절이었던 1860년대 전반에 자연과학
우등졸업시험을 별로 의식하지 않고 수학 우등졸업시험 대비에만 전
념하였다. 그러므로 레일리가 대학 시절에 주로 훈련받은 것은 실험적

---

360) 케임브리지 수학적 전통에 있어서 수학 우등졸업시험의 역할에 대한 깊이
있는 탐구로는 Andrew Warwick의 연구들이 있다. A. Warwick, "Cam-
bridge Mathematics and Cavendish Physics: Cunningham, Campbell and
Einstein's Relativity 1905 – 1911, Part Ⅰ: The Uses of Theory", *Studies
of History and Philosophy of Science* 23(1992), 625 – 656쪽: "Cambridge
Mathematics and Cavendish Physics: Cunningham, Campbell and
Einstein's Relativity 1905 – 1911, Part Ⅱ: Comparing Traditions in
Cambridge Physics", *Studies of History and Philosophy of Science*
24(1993), 1 – 25쪽: *Masters of Theory: Cambridge and the Rise of
Mathematical Physics*(Chicago: University of Chicago Press, 2003).

361) 1876년에 Maxwell은 캐번디시 연구소에서 실험 물리학 강의를 시작했지
만 시범 실험이 행해졌고 본격적으로 학생들이 실험을 하기 시작한 것은
1879년 여름부터였다. David B. Wilson, "Experimentalists among the
Mathematicians: Physics in the Cambridge Natural Sciences Tripos,
1851 – 1900", *Historical Studies of Physical Sciences* 12(1982), 343쪽.

능력보다는 수학적 능력이었다.

레일리의 음향학에 있어서의 이론적 작업은 그가 케임브리지에서 받은 훈련에 긴밀하게 연결되어 있었다. 그의 대부분의 이론적 연구는 케임브리지 수학 우등졸업시험을 대비해 받은 훈련을 통해 습득한 방법론을 따랐다. 그가 수학 우등졸업시험의 수석 합격자인 시니어 랭글러(Senior Wrangler)였다는 것은 그가 철저한 수학 우등졸업시험 대비자였음을 입증한다. 레일리는 가장 뛰어난 개인 지도 강사 중 하나였던 라우스에게서 훈련받았다.[362] 라우스는 전형적인 케임브리지 수학 코치의 방법을 따라 학생들을 가르쳤다. 그는 일주일에 세 번씩 비슷한 수준의 8 내지 10명의 학생들을 문답식으로 교육하였고 과제는 그날 강의 주제와 관련하여 매우 어려운 예제 8, 9개를 부과하였으며 주 단위로 연습용 문제지를 모든 학생들에게 동일하게 배부하였다. 이러한 교수법의 효율성은 개인적인 상호 교류에서 비롯되었다.[363] 이러한 방법은 학생들이 수학 우등졸업시험에서 고득점하게 만들었을 뿐 아니라 케임브리지에서 교육받은 가장 유능한 학생들이 유사한 수학적 기술을 습득하도록 하였다. 이러한 작은 그룹의 개인 지도 강사들에 의해 유사한 수학적 풀이법이 연속적으로 여러 세대의 랭글러들에게 전수되었고 19세기 후반에 케임브리지의 랭글러들로 이루어진 독특한 수리 물리학의 연구 전통을 형성시켰다. 워릭(Andrew Warwick)은 이러한 교수법의 사용이 "케임브리지의 랭글러들에 의해 사용된

362) 라우스는 1888년에 은퇴하기까지 600 내지 700명의 학생을 훈련시켰고 그들 중 대부분이 랭글러가 되었으며 그중에 27명이 시니어 랭글러가 되었다. 라우스와 또 다른 대표적인 수학 코치인 윌리엄 홉킨스(William Hopkins) 밑에서 19세기 후반에서 20세기 초의 케임브리지 수리물리학의 대표자들이 대부분 훈련받았다. W. W. Rouse Ball, "The Cambridge School of Mathematics", *The Mathematical Gazette* 6(1912), 311-323쪽.

363) Warwick, 앞의 글(1992), 636쪽.

이론적 기술(theoretical technology)의 유지(retention)와 전달을 위한 극히 보수적인 기술적 토대(skill-base)를 제공했다"고 평가했다.[364] 학생들은 고등 수학과 물리학을 동시에 배웠고 그들에게는 순수 수학과 응용 수학이라는 현대적인 구분이 별로 의미가 없었다.

레일리가 라우스에게서 전수받은 수학적 방법이 어떤 것이었는가를 알기 위해서는 19세기 초에 일어난 케임브리지의 커리큘럼의 개혁을 살펴보아야 한다. 19세기 초까지 케임브리지에서 가르친 수학은 에우클레이데스의 기하학, 기하광학, 뉴턴의 유율(fluxion), 역학과 천문학이 중심이었다. 이것은 유럽 대륙에서 한참 전개되고 있었던 해석학적 추구와는 거리가 먼 것이었다. 이러한 점을 인식하고 케임브리지 대학에서 선구적으로 새로운 수학을 도입을 추진한 이들은 1811년에 결성된 해석학회(Analytical Society)의 창립 멤버들이었다. 이들은 당시 학생이었던 배비지(Charles Babbage), 허셜(John Herschel), 피콕(George Peacock)이었다. 이들이 대륙의 수학을 수입하려는 노력은 대학 당국에게는 혁명 사상을 도입하려는 불순 정치 세력의 활동으로 비쳐졌다.[365] 이들은 졸업 후에 주도적으로 케임브리지의 커리큘럼의 개선에 개입하였다. 특히 1817년에 정규 커리큘럼에 대륙의 새로운 수학이 도입되는 데는 피콕의 기여가 결정적이었다. 피콕은 라그랑주의 방법을 적극적으로 도입하고자 했지만 반대에 부딪혀 그것을 제한적으로만 도입할 수밖에 없었다.[366] 그래도 1820년대에 새롭게 형성된 케임

---

364) 같은 글, 636쪽.

365) 이러한 해석학회의 정치성에 대한 심층적 논의는 Harvey W. Becher, "Radicals, Whigs and Conservatives: the Middle and Lower Classes in the Analytical Revolution at Cambridge in the Age of Aristocracy", *British Journal of History of Science* 28(1993), 405-426쪽을 보라.

366) 19세기 초 유럽 대륙의 해석학에서 라그랑주의 역할과 중요성에 대해

브리지의 수학 교육에서 라그랑주의 새로운 방법들이 중요한 자리를 차지하게 되었다는 점은 19세기 케임브리지의 수학 전통의 형성에서 매우 중요했다.[367]

레일리가 훈련받았던 1860년대의 케임브리지에서 해석적 방법의 교육은 수학 교육의 중심에 있었다. 이 시기에 수학 우등졸업시험을 대비해 훈련받은 물리학자들은 해석 동역학을 이론의 전개에서 가장 중요한 도구로 생각했다.[368] 그것은 문제를 해결하기 위해서 문제를 세분화하고 세분화된 각 부분에 대하여 미분 방정식을 세우고 그 미분 방정식을 풀어서 현상을 정확하게 기술, 설명해 나가는 방식이었다. 이 과정에서 또 하나의 중요한 요소는 에너지 보존의 원리의 고려가 미분 방정식을 찾아내는 데 있어서 핵심적인 역할을 한다는 점이었다. 이러한 방법의 형성 과정에서 특히 라그랑주에게서 받은 영향이 컸다고 할 수 있는데 라그랑주의 방정식을 특수한 계에 대해서 적용하기 위해서는 일반화 좌표를 먼저 도입하고 여기에 외계와 격리된 상황에서 운동 에너지와 퍼텐셜 에너지의 합이 보존된다는 것을 출발점으로 삼아야 했다.

레일리가 이러한 방법을 음향학적 문제에 적용하는 데에 있어서는 톰슨과 테이트의 『자연철학 논고』로부터 받은 영향이 컸다. 『자연철학 논고』는 톰슨과 테이트가 각각 몸담고 있던 글래스고와 에든버러 대학에서 자연철학 교재가 적당하지 않자 공동으로 교재를 저술하기로 약속하고 1861년 말부터 공조를 시작하여 6년 만에 출간한 책이었다. 이 책은 당초의 기본적인 교과서의 수준을 뛰어넘어 물리학을 수학적

서는 René Dugas, *A History of Mechanics*(New York: Dover Pub., 1988), Part III, 332-349쪽을 보라.

367) Becher, 앞의 글, 418쪽.

368) A. Warwick, 앞의 글(1993), 7쪽.

방법으로 다룬 매우 창의적인 저술이 되었다. 에너지에 기반을 둔 동역학의 새로운 모델로서 『자연철학 논고』는 스토크스, 맥스웰, 톰슨, 테이트가 함께 공유하였던 빅토리아 시대의 수학의 스타일을 반영하는 것이었다. 케임브리지의 수학자들은 프랑스의 수학자들의 방법을 적극적으로 채택하여 움직이는 대상의 기하학으로서 운동학(kinematics)을 중시하였다.[369] 이러한 개념을 공유한 톰슨과 테이트는 『자연철학 논고』에서 운동학을 매우 중요하게 취급하여 상당한 분량을 할당하였으며, 이는 뒷부분에서 동력학(dynamics)을 논의하는 기초가 되었다. 동력학에 있어서는 힘보다 오히려 에너지를 근본적인 물리적 실재(entity)로 간주한 톰슨과 테이트는 에너지 보존 법칙을 근간으로 하여서 여러 가지 역학적 현상들을 취급하는 데 집중했다. 그런 점에서 테이트는 이 책이 힘의 개념에 근간을 둔 『프린키피아』를 대체할 저작으로 기대하였다.[370]

이러한 경향은 톰슨과 테이트가 라그랑주가 제시한 방법을 전적으로 채택한 것과 깊은 관련을 갖는다. '에너지 보존의 법칙'에 입각한 라그랑주의 공식이란 달랑베르의 원리와 가상 속도(virtual velocities)의 원리를 일반화하여 만들어진 것으로 톰슨과 테이트는 그것들을 가장 중심적인 동역학의 원리로 이해하였다.[371] 톰슨과 테이트는 라그랑주의 방법을 그대로 채택하였고 이것을 사용해서 역학적 현상뿐 아니라 열, 빛, 전기, 자기, 전기역학을 모두 동역학적 이론에 종속시키는 것을 물리학의 목표로 삼았다. 또한 이들은 일-에너지 정리를 뉴

---

369) Crosbie Smith and M. Norton Wise, *Energy and Empire: A Biographical Study of Lord Kelvin*(Cambridge: Cambridge University Press, 1989), 360-372쪽.

370) 같은 책, 372-373쪽.

371) 같은 책, 373-374쪽.

턴의 제3 법칙에 포함되는 것으로 이해했다. 즉 이들은 제3 법칙을 둘 또는 그 이상의 물체들 사이에 상호 작용에 필요한 에너지의 전환을 표현하는 것으로 이해하였다. 그러므로 힘의 작용은 에너지의 전환이 었고, 이로써 에너지는 질량처럼 근본적인 실재가 되었고 힘은 파생적 인 것이 되었다.[372]

레일리는 기본적으로 이들과 동일한 방법을 자신의 음향학 이론 전 개에서 채택하였다. 이 책의 방법을 따라서 레일리는 『음향 이론』에서 진동계의 운동 에너지와 퍼텐셜 에너지를 표현하는 식을 찾아낸 후 에너지 보존 법칙에 근간을 둔 라그랑주의 방법을 사용해서 미분 방 정식을 작성하고 그것의 해를 구해 냄으로써 진동계를 수학적으로 기 술해 내는 방법을 구사했다. 그는 일반화 좌표계를 통해서 일반적인 진동계에 대한 기술에 이 방법을 사용했을 뿐 아니라 현, 막대, 박막, 판, 기주, 상자 속의 공기 등 다양한 진동계의 운동을 구체적으로 기 술하는 데 이 방법을 계속해서 사용하였다. 이러한 케임브리지 수학자 (Cambridge mathematician)의 독특한 방법을 구사하여 레일리는 성 공적으로 여러 문제들을 풀어갈 수 있었다.

레일리가 이론적 문제들을 어떻게 풀어갔는가를 잘 보여주는 한 가 지 구체적인 예는 『음향 이론』에 등장하는 막대의 횡진동에 대한 논 의이다. 레일리는 몇 가지 방법을 써서 막대가 횡으로 진동할 때, 곡 률의 제곱에 비례하는 단위 길이당 휘어짐 퍼텐셜 에너지를 기반으로 하여 물질의 특성 및 관성 모멘트까지 고려한 퍼텐셜 에너지 식

$$V = \frac{1}{2} \int B \left(\frac{d^2 y}{dx^2} \right)^2 dx \qquad (6-1)$$

---

372) 같은 책, 382쪽.

200

을 얻어냈다.[373] 이때 움직이는 막대의 운동 에너지는 막대의 한 요소가 막대에 수직인 y 방향에 평행하게 움직이는 병진 운동 에너지와, 같은 요소가 막대의 진동면에 수직하고 관성의 중심을 통과하는 축 주위를 회전하는 회전 운동 에너지로 이루어졌으므로 운동 에너지 식은

$$T = \frac{1}{2} \int \rho\omega \, \dot{y}^2 dx + \frac{1}{2} \int \kappa^2 \rho\omega (\frac{d}{dt}\frac{dy}{dx})^2 dx$$

(ρ: 밀도, w: 단면적)　　(6-2)

와 같이 표현되었다.[374] 레일리는 V와 T를 바탕으로 하여 가상 속도 원리를 이용하여 운동의 변분 방정식을 얻어냈고 이로부터 운동 방정식

$$\frac{d^2 y}{dt^2} + b^2 \kappa^2 \frac{d^2 y}{dx^2} - \kappa^2 \frac{d^4 y}{dx^2 dt^2} = 0 \quad (b^2 = \frac{q}{\rho}) \quad\quad (6-3)$$

을 얻어냈다.[375] 이 미분 방정식은 직접 풀기가 매우 어려웠다. 그러므로 레일리는 추가적인 가정을 도입하여 분석을 단순화시키는 방법을 택했다. 그는 막대의 각각의 성분의 각운동(angular motion)에 의

---

373) 여기에서 y는 막대의 축에 수직인 변위를 나타내고 $B = q\kappa^2\omega$인데 q는 영률, κ는 막대의 축을 통과하면서 진동면에 수직을 이루는 선 주위에서의 단면의 회전(gyration)의 반경, ω는 막대의 단면적이다. Rayleigh, *The Theory of Sound*, 1권, 257쪽.

374) 같은 책, 1권, 257쪽.

375) 같은 책, 1권, 256-257쪽.

존하는 항을 무시하여 각 단면의 관성이 모두 그 중심에 집중되어 있
는 것으로 가정하였고 이로써 운동 방정식은 매우 간단해져

202

$$\frac{d^2y}{dt^2} + b^2 \kappa^2 \frac{d^2y}{dx^2} = 0 \qquad (6-4)$$

이 되었다.[376] 이 방정식의 조화 진동을 위한 일반해를 얻는 것은 어렵지 않았다. 레일리는 이렇게 해서 조화 진동식을 얻어서 이것을

$$y = u\cos\left(\frac{\kappa b}{l^2} m^2 t\right) \qquad (6-5)$$

로 놓았다.[377] 그는 이것을 그 앞의 식에 대입하여

$$\frac{d^4u}{dx^4} = \frac{m^4}{l^4} u \qquad (6-6)$$

을 얻어냈다. 여기의 u들은 기본적으로 정규 함수(normal function)로서의 성격을 가지고 있음이 드러났다.[378] 즉 u들은 두 함수 u_m, $u_{m'}$에 대하여 $m \neq m'$이면 $\int u_m u_{m'} dx = 0$이 되는 공액적(conjugated) 특성을 가졌다. 레일리는 이러한 성격을 갖는 정규 함수를 사용해서 일반해를 표현하여

$$y = \Phi_1 u_1 + \Phi_2 u_2 + \Phi_3 u_3 + \dots \qquad (6-7)$$

---

376) 같은 책, 1권, 261쪽.

377) 여기에서 l은 막대의 길이를 의미하고, m은 결정되어야 할 무명수(abstract number)이다.

378) 같은 책, 1권, 261쪽.

를 얻었다. 여기에서 ϕ_s들은 정규 좌표를 의미했다. 그러면 운동 에
너지는

$$T = \frac{1}{2} \rho\omega \int (\phi_1 u_1 + \phi_2 u_2 + \phi_3 u_3 + \dots)^2 dx \quad (6-8)$$

로 표현되었고 여기에서 적분 기호 안의 제곱을 풀면 제곱항만 남게
되어

$$T = \frac{1}{2} \rho\omega \ \{ \dot{\phi}_1^2 \int u_1^2 dx + \dot{\phi}_2^2 \int u_2^2 dx + \dots \} \quad (6-9)$$

를 얻었다.[379] 이와 같이 운동 에너지를 간단한 형태로 표현할 수 있
는 것이 정규 함수를 사용하는 장점이었다. 레일리는 다른 방법을 써
서 정규 함수의 특성에 대한 조사를 수행했다. 이는 선행 연구자들에
의해 다양한 방법이 모색되었기 때문이었다.[380] 이어서 레일리는 같
은 정규 좌표에 의해 퍼텐셜 에너지를 구해 보았다.[381] 레일리는 이
렇게 표현된 운동 에너지와 퍼텐셜 에너지를 써서 운동의 정규 방정
식(normal equation)을 얻어낼 수 있었다. 이어서 레일리는 구체적인
상황인 가격(加擊)으로 유발되는 막대의 운동과 측방향 힘에 의한 굽
어짐으로 유발되는 운동 등에 대한 분석을 수행했다.[382]

그리고 나서 레일리는 식 6-6을 풀어서 쌍곡선 코사인(hyperbolic

---

379) 같은 책, 1권, 262쪽.
380) 같은 책, 1권, 264쪽. 각주 참조.
381) 같은 책, 1권, 267쪽.
382) 같은 책, 1권, 270-271쪽.

cosine)이나 쌍곡선 사인(hyperbolic sine)을 써서 표현된 정규 함수들을 얻어냈고 다양한 경계 조건들을 사용해서 계수들을 정해 주었다. 이로써 레일리는 막대가 그리는 곡선 모양을 얻어냈다. 레일리는 양단이 자유로운 자유-자유 막대, 양쪽이 모두 클램프로 고정된 고정-고정 막대, 한쪽은 고정되고 한쪽은 자유로운 고정-자유 막대 등의 진동 모드를 탐색하였다.[383] 그중에서 자유-고정 막대는 소리굽쇠의 운동을 설명해 줄 수 있는 경우였는데 레일리는 이 경우 진동수가 막대의 길이와 두께에 의존함을 식에서 확인할 수 있었고, 피치를 낮추기 위해서 소리굽쇠를 크게 만들거나 밀랍 같은 것을 소리굽쇠의 가지에 붙이는 방법이나 줄기와 가지가 갈라지는 부분의 금속을 덜어내서 스프링을 약하게 만들어야 한다는 것도 역시 식으로 설명할 수 있었다. 반대로 진동수를 높이기 위해서는 소리굽쇠를 작게 만들거나 가지의 말단 부분, 즉 관성의 역할을 담당하는 부분의 철을 덜어내야 하는 것도 역시 식으로 이해될 수 있었다.[384] 레일리는 막대의 진동 모드의 가장 낮은 진동수나 그때의 마디의 위치를 찾아냈고 계산으로 얻은 이론적 수치가 슈트렐케(Strehlke)나 제벡(August Seebeck), 리사주(Jules Antoine Lissajous)에 의해 실험적으로 얻어진 값과 일치함을 확인했다.[385]

레일리가 『음향 이론』에서 비슷한 방식의 수학적 논의를 사용한 또 하나의 예는 막의 진동에 대한 논의를 들 수 있다. 레일리는 고정되고 닫힌 평면 경계(boundary) 내에 펼쳐져 있는 막을 고려했다. 레일리는 경계를 포함하는 평면을 xy 평면이라고 하고 어떤 점 주위의 작

---

383) 같은 책, 1권, 272-273쪽.
384) 같은 책, 1권, 274쪽.
385) 같은 책, 1권, 284-285쪽.

은 변위를 ω라고 하고 그 점 주위의 작은 구역 s를 취했을 때, z축
에 평행하게 그 지점에 미치는 힘을 고려하여 그 막의 장력의 분해된
부분을

$$T_1 \int \frac{dw}{dn}\, ds \quad (6-10)$$

로 놓았다.[386] 여기에 그린의 정리를 쓰고 막의 면적을 S라 할 때, 이
것이 $\rho S \frac{d^2 w}{dt^2}$ 로 표현되는 가속도에 저항하는 반작용을 만들므로 여
기에서 레일리는 운동 방정식

$$\frac{d^2 w}{dt^2} = \frac{T_1}{\rho} \left(\frac{d^2 w}{dx^2} + \frac{d^2 w}{dy^2} \right) \quad (\rho : \text{막의 밀도}) \quad (6-11)$$

을 얻을 수 있었다. 레일리는 이 식이 퍼텐셜 에너지의 표현으로부터
도 얻어질 수 있음을 보여주었다.[387] 레일리는 이렇게 하여 유도된
식을 먼저 사각막의 진동에 적용하였다. 이 경우 좌표축에 평행하게
달리는 마디선이 나타났다. 정규 함수와 정규 좌표계를 사용해서 표현
한 해는

$$w = \sum \sum \phi_{mn} \sin \frac{m\pi x}{a} \sin \frac{n\pi y}{b} \quad (6-12)$$

---

386) 이때 T_1은 장력에 해당하고 ds는 s의 경계 중 한 요소를 지칭하고
dn은 바깥쪽으로 그려진 곡선에 수직인 요소를 지칭한다.

387) Rayleigh, 앞의 책, 1권, 307쪽.

였다.[388] 레일리는 이를 각각 x와 y에 대하여 미분하고 제곱하여 퍼텐셜 에너지와 운동 에너지를 표현할 수 있었다. 이로부터 레일리는 라그랑주의 방법을 써서 정규 운동 방정식을 얻어냈고 운동 방정식의 해를 얻어내어 진동의 특성을 분석하였다. 이렇게 해서 얻어낸 사각막의 진동수의 식은

$$\frac{p}{2\pi} = \frac{c}{2}\sqrt{\frac{m^2}{a^2} + \frac{n^2}{b^2}} \quad (\, c\!:\, 임의의 \ 상수) \qquad (6\text{-}13)$$

로 표현되었다. 이 식은 주어진 진동 모드에서 변의 길이가 증가하면 피치가 떨어짐을 함축했고, $m = n = 1$일 때 가장 낮은 진동 모드가 나타나며 짧은 변에 길이를 더해 주는 것이 피치를 낮추는 데 더 효과적임을 함축했다.[389] 레일리는 이것 외에 이 식이 갖는 여러 가지 의미를 세세히 분석했다. 그리고 두 변의 길이가 같은 정사각형 막에서 양 방향의 주기가 같은 경우의 다양한 진동 모드에 대해서 논의했고 부하가 막에 부착된 경우에 관하여 논의했다.[390] 특히 그는 막의 중심으로 마디선이 지날 때 그 위에 놓여진 부하는 진동수에 아무런 효과가 없음을 지적하였다.[391] 이어서 레일리의 논의는 사각막에서 삼각막으로 확장되었다. 고정 경계를 가진 직각이등변 삼각형의 경우 정사각형막의 대각선 마디선을 가진 진동 모드에 해당하는 진동을 하므로 쉽게 확장이 가능하다는 것이 레일리의 판단이었다.[392] 뒷부분

---

388) 여기에서 a와 b는 사각막의 두 변의 길이이고 ϕ_{mn}은 정규 좌표이다. 같은 책, 1권, 309쪽.
389) 같은 책, 1권, 311쪽.
390) 같은 책, 1권, 316-317쪽.
391) 같은 책, 1권, 316쪽.

에서 레일리는 막에 대한 실험적 탐구들을 소개함으로써 이러한 이론
적 논의가 실험적으로 검증됨을 지적하였다.[393]

 이러한 방식을 따르는 수학적 논의는 『음향 이론』 초판이 출간된
이후에도 계속된 레일리의 이론 음향학 연구의 특징을 이루었다. 그중
의 하나의 예로 1889년에 『왕립학회 회보』(*Proceedings of the Royal
Society*)에 발표된 「무한히 긴 원통형 각(殼, shell)의 자유진동에 관
한 논문」("Note on the Free Vibrations of an Infinitely Long
Cylindrical Shell")을 들 수 있다.[394] 레일리는 무한히 긴 원통을 상
정할 경우 문제가 단순화되기 때문에 이 이상화된 문제의 풀이를 추
구하면서 여기서 발생하는 음의 진동수에 대하여 관심을 가졌다. 그는
우선 문제의 단순화를 위하여 길이 방향의 굽어짐은 없는 것으로 가
정하였다. 이 문제에 접근하기 위하여 레일리는 원통 좌표계 (r, ϕ, z)
를 취하고 z, ϕ, r에 평행한 변위를 각각 u, v, w로 지정하여 원통
의 표면 성분의 운동을 표현하고 이로부터 단위 면적당 퍼텐셜 에너지를
구하였다. 그리고 함수 u, v, w는 μz와 $s\phi$의 코사인과 사인에 비례하
는 것으로 가정하여 $u = U\cos s\phi \cos \mu z$, $v = V\sin s\phi \sin \mu z$,
$w = W\cos s\phi \sin \mu z$로 표현하고 이것을 위에서 구한 퍼텐셜 식에 대
입하여 퍼텐셜 에너지를 ϕ와 z의 식으로 표현하였다. 그리고 마찬가
지로 단위 면적당 운동 에너지를 u, v, w의 식으로 나타냈다. 레일
리는 이렇게 구한 퍼텐셜 에너지와 운동 에너지를 라그랑주의 방법에

---

392) 같은 책, 1권, 318쪽.

393) 같은 책, 1권, 347쪽.

394) Rayleigh, "Note on the Free Vibrations of an Infinitely Long
   Cylindrical Shell", *Proc. Roy. Soc.* 45(1889), 443-448쪽: *Scientific
   Papers*, #155, 244-248쪽.

적용하여 세 축에 관련한 방정식 셋을 얻어냈다.[395] 이 문제와 같이 퍼텐셜 에너지와 운동 에너지를 식으로 표현해 내기만 한다면 모든 음향학적 문제들은 쉽게 해결의 실마리를 얻은 셈이었다. 레일리는 여기에 진동의 유형이 $\cos pt$라는 가정을 하나 더 첨가함으로써 이 세 방정식을 진동수의 방정식으로 바꿀 수 있었다.[396] 레일리는 이렇게 얻은 방정식에서 $\mu = 0$, $V = W = 0$이라는 특수 조건을 적용해 $U = \cos s\Phi \cos pt$라는 특수한 진동 모드를 찾아냈다. 이는 원통의 길이 방향으로만 진동이 일어나는 경우에 해당했다. 레일리는 그 밖에 $U = 0$인 경우 2차원 진동이 일어나는 상황이나 $s = 0$, $U = 0$, $W = 0$인 경우 비틀림 진동만이 일어나는 상황 등 다양한 진동 모드에 관한 논의를 전개시켜 나갔다.[397] 이와 같이 일반화되고 이상적인 이론적 접근을 통해서 레일리는 관련된 다양한 논의를 전개하여 관련 문제의 심화된 이해를 도모하였다. 또한 그는 에너지 보존에 근간을 둔 라그랑주 방법을 통해 방정식을 수립하고 그것의 해를 구하고 경계 조건을 부과함으로써 물리적 계를 이해하는 방식을 음향학 연구에서 계속 사용하였다. 이는 레일리가 케임브리지 대학에서 집중적으로 훈련받아 획득된 수학적 능력과 방법을 지속적으로 활용함으로써 가능했다.

2) 이론적 맥락에서 전개된 연구들

레일리의 음향학적 논의가 케임브리지의 수학 우등졸업시험을 위해

---

395) 같은 글, 245쪽.
396) 같은 글, 245쪽.
397) 같은 글, 246-247쪽.

훈련받은 수학적 기예를 발휘하는 기회가 되었기 때문에 레일리는 자신의 수학적 방법론을 취급 가능한 다양한 문제들에 적용하기를 계속하였고 그것은 그의 연구에 있어서 지속적인 생산성의 초석이 되었다.

일반적으로 말해서 몇 가지 문제에서 성공을 거둔 방법이 다른 대상에도 적용될 수 있다는 것을 보이는 것은 과학자들이 어렵지 않게 연구를 진척시킬 수 있는 전략이다. 성공적인 이론이 도출되었을 때, 과학자들은 그 이론을 적용할 수 있는 다양한 경우들을 생각할 수 있으며 그런 문제들이 이러한 방법에 의해 성공적으로 설명 또는 기술될 수 있음을 보이려는 시도를 하게 된다. 이럴 경우에 다루어지는 문제는 경험적으로 접근이 용이하지 않거나 실험적으로 취급이 용이하지 않은 경우도 많다. 이런 경우에 이론이 실험이나 관찰과 상호 작용을 하면서 진척되는 것이 아님이 분명해진다. 이론 자체의 보편성의 획득과 유용성의 입증을 위한 동기에서 수학적으로 또는 추상적으로 적용 가능한 모든 사례에 대한 이론의 적용이 시도되기도 하기 때문이다. 이러한 과학자들의 활동은 차원 높은 창의성을 요구하는 것도 아니며 혁명적인 발견에 연결될 가능성도 적다. 그러나 때로는 현실성이 결여된 이론적 논의처럼 보였던 것도 실험적 기술이나 응용 기술의 발전으로 현실화가 가능해짐으로써 그 분야의 발전에 중요한 기여를 하기도 한다. 레일리의 이론 음향학의 연구에서 이러한 과학의 특성들을 드러내는 사례들을 찾을 수 있다.

다양한 진동체에 대한 레일리의 이론적 관심은 1873년에 「정사각판의 마디선에 관하여」("On the Nodal Lines of a Square Plate")라는 이론적 논문을 발표하면서부터 시작되었다.[398] 수학적으로 쉽게 취급

---

398) Rayleigh, "On the Nodal Lines of a Square Plate", *Phil. Mag.* 46(1873), 166-171쪽, 246-247쪽.

할 수 있는 두 개의 대칭축을 갖는 평면계의 취급으로 레일리가 이론적 추구를 시작한 것은 당연해 보인다. 또한 비슷한 시기에 레일리는 박막의 진동에 관하여도 연구하고 있었다.[399] 박막은 판과 마찬가지로 소수의 대칭축을 갖는 평면계로서 취급이 용이한 장점을 가지고 있었다. 이러한 특수한 진동계의 사례들에 대한 레일리의 연구는 일반적인 계에 대한 논의의 시발점이 되곤 했다. 그러므로 레일리가 비슷한 시기에 진동계의 진동을 구성하는 기본적인 방식에 대한 일반론인 「진동계의 기본 모드에 관하여」("On the Fundamental Modes of a Vibrating System")를 발표했다는 것은 자연스럽다.[400] 이 논문은 일반적인 진동계가 취할 수 있는 기본적인 진동 모드를 미분 방정식으로부터 이끌어 냈다.

레일리는 1875년에 평면적인 특수한 진동계에 대한 논의에서 한 단계 나아가 3차원의 진동계의 특수한 사례로 관심을 확장시켰다. 3차원 진동계로서 쉽게 접근할 수 있는 것은 원통형 용기 내의 액체의 진동이었다.[401] 이 문제는 원통 좌표계를 사용하여 미분 방정식을 얻어내고 이로부터 액주(液柱)의 진동 모드를 찾아내는 문제로 원통의 축을 중심으로 방사 대칭형인 원통의 속성상 취급이 용이한 장점이 있었지만 이러한 이론적 취급상의 장점을 제외하고는 이 문제가 특별히 실제적 실험상의 취급에서 음향학자의 관심을 끌 이유는 없었다. 대부분의 원통형의 악기들은 액체가 아니라 공기가 채워져 있었기 때문이다.

399) Raylegih, "Vibrations of Membranes", *Lond. Math. Soc. Proc.* 5(1873), 9-10쪽: *Scientific Papers*, #26, 187쪽.

400) Rayleigh, "On the Fundamental Modes of a Vibrating System", *Phil. Mag.* 46(1873), 434-439쪽: *Scientific Papers*, #25, 186쪽.

401) Rayleigh, "Vibrations of a Liquid in a Cylindrical Vessel", *Nature* 12(1875), 251쪽: *Scientific Papers*, #37, 250쪽.

그러므로 실험상의 필요에 의해 이론적 탐구가 요구되었다면 기주의 진동이 레일리의 연구 목록에 우선적으로 올라오는 것이 당연했다. 이런 점이 레일리의 이론적 연구가 상당 부분이 실험적 문제 해결보다는 수학적 이론화 진행 논리에 따른 연구였음을 드러낸다. 그런 점에서 1883년에 레일리가 액체를 담은 원통형 용기의 진동에 관한 이론적 취급을 한 것도 이해될 수 있다.[402] 이 연구는 앞서 발표한 원통형 액주의 진동에 관한 논의에 이어서 그 액주를 둘러싸고 있는 원통형 용기를 취급한 것으로 역시 원통 좌표계를 써서 용이하게 풀 수 있는 문제였다. 레일리가 이 시기에 음향학의 실험적 연구에 깊이 관여하고 있었지만 이러한 이론적 연구는 실험과는 무관하게 이론과학의 자체 논리에 의해 진행될 이유를 찾을 수 있었다.

레일리가 실제 현상에 대한 고려 없이 이론적인 추론에 의거하여 음향학 연구를 진행하는 성향이 있었음을 보여주는 대표적인 사례들은 무한한 연장을 갖는 진동계들의 고려에서도 발견된다. 1888년과 1889년에 각각 발표된 무한히 긴 원통형 각(殼 shell)의 진동이나[403] 무한한 탄성판의 자유 진동[404]을 취급한 논문들에서는 이러한 무한 연장의 가정은 이론적 취급을 용이하게 만들었지만 실제적 진동계와는 거리를 멀게 만들었다. 실험적으로 취급 가능한 계에 대한 근사로

---

402) Rayleigh, "On the Vibrations of a Cylindrical Vessel Containing Liquid", *Phil. Mag.* 15(1883), 385–389쪽: *Scientific Papers*, #101, 212–219쪽.

403) Rayleigh, "Note on the Free Vibrations of an Infinitely Long Cylindrical Shell", *Proc. Roy. Soc.* 45(1889), 443–448쪽: *Scientific Papers*, #155, 244–248쪽.

404) Rayleigh, "On the Free Vibrations of an Infinite Plate of Homogeneous Isotropic Elastic Matter", *Proc. Lond. Math. Soc.* 20(1889), 225–234쪽: *Scientific Papers*, #156, 249–257쪽.

서 무한 연장을 고려할 수도 있지만 이 두 경우는 추상적 이론으로서 취급이 용이하다는 이유 외에는 당시 실험을 통해 실현될 수 있는 상황과는 거리가 멀었고 그렇기 때문에 실험적 유용성도 크지 않았다. 그에 반하여 이론적 논의의 연장선상에서 이들 상황의 고려는 다른 문제에서 사용되었던 동일한 방법론의 적용 사례를 확장시키는 점에서 상당한 의미를 가질 수 있었다.

3) 실험과 이론의 관련성

레일리는 수학 우등졸업시험을 통해서 탁월한 수학적 능력을 쌓아 이론 물리학자로서 탄탄한 기초를 형성하였을 뿐 아니라 19세기 중반에 랭글러가 된 많은 이들이 그랬던 것처럼 전문적인 실험 물리학의 훈련을 받지 않았음에도 불구하고 뛰어난 실험 연구자로 활동하였다. 레일리의 실험 음향학 연구는 수학적 이론 연구와 평생 병행되었다. 레일리의 실험 음향학 연구의 성과와 특성에 대해서는 7장과 8장에서 상세히 논의하기로 하고 여기에서는 그의 실험 음향학 연구와 수학적 이론 연구와의 관련성에 대해서 고찰해 보겠다. 레일리는 이론적 연구를 수행하면서 그것이 실험과 어떠한 관련성을 갖는 것으로 이해하였을까? 실험적 오차와 이론적 근사에 대한 레일리의 태도는 어떤 것이었을까? 이 절에서는 이러한 의문들에 대한 답을 찾아보고자 한다.[405]

---

405) 이 절의 논의는 5장 4절의 "실험적 논의와 이론적 논의의 다양한 연결"에 관한 논의와는 차별화된다. 5장 4절에서는 『음향 이론』에서 실험적 논의와 이론적 논의의 제시 방식에 대한 서술을 위주로 하여 책의 구성상의 특성에 주목하였다. 이때 논의의 대상이 된 연구들은 대부분이 다른 연구자들의 것이었다. 반면에 이 절에서는 레일리 자신이 소리

레일리의 실험 연구가 그의 수학적 연구와 긴밀히 연결되는 핵심적인 이유는 실험과 이론의 관계에 대한 레일리의 태도에서 발견된다. 레일리에게 있어서 실험은 사실 획득의 수단이었고 획득된 사실은 이론에 의해 가공되어야 의미가 있었다. 그는 사실을 획득하는 방법으로서 관찰의 가치를 높이 평가했다. 그렇지만 관찰을 통해서 획득된 지식은 이론적 일반화 없이는 그 가치를 잃는다는 것이 레일리의 입장이었다. 이러한 레일리의 관점은 1884년에 이루어진 그의 영국과학진흥협회 회장 연설에서 잘 드러난다.

> 과학은 일반화가 없으면 아무것도 아니다. 제대로 분류되지 않고 따로 따로 떨어져 있는 사실은 단지 원료일 뿐이어서 이론적 용매가 없다면 별로 영양가가 없다. 현재 어떤 분과에서는 자료의 누적이 빠르게 진행되고 있어서 소화불량의 위험이 있다……종종 누군가가 주장하듯이 과학이 지식을 힘들여 모아 놓은 것에 불과하다면, 그것은 곧 정체되고 자체 무게로 주저앉을 것이다. 새로운 생각의 제안 곧 법칙의 발견은 이전에 기억에 부담이 되었던 것을 대신해 주며 질서와 일관성을 도입함으로써 나머지를 사용 가능한 형태로 보유하는 것을 용이하게 해 준다.[406)]

레일리는 관찰을 통해 습득된 사실들은 미가공의 재료로서 이론적 일반화를 거쳐야만 과학 지식으로서 가치를 갖게 된다고 보았다. 그렇기 때문에 그는 실험적 연구자로서 많은 연구를 수행하였지만 항상 이러한 실험적 연구 결과들이 이론적으로 정리되어야 한다는 생각을 가졌다. 레일리는 지나친 경험적 사실의 축적은 소화불량을 낳고 자체

에 관한 이전의 연구자들과는 달리 이론적 연구와 실험적 연구를 긴밀하게 연결시켜 연구를 진행시킨 점에 관심을 집중하고자 한다.

406) Rayleigh, *Presidential Address(1884)* in B. Lindsay, 앞의 책, 152-153쪽.

무게로 함몰해 버리기에 그것을 막기 위해서 질서와 일관성을 도입하는 것을 무엇보다 중요한 작업으로 생각하였다. 그런 점에서 레일리에게 이론적 연구는 경험적 연구를 통해 얻어진 객관적 사실들을 정돈하여 체계를 잡아주는 중요한 역할을 하는 것이었다.

이런 생각은 레일리가 『음향 이론』의 저술을 통해서 이루고자 했던 목적과 상통한다. 19세기 전반기 동안 실험 음향학의 전개는 활발하였고 많은 경험적 데이터들이 누적되었다. 그렇지만 그러한 정보들은 단편적이어서 서로 연관 관계를 찾기 힘들었고 제대로 설명되지도 못하는 경우가 많았다. 레일리는 동역학 방정식을 수학적으로 제시하여 현상들을 설명하는 이론적 작업이 필요함을 절감하였고 이러한 작업이 일환으로서 『음향 이론』을 집필하였던 것이다. 이로써 음향학은 이론적 체계가 견고한 과학 분야로서 확고한 위치를 점할 수 있으리라고 레일리는 기대했을 것이다.

레일리의 다른 음향학의 연구에서도 경험적 정보를 이론적으로 체계화하려는 강한 동기력을 발견할 수 있다. 경험적 정보의 누적은 이론적 설명을 요구하였기에 실험 연구가 진척된 주제에 대해서 레일리는 이론적 해명을 얻어내려고 애쓴 경우가 많았다. 레일리가 음향학 분야에서 최초의 실험적 관심을 가졌던 주제였던 헬름홀츠 공명기는 실험 연구로부터 이론 연구가 유발되고 이론을 통해 실험적 발견들이 정돈된 대표적인 예이다. 1870년에 레일리는 헬름홀츠의 공명기에 대한 존트하우스의 실험적 논문에 대한 반응을 보인 직후, 유체역학적 전도도의 개념을 이론적으로 이끌어 냄으로써[407] 공명기의 고유 진동수를 얻어내는 식의 상수를 이론적으로 정확하게 얻어내기를 시도하

---

407) Rayleigh, "On the Theory of Resonance", *Phil. Trans.* 161(1870), 94
    −96쪽: *Scientific Papers*, #5, 52−53쪽.

였다. 이러한 시도를 통해서 레일리는 헬름홀츠가 실험을 통해 유도한 상수가 존트하우스가 실험적으로 유도한 상수보다 더 정확하다는 결론을 내렸다. 그에게 있어서 이론적 논의는 실험가들의 실험의 정확성을 판가름하는 기준으로 사용될 정도의 권위를 가진 것이었다.

헬름홀츠의 공명기는 레일리의 음향학 연구 초기 경력에서 한동안 그의 관심을 끌었음이 분명하다. 레일리는 1872년에 「구형 내의 기체 진동」이라는 논문을 발표하였는데 이것 또한 헬름홀츠의 공명기의 이론적 이해를 위한 논의를 포함하고 있었다.[408] 또한 드보락(V. Dvorák)과 메이어(A. M. Mayer)가 1878년에 발표한 공명기의 밀침 현상에 대한 실험 연구[409]에 대하여 레일리가 이론적으로 접근한 것은 공명기에 대한 당시 연구자들의 관심에 레일리가 동조하고 있었으며 이론적으로 이들의 실험적 발견을 설명하기를 시도하였음을 보여 준다.[410]

레일리의 공명기에 대한 이론적 관심은 한동안 다른 관심사에 밀려 나는 듯했지만 1900년대에 들어와서 되살아났다. 19세기 말에 공명기는 여러 실험 연구자들에 의해 너 많이 음향학 실험에서 사용되었고 레일리의 경우도 마찬가지였다. 레일리는 이렇게 널리 쓰이는 도구에 대해서 이론적으로 체계적 설명이 필요하다고 인식했을 것이다. 그리하여 그는 과학자 경력의 마지막 기간 동안 공명기의 이론적 연구에 많은 관심을 쏟았다. 레일리는 1902년에 「강제 진동과 공명에 관한 일

---

408) Rayleigh, "On the Vibrations of a Gas Contained within a Rigid Spherical Envelope", *Proc. Lond. Math. Soc.* 4(1872) 93-103쪽.

409) V. Dvorák, "On Acoustic Repulsion", with a Note by A. M. Mayer, *Phil. Mag.* 6(1878), 225-233쪽.

410) Rayleigh, "Note on Acoustic Repulsion", *Phil. Mag.* 6(1878), 270-271 쪽; *Scientific Papers*, #52, 342-343쪽.

반 정리」를 발표하였다.411) 그리고 여러 연구를 진척시킨 후에 1915
년에 평면파에 노출된 공명기들의 상호 영향에 관하여 논문을 발표하
였다.412) 또한 같은 해에 원뿔형의 공명기가 어떻게 소리를 효과적으
로 모을 수 있는가에 관하여 이론적으로 탐구하였고413) 헬름홀츠 공
명기에 관한 일반적인 논의를 전개하는 논문을 발표하였다.414) 그리
고 이듬해에 레일리는 공명기가 소리 에너지에 미치는 영향에 대하여
이론적인 고찰을 발표하였고,415) 1918년에는 이중 공명기 이론에 대
한 새로운 고찰을 발표하였다.416) 이중 공명기는 레일리의 최초의 음
향학 이론 논문인 1870년의 「공명 이론에 관해서」에서 이미 취급한
적이 있었던 대상이었다. 레일리는 이 기구의 실험적 유용성에 깊이
매료되었으며 이러한 특수한 유용성이 어디에서 비롯되는가에 대한
이론적 논의에 큰 관심을 가졌다. 공명기의 경우는 레일리의 이론적
연구가 실험으로부터 지속적인 연구 과제를 제공받은 대표적인 사례
에 해당한다고 말할 수 있겠다.

---

411) Rayleigh, "Some General Theorems Concerning Forced Vibrations and Resonance", *Phil. Mag.* 3(1902), 97-117쪽: *Scientific Papers*, #274, 8-26쪽.

412) Rayleigh, "Some Problems Concerning the Mutual Influence of Resonators Exposed to Primary Plane Waves", *Phil. Mag.* 29(1915), 209-222쪽: *Scientific Papers*, #390, 279-290쪽.

413) Rayleigh, "The Cone as a Collector of Sound", *Advisory Committee for Aeronautics* T. (1915), 618쪽: *Scientific Papers*, #400, 362-364쪽.

414) Rayleigh, "The Theory of the Helmholtz Resonator", *Proc. Roc. Soc.* A, 92(1915), 265-275쪽: *Scientific Papers*, #401, 365-375쪽.

415) Rayleigh, "On the Energy Acquired by Small Resonators from Incident Waves of Like Period", *Phil. Mag.* 32(1916), 188-190쪽: *Scientific Papers*, #409, 416-418쪽.

416) Rayleigh, "Note on the Theory of the Double Resonator", *Phil. Mag.* 36(1918), 231-234쪽: *Scientific Papers*, #432, 549-551쪽.

음향학 실험이 레일리의 이론적 연구를 촉구한 중요한 사례는 분출물(jet)에 관한 연구였다. 분출물이 음에 반응하여 독특한 주기적 형태를 발현하는 현상은 틴들이 이미 『소리에 관하여』에서 상당히 자세하게 다루어 널리 알려진 현상이었다. 레일리는 이 현상에 대해서 1870년대 후반부터 상당한 관심을 가지고 실험적 연구에 종사하였는데 이러한 관심은 이 현상을 이론적으로 해명하려는 노력으로 이어졌다. 먼저 레일리는 1879년에 발표된 논문을 통해서 분출되는 유체의 불안정성의 기원에 대하여 논의하였다.[417] 이러한 논의는 기본적으로 수력학적 지식을 토대로 전개되었다. 이 현상에 대한 레일리의 관심은 음향학적 연구가 수력학적 연구와 연계되는 통로가 되었다. 1880년에 레일리는 유체 운동의 안정성에 관한 논문을 통해서 이러한 분출물이 흩어지거나 휘어지지 않고 일정한 안정 상태를 유지할 수 있는 원인을 유체역학적 고려를 통해서 설명하였다.[418] 이러한 분출물에 대한 레일리의 이론적 관심은 1880년대에 들어와 한동안 멀어졌다가 1890년경에 다시 되살아났다. 1892년에 레일리는 원통형의 액체 분출물이 모세관력을 받아 어떻게 변형되는지에 대하여 이론적 연구를 전개하였다. 곧이어 같은 해에 레일리는 원통형 유체 표면의 불안정성에 관한 다른 논문을 발표하였다.[419] 이것은 레일리의 관심이 이 시기에 이 문제에 상당히 깊이 고정되어 있었음을 드러낸다. 이러한 레일리의

---

417) Rayleigh, "On the Instability of Jets", *Proceedings of the London Mathematical Society*, 10(1879), 4-13쪽: *Scientific Papers*, #58, 361 -371쪽.

418) Rayleigh, "On the Stability, or Instability, of Certain Fluid Motions", *Proc. Lond. Math. Soc.* 11(1880) 57-70쪽: *Scientific Papers*, #66, 474-475쪽.

419) Rayleigh, "On the Instability of Cylindrical Fluid Surfaces", *Phil. Mag.* 34(1892), 177-180쪽: *Scientific Papers*, #196, 594-596쪽.

분출물에 대한 이론적 관심은 그 이후 한동안 멀어졌다가 20여 년 만에 되살아나게 된다. 레일리는 말년인 1916년에 다시 한번 기체의 분사에 관한 이론적 논문을 발표함으로써 접어두었던 이 문제에 대한 관심을 다시금 되살렸다.[420]

이론과 실험과의 관계와 연관하여 또 한 가지 주목할 점은 근사의 사용에 대한 레일리의 태도이다. 레일리는 자신의 이론적 논의에 등장하는 거의 모든 문제의 풀이에서 근사를 사용하여 문제를 풀어나갔다. 이러한 근사의 사용이 불가피한 이유는 실제 세계를 수식으로 표현하기 위해서는 중요하지 않은 요소들을 생략하고 이상적인 가정을 상정하는 것이 필요하며, 이렇게 하여 방정식이 만들어졌다 하더라도 엄밀한 풀이가 수학의 한계로 가능하지 않은 경우가 많기 때문이다. 레일리는 이러한 근사의 사용은 현상의 수학적 풀이를 위해 어쩔 수 없는 것이기 때문에 적절하게 사용하는 것이 필요하다는 입장이었다. 이렇게 근사를 사용하였을 때 레일리는 실험 결과를 통해 근사를 정당화하는 과정을 매우 중요하게 여겼다.

가령, 레일리는 『음향 이론』의 6장에서 현의 강제 횡진동의 구체적인 예로서 피아노 현의 가격(加擊)의 문제를 다루면서 근사의 방법을 채용하였다. 피아노 현은 해머(hammer)로 맞아서 진동이 유발되는데

---

420) Rayleigh, "On the Discharge of Gases under High Pressures", *Phil. Mag.* 32(1916) 177-187쪽: *Scientific Papers*, #408, 407-415쪽. 레일리의 이러한 분출물에 대한 이론적 연구는 자신이나 타 연구자의 실험연구에서 힌트나 자극을 얻은 것이 사실이지만 꼭 실험 연구와 이론연구를 병행시키지는 않았다. 레일리는 분출물에 대한 이론적 논의를 별로 진척시키지 않았던 1880년에서 1884년 사이에 오히려 이 분출물에 대한 면밀한 실험적 연구를 수행하였다. Rayleigh, "Acoustical Observations Ⅳ", *Phil. Mag.* 13(1882), 340-347쪽: *Scientific Papers*, #84, 95-102쪽과 Rayleigh, "Acoustical Observations Ⅴ", *Phil. Mag.* 17(1884), 188-194쪽: *Scientific Papers*, #110, 268-275쪽.

그것을 엄밀하게 기술하기는 매우 어렵지만 그렇게 얻어진 식도 실제
로 이용하기 매우 어렵다는 것이 레일리의 판단이었다. 그러므로 레일
리는 단순화된 가정하에서 헬름홀츠가 얻어낸 식을 사용하여 논의를
전개하는 방안을 택했다. 그것은 가해진 힘이 사인 함수의 반주기의
형태로 주어졌다고 가정하고 접근하는 방법이었다. 레일리는 이때 가
격하는 힘 Φ_s 를

$$\Phi_s = F \sin \frac{s\pi b}{l} \sin pt' \qquad (6-14)$$

로 표현하여 문제를 풀 수 있게 만들었다.[421] 이 식을 사용함으로써
레일리는 현의 진동식을 찾아낼 수 있었고 이것이 실세와 부합함을
진동 현미경과 회전 원통 기록 장치를 사용하여 알아낼 수 있었기 때
문에 근사가 매우 잘 이루어졌다고 판단했다.[422]

또 레일리는 수립된 방정식이 풀기가 매우 어려울 경우에는 근사적
인 해를 방정식에 대입해서 미지의 계수나 추가적인 항을 찾아내는
연속 근사(successive approximation) 방법을 채용하였다. 실례로 레일
리는 『음향 이론』의 3장에서 작은 변위의 진동에 국한하는 음향학적
계의 일차원 진동을 고려한 후에 2차 항과 고차 항이 무시될 수 없는
일반적인 진동을 취급하기 위해 운동 에너지와 퍼텐셜 에너지를 근사식

$$T = \frac{1}{2}(m_0 + m_1 u)\,\dot{u}^2 \qquad V = \frac{1}{2}(\mu_0 + \mu_1 u)u^2 \qquad (6-15)$$

---

421) 여기에서 F 는 힘의 진폭, b 은 현에서 힘이 가해지는 위치, l 은 현의
길이, p 는 사인파 형태의 힘의 각진동수이다.

422) Rayleigh, 앞의 책, 1권, 190-191쪽.

로 놓았다. 이 식들 자체가 근사식이지만 이 두 식의 합을 시간에 대해서 미분하여 얻어지는 운동 방정식

$$m_0 \frac{d^2 u}{dt^2} + \mu_0 u + m_1 u \frac{d^2 u}{dt^2} + \frac{1}{2} m_1 (\frac{du}{dt})^2 + \frac{3}{2} \mu_1 u^2 = \text{가해진 힘}$$

$$(6-16)$$

도 쉽게 풀릴 수 있는 형태가 아니었다. 레일리는 단순함을 위해 계의 질량이 일정하도록 $m_1 = 0$으로 놓았다. 그러자 이 방정식은

$$\frac{d^2 u}{dt^2} + n^2 u + a u^2 = 0 \qquad (6-17)$$

로 변형되었다. 이 미분 방정식의 해를 구하기 위해 레일리는 좌변의 마지막 항을 무시하고 얻은 근사적인 해

$$u = A \cos nt \qquad (6-18)$$

를 다시 원래의 방정식의 마지막 항에 대입하여

$$\frac{d^2 u}{dt^2} + n^2 u = -a \frac{A^2}{2} (1 + \cos 2nt) \qquad (6-19)$$

를 얻고 이로부터 수정된 근사해

$$u = A\cos nt - \frac{\mathrm{a}A^2}{2n^2} + \frac{\mathrm{a}A^2}{6n^2}\cos 2nt \qquad (6-20)$$

를 얻어냈다. 이렇게 얻어진 식은 기본 각진동수 n 외에 2배 진동인 $2n$의 각진동수를 갖는 음의 발생을 나타내고 있었는데 이런 현상이 강하게 소리굽쇠를 때릴 때 관찰됨을 레일리는 지적함으로써 지금까지 반복된 근사의 채용을 정당화시켰다.[423]

계속해서 레일리는 회복력이 평형 위치에 대해서 대칭적인 계의 경우를 연속 근사를 사용해 풀어내서, 무거운 추를 가진 진자의 운동이나 부하가 한쪽 끝에 걸린 뻣뻣한 철사의 진동 등을 기술했다. 이 경우에 근사식은 기본 진동의 피치가 변화되어 3배의 진동수를 갖는 12도 높은 음이 함께 발생됨을 보여주었고 이것도 실험적으로 검증됨으로써 레일리는 근사의 채용이 제대로 이루어졌음을 보일 수 있었다.[424]

이렇게 다소 과도하게 근사를 사용할 경우에도 레일리에게 그것이 정당화될 수 있었던 근거는 근사의 결과로 얻어진 식이 실험적 또는 경험적 관찰과 부합한다는 점에 있었다. 레일리는 근사를 과감하게 채용한다 하더라도 결과적으로 현상과 부합하는 결과를 내놓으면 그러한 근사는 적절했다고 평가했다.

이러한 태도는 『음향 이론』에서 다양한 종류의 통로에 대한 전도도 c에 대한 탐구에서도 동일하게 나타났다. 레일리는 이 경우 정확한 풀이는 당시 수학의 한계로 불가능하다고 보았다. 그러나 레일리는 많은 경우에 근사적 해만 가지고도 실제적인 목적을 달성하기에는 충분하다고 말했다.[425] 이는 이론적 전개가 실험적 또는 경험적 관찰과 일치하는 결과를 내놓는 것으로 정당화된다고 그가 생각하고 있었음을 드러낸다. 레일리는 전도도를 고려할 때 사용한 광범위한 근사에 대하

---

423) 같은 책, 1권, 76-77쪽.
424) 같은 책, 1권, 77-78쪽.
425) 같은 책, 2권, 175쪽.

여 다음과 같은 입장을 밝혔다.

　　이 경우와 유사한 경우들에서 근사가 성공한 것은 추정되는 양이
최소치라는 점에 의존한다. 실제 운동에 대한 합리적인 근사는 언제
든지 미분법에 따라 사실에 매우 근접한 결과를 내놓을 것이다.[426]

　그러므로 레일리는 이론적 근사가 제대로 이루어졌음을 사실과 이
론이 매우 근접한 결과를 내놓는 것에서 알 수 있다고 보았다.

　이렇게 광범위한 근사의 채용의 사례와 근사를 경험적 사례로 정당
화하는 레일리의 논의가 등장한 또 하나의 예는 실제 유체에서 나타
나는 유동성(fluidity)의 결핍, 즉 점성(viscosity) 또는 유체 마찰(fluid
friction)의 효과의 고려에서였다. 레일리는 점성력이 속도의 변화율에
비례하고 점성계수 μ에 비례하므로 xy 평면과 평행한 층이 상대적으로
z축 방향으로 운동할 때 접선 방향의 접촉력은 단위 면적당 $\mu\dfrac{dv}{dz}$ 이
되므로 이때 μ의 차원은 $[ML^{-1}T^{-1}]$으로 표현될 수 있다고 보았
다.[427] 레일리는 점성력이 넓은 범위 안에서 기체의 밀도와 무관하다
는 것이 실험과 이론에 의해 확립되었다는 점을 언급하고, 점성 계수
와 온도와의 관계를 1866년에 맥스웰이 구한 대로

$$\mu = 0.0001878(1 + 0.00366\Theta)$$

（μ: 점성 계수, Θ: 섭씨온도）　　(6-21)

라고 제시하였다.[428] 레일리는 점성력을 다루는 유체 운동 방정식의

---

426) 같은 책, 2권, 185쪽.
427) 같은 책, 2권, 312쪽.
428) 같은 책, 2권, 313쪽.

224

탐구는 이 책의 범위를 뛰어넘지만 보다 일반적으로 널리 알려진 탄성 고체에 관한 이론과 긴밀한 연관성이 있음을 지적함으로 탄성 고체 이론에 입각하여 문제를 풀어나갈 의도를 밝혔다. 레일리는 톰슨과 테이트에 의해 제시된 탄성 고체 이론에 근거하여 균일하게 변형된 균일 물질의 단위 부피당 퍼텐셜 에너지를 제시하였고 여기에 균질한 팽창이나 수축 운동은 점성력에 의해 저지되지 않는다는 스토크스의 가정을 따라 운동 방정식

$$\rho_0 \frac{du}{dt} + \frac{dp}{dx} - \{\mu \nabla^2 u + \frac{1}{3}\mu \frac{d}{dx}(\frac{du}{dx} + \frac{dv}{dy} + \frac{dw}{dz})\} = 0 \qquad (6-22)$$

을 얻어냈다.[429] 이 중 세 번째(마지막) 항은 마찰을 나타내는 항이었다.[430] 이렇게 얻은 미분 방정식을 레일리는 평면 음파 이론에 적용하여 스토크스가 얻은 식과 동일한 식을 얻어냈고 그 해는

$$u = Ae^{-ax}\cos(nt - \beta x) \quad (\beta: 적당한 상수) \qquad (6-23)$$

가 됨을 보였다. 레일리는 여기에 추가적인 근사를 도입해서 거리에 따른 감쇠율 α를 다음과 같이 구해 냈다.

$$a = \frac{8\pi^2 \mu}{3\lambda^2 \rho_0 a} \quad (\rho_0: 평상시의 매질의 밀도, \ a: 음속) \qquad (6-24)$$

지금까지의 근사가 적절하게 이루어졌다는 것을 밝히기 위해서 레

429) 여기에서 ρ_0는 자연 상태의 공기의 밀도, p는 압력, μ는 점성계수이다.
430) Rayleigh, 앞의 책, 2권, 314쪽.

일리는 감쇠율 α가 경험적 또는 실험적 사실과 부합함을 제시하였다. 레일리는 이 식은 점성의 효과에 따른 감쇠가 파장 λ가 짧을수록 커진다는 것을 드러내 주는데 이는 높은 성분음들이 먼저 감쇠되어 산악 국가에서 흔히 관찰되는 현상, 즉 멀리서 들리는 소리가 부드러워지는 것과, 주로 높은 진동음으로 구성된 소리인 s음은 메아리로 거의 돌아오지 않는 현상을 설명해 줌을 지적하였다.431) 특히 레일리가 직접 발견하여 1877년에 발표한 대로 200 m의 거리에서 강력한 쉭(hiss) 소리가 반사 없이도 그 특성을 상실하는 현상도 역시 점성의 효과로 설명이 된다고 지적했다.432) 이러한 수학적 이론이 현상과 잘 들어맞는 것은 레일리에게는 수학적 논의에서 채용된 근사가 잘 이루어졌음을 보여주는 확고한 증거였다.

이렇게 이론적으로 유도된 식이 실제 현상과 잘 들어맞는가를 확인하기 위해서는 꼭 계산에서 사용되는 상수들의 확정이 필요했으므로 정확한 함숫값에 대한 레일리의 큰 관심은 이론과 실험을 긴밀하게 연관시키려는 레일리의 관심의 또 다른 표현이었다. 레일리가 음향학 연구에서 이론적으로 수치를 얻어내는 과정은 반드시 수학표(mathe-matical table)를 거쳐서 이루어졌다. 다양한 초월 함수의 수학표를 근거로 하여 레일리는 자신의 이론식으로부터 특정한 수치를 계산해 내고 그것을 실험적 측정치와 비교했다. 레일리는 어떤 이론을 정당화할 수 있는 가장 강력한 근거는 그 이론이 실제 세계를 정확하게 묘사해 주는 것이라고 보았기 때문에 계산 수학(computational mathematics)에 관심이 많았다.

계산 수학에 대한 큰 관심은 19세기 후반 과학계의 일반적인 경향

---

431) 같은 책, 2권, 316쪽.
432) 같은 책, 2권, 316쪽.

226

이기도 했다. 1860년대 말경에 수학자들과 수리 물리학자들 사이에서
표준적인 수학표를 만들어야 한다는 목소리가 높아졌다.[433] 그리하여
영국에서는 영국과학진흥협회에 수학표를 만들기 위한 한 위원회가
1871년에 케임브리지 수학 우등졸업시험 랭글러 출신인 글레이셔(J.
W. L. Glaisher)를 중심으로 만들어졌다. 이 위원회에는 기존의 계산
표의 목록을 가능한 한 완벽하게 작성하는 것과 수학의 진보를 위해
필요한 수학표를 재인쇄 또는 계산하는 임무가 맡겨졌다.[434] 글레이
셔가 실제로 계산 작업을 수행한 것은 퍼텐셜 이론에 필요한 르장드
르 함수와 동역학에 필요한 타원 함수의 계산이었다. 이 작업은 전문
적인 수학자에 의해 계산 이론이 만들어지고 세부적인 계산법이 정해
진 후에 전문적인 계산사(computer)들에 의해 여러 함수들의 값이 계
산되는 방식에 의해 진행되었다.[435] 수리 물리학에서 유용한 함수들
을 계산하고 출판하는 일을 위해 1888년과 1889년에 소집된 영국과학
진흥협회의 2차 위원회의 위원장은 다름 아닌 레일리였다. 이 위원회
는 베셀 함수의 계산과 출판이 가장 임박한 필요라고 판단했다. 베셀
함수표는 영국에서 출판된 적이 없었기 때문에 레일리는『음향 이론』
에서 롬멜(Eugen Lommel)이 1868년에 출판한 함수표의 일부를 인용
해야 했다.[436] 이 계산 작업은 이 위원회의 새로운 서기였던 로지(A.
Lodge)의 감독하에 진행되었다. 1896년에는 새로운 위원회가 통계학
자들과 생물학자들의 요구에 따라 빈도 분포 함수와 그 대수 값

433) Andrew Warwick, "The Laboratory of Theory or What's Exact
    about the Exact Sciences?" in Norton Wise(ed.) *The Values of
    Precision*(Princeton: Princeton University Press, 1995), 323쪽.
434) 같은 글, 324쪽.
435) 같은 글, 324쪽.
436) 같은 글, 325-326쪽.

(logarithm)을 감독하기 위해 조직되었다.[437]

이러한 계산 작업은 19세기 동안 엄청나게 많은 수리 물리학의 문제들이 초월 함수에 의해 해석학적으로 풀릴 수 있다는 것이 알려졌고 이렇게 얻어진 해들은 숫자로 계산되지 않으면 실험 결과와 비교하거나 실험치의 예측을 위해 사용될 수 없다는 것이 알려졌기 때문에 이루어졌다. 이러한 계산의 결과는 물리학자들이 새롭고 실용적인 문제들에 도전할 수 있는 길을 열어주었다. 실제로 1914년에 BAAS의 베셀 함수의 대수표는 물리학자들에게 매우 인기가 높았기에 위원회는 그 요구에 응하기 위해 특별 예산을 신청해야 했다.[438]

계산 수학을 위한 2차 위원회의 조직에 있어서 레일리가 주도적 역할을 수행한 것은 이러한 수학표의 요구가 레일리의 연구 활동과도 밀접하게 연결되었음을 감안할 때 수긍할 만하다. 레일리는 음향학 연구에서 다양한 방정식의 풀이 과정에서 삼각함수, 베셀 함수, 르장드르 함수, 구면 조화 함수 등 다양한 함수를 사용하고 있었다. 여러 가지 미분 방정식의 해로 등장하는 다양한 함수들은 그 값들이 수치로 표현되어야 실험적 결과와 비교될 수 있었기 때문에 레일리는 계산을 위한 정밀한 수학표가 필요하였다. 그는 근사적으로 얻어진 해가 실험적 사실과 부합하는지에 지대한 관심을 가지고 있었기 때문에 이러한 계산 작업의 가치를 누구보다 잘 인식하고 있었다. 이론적으로 계산된 결과가 그 자체로서 그치지 않고 실험 결과와 긴밀하게 연관을 맺어야 한다는 레일리의 생각은 계산 수학의 진작을 통해서 보다 확실한 실현의 기회를 얻을 수 있었다. 음향학적 계의 복잡한 행동을 나타내는 복잡한 방정식을 찾아내고 그것에 적절한 근사를 적용하여 해를

---

437) 같은 글, 326쪽.
438) 같은 글, 326-327쪽.

찾아내고 그 해들이 현실과 얼마나 부합하는가를 확인하는 작업에서 정교한 수학표들은 이러한 이론적 작업이 얼마나 믿을만한 결과를 내놓았는가를 검증하기 위해 꼭 필요한 도구였다. 실제로 레일리는 로지에 의해 만들어진 계산표를 그의 논문의 집필에서 사용하였다.[439]

레일리는 이렇게 소리에 관한 연구에서 별도의 연구자들에 의해 탐구되었던 실험과 이론을 연결시켜 하나의 음향학을 구축하려는 노력을 지속하였다. 이론적 성과는 실험적으로 검증되고 실험적 사실들은 이론에 의해 설명되어야 한다는 레일리의 의식이 단일한 음향학의 출현을 위한 기초를 놓는 작업에 계속 그를 매진하게 만든 것으로 보인다.

---

439) 대표적인 예가 1904년에 *Philosophical Transactions*에 발표된 레일리의 논문 「구의 음향학적 그늘에 관하여」에서 로지가 지휘하여 만든 르장드르 함수표가 사용되었을 뿐 아니라 Appendix에 제시된 것이다. Rayleigh, "On the Acoustic Shadow of the Sphere", *Phil. Trans.* 203A(1904), 109-110쪽; *Scientific Papers*, #292, 162-163쪽.

레일리의 실험 음향학 연구의 성과들

레일리의 수학적 연구의 탁월성 때문에 실험 음향학자로서의 레일리의 면모는 덜 부각되어 왔다. 하지만 소리에 관련한 실험 연구는 레일리가 음향학 연구를 시작하면서부터 죽기 직전까지 지속되었을 뿐만 아니라 많은 의미 있는 성과들이 양산되었다. 레일리는 당시까지 고안되어 사용되었던 실험 기구를 개선하거나 전용(轉用)하여 실험 결과를 명쾌히 하거나 새로운 연구 영역을 찾아냈으며 면밀한 실험 연구 중에 새로운 사실들을 발견하였고 논쟁의 여지가 있는 문제에 대해서는 명쾌한 실험을 통해 논쟁을 불식시켰다. 레일리의 실험 음향학적 기여는 여러 방면에 걸쳐 있었으며 때로는 음향학의 진로에 결정적 영향을 미쳤다. 이 장에서는 레일리의 실험 음향학 연구의 성과를 중점적으로 살펴보고자 한다.

레일리는 정식으로 실험 기술을 배우지는 않았지만 그의 과학자로서의 경력 초기부터 실험에 대한 관심이 많았다.[440] 그의 첫 실험 연구는

---

440) 레일리는 1867년에 케임브리지 대학에 새로 부임한 화학 교수였던 G. D. Liveing에게서 정량 화학 분석 강의를 들었다. 이것이 레일리가 정식으

1868년에 전기 실험으로 시작되었다. 그는 룸코르프(Rhumkorf) 코일,
그로브 전지(Grove cell), 무정위 갈바노미터(astatic galvanometer), 대형
전자석, 고저항 톰슨 갈바노미터(high resistance Thomson galvanometer)
를 구입하여 실험하였다. 레일리의 실험은 맥스웰의 색 실험 재현, 헬름
홀츠 공명기 실험, 회절격자 실험으로 이어졌다.[441] 레일리는 1873년에
부친의 사망으로, 3대 레일리 남작으로서 탈링의 영지를 물려받은 직후,
그곳의 실험실을 정비하였고 그곳은 레일리가 평생 실험 연구를 수행
한 곳이 되었다. 1875년에서 1876년 사이에 보챔프 타워(Beauchamp
Tower)는 탈링에 머물며 레일리의 실험 기구 제작을 도왔다. 이 시기
에 레일리는 타워가 제작한 수력학 실험 장치를 사용해서 다양한 모양
의 구멍에서 흘러나오는 물을 떨어뜨리는 실험을 수행하고 그 결과를
이론적으로 검토하였다.[442] 타워가 떠나면서 추천한 아널프 맬럭
(Arnulph Mallock)이 1876년에서 1877년 사이에 4개월 간 레일리의 실
험 조수로 물 분출물의 압력을 측정하는 등 수력학 실험을 수행하였
다.[443] 초기의 레일리 실험은 다른 연구자들의 실험을 모방하여 재현하
는 방식으로 이루어졌으나 차츰 독창적으로 설계한 실험 연구로 옮아
갔다. 1880년에 캐번디시 연구소의 실험 물리학 교수좌를 맡아서 전기
표준을 정하는 실험을 수행할 즈음에 레일리는 실험 기구를 취급하는
데 매우 능통해져 있었다. 이와 같은 레일리의 탁월한 실험 능력은 누
구에게 배워서 획득된 것이 아니라 스스로의 부단한 노력과 타고난 통
찰력의 발휘를 통해서 배양된 것이었다.

로 들은 유일한 실험 강의였다. R. J. Strutt, *Life of John William Strutt,
3rd Baron Rayleigh*(London: Edward Arnold & Co., 1924), 38쪽.

441) 같은 책, 45-48쪽.
442) 같은 책, 71-72쪽.
443) 같은 책, 73-74쪽.

캐번디시에 머무는 동안 레일리의 실험 연구는 더욱 발전하였다. 이
곳에서 레일리는 새롭게 선발한 실험 조수 조지 고든(George Gordon)
과 함께 실험 연구를 시작했다.[444] 실험 강의의 조직과 운영은 새로
임명된 시범교수(demonstrator)인 글레이즈브룩(R. T. Glazebrook)과
쇼(W. N. Shaw)에게 맡겨졌다.[445] 이때 편성된 새로운 실험 강의 목
록에는 레일리의 초기 실험들이 포함되었는데 그중에는 민감 불꽃을
사용하여 정상파의 마디와 배를 조사함으로 고진동 음파의 파장을 측
정하는 실험이 포함되었고 레일리가 캐번디시에서 수행한 강의에는 정
전기, 자기, 전류, 소리 등이 포함되는 등 강의에서 음향학 실험이 중
요하게 취급되었다.[446] 또한 이곳에서 레일리는 시지윅 부인의 도움을
얻어 분사물에 대한 다양한 실험을 수행하였다. 뿐만 아니라 캐번디시
에서 수행한 전기 저항의 표준을 정하는 실험은 레일리의 음향학 실험
에 중요한 영향을 미쳤다. 특히 1880년에 수행된 저항의 단위 옴의 확
정을 위한 실험 과정에서 코일이 회전할 때 유발되는 기류의 흐름에
의한 자침의 요동은 소리에 의한 진동의 세기를 측정하는 장치의 고안
에 직접적인 실마리를 제공했다.[447] 이렇게 캐번디시에서의 레일리의
실험 연구는 이후의 음향학적 실험 연구를 위해 정밀성과 정교한 기술
을 배양시킬 기회를 제공했다.

이 장에서는 레일리의 음향학적 실험 성과들 중에서 중요한 몇 가

---

444) 조지 고든은 1885년에 레일리가 탈링으로 돌아올 때도 따라와서 1904
    년에 죽기까지 레일리와 함께 하며 그의 실험 조수 역할을 하였다. 그
    는 여러 가지 실험 기구들을 공방에서 제작해 내는 데 능숙했다. 같은
    책, 104, 301쪽.
445) 같은 책, 105–106쪽.
446) 같은 책, 106–107쪽.
447) 같은 책, 115쪽.

지에 집중함으로써 실험 음향학자로서 레일리의 위상을 새롭게 정립
하고자 한다.

1) 소리 취급 기술의 개선

19세기 후반 동안 소리 취급 기술의 진보는 두드러졌다. 이것에 진
보라는 말을 쓸 수 있는 이유는 인간의 소리에 대한 통제력이 그만큼
향상되었기 때문이다. 이제 소리는 실험자가 다루기 쉬운 형태로 생산
되고 실험자가 객관적으로 검출할 수 있는 대상이 되었다. 이는 단조
화 진동으로 표현되는 순음(純音)을 원하는 진동수로 지속적으로 발
생시킬 수 있는 음원의 확보와 공간상에서 소리를 국소적으로 검출할
수 있는 정밀한 검출 장치의 사용을 통해 가능해졌다.

이러한 소리 취급 기술의 진보에 있어 레일리의 기여는 주목할 만
한 것이었다. 이는 레일리의 꾸준한 노력의 결과였다. 레일리는 다른
실험 연구자들이 고안하고 사용한 실험 장치를 자신의 작업실에서 직
접 제작하여 실험을 수행하는 경우가 많았지만 그것의 단순한 재현에
서 그치지 않고 그러한 실험 기구를 더 나은 기능을 갖도록 개선하거
나 다른 목적을 가진 기구로 전용함으로써 그 기구의 가치를 높였다.
또한 레일리는 다른 연구자들의 연구를 재현하면서 그들에 의해 검토
되지 않은 사항에 착안하여 이를 알아내기 위한 새로운 실험을 고안
해 냄으로써 기존의 성과를 확장시켰다.

(1) 음원에 관한 실험 연구

음향학적 실험 탐구에서 레일리 이전까지 사용되었던 음원들은 대부분이 일상적으로 들을 수 있는 소리들을 발생시키는 장치들이었다. 그러나 이런 소리들은 복합음이었기 때문에 단순한 파형을 갖지 않았고 음향학 실험 연구자들이 취급하기에 불편했다. 음향학자들은 순음을 지속적이고 안정하게 발생시켜 주고 더 나아가 음의 진동수나 세기를 원하는 대로 쉽게 조절할 수 있는 장치를 요구하였다.

레일리가 음원에 대한 연구에 뛰어 들게 된 것은 개선된 음원에 대한 음향학 연구자들의 요구가 무르익은 시점에서였다. 그는 소리를 발생시키는 장치를 개선함으로써 음향학 실험 연구에 실질적인 도움을 주기를 원했다. 그런 점에서 노래하는 불꽃(singing flame)은 탐구될 가치가 있었다. 레일리는 1870년대 후반에 노래하는 불꽃을 음향학 실험에서 다양하게 활용하였고 실험의 용도에 부합하도록 이것을 개선하였다. 당시까지 일반적인 노래하는 불꽃은 수소 불꽃 위에 양쪽이 열린 원통형 관을 수직으로 세운 것으로 수소 불꽃으로 가열된 공기기둥이 일정한 진동수의 음을 발생시키게 되어 있었다. 이때 보통 원통형 관은 순음이 아닌 복합음을 발생시켰으므로 음원으로서 별로 적당하지 않았다. 레일리는 순음을 발생시키는 음원으로 사용하기 위해 이 장치를 개선하였다.

레일리는 1875년에 우선 유리 공명기와 수소 불꽃을 이용해서 95cps의 순음을 만들어 냈다.[448] 일반적으로 노래하는 불꽃으로는 높은 진동수의 음보다 낮은 진동수의 음을 만들어 내기가 더 어려웠는

---

448) Rayleigh, "Acoustical Observations. Ⅱ", *Phil. Mag.* 7(1879), 162쪽; *Scientific Papers*, #61, 407쪽.

데 레일리는 같은 종류의 더 큰 공명기—산소 속에서 황의 연소를 보여주기 위해 만들어진 짧은 목을 가진 유리구—를 이용해서 64cps 의 순음을 만들어 냈다. 레일리는 더 낮은 진동수의 음을 내는 노래하 는 불꽃을 만들 수 있는지를 알아보기 원했다. 그는 자연 진동수[449] 가 64cps인 공명기에 직경 2인치, 길이 14인치인 종이관(paste board tube)을 연결하였다. 레일리는 계산을 통해서 이 경우에는 25cps의 음 을 낼 수 있을 것이라고 예상했는데 실제로도 수소 불꽃이나 다른 일 반 가스 불꽃을 사용해서 동일한 진동수의 음을 얻을 수 있었다.[450] 잠깐 동안 단일한 진동수의 순음을 얻기 위해서는 다른 형태의 공명 기, 예를 들면 입구가 넓은 병이나 항아리(jar)를 불꽃 위에 거꾸로 설치하는 것으로 충분했다. 그러나 이것으로는 원하는 순음을 지속적 으로 얻을 수 없었다. 위가 막힌 병의 경우에 내부의 공기가 제한되어 있어 시간이 경과함에 따라 소리가 점차 악화되기 때문이었다. 이러한 문제를 해결하기 위해서 레일리는 가운데가 부풀어 있지만 위아래로 통기(通氣)가 가능한 전구 모양의 파라핀 램프의 등피(paraffin-lamp chimney)를 사용하였다. 그는 좀 더 확실한 음을 내기 위해서 구멍이 뚫린 나무판으로 아래 구멍을 막고 밀랍으로 밀착시켜 주었다. 이로써 레일리는 지속적으로 원하는 낮은 진동수의 순음을 얻을 수 있었 다.[451] 또 노래하는 불꽃이 일정한 진동음을 내게 하기 위해서는 수 소 불꽃의 세기를 일정하게 조절하는 것이 중요했다. 순음이 나오더라 도 불꽃의 세기가 일정하지 않으면 진동수가 불안해져 좋은 음원이 될 수 없었기 때문이었다. 이를 해결하기 위해서 레일리는 일반적으로

---

449) 어떤 음원이 진동하여 음을 발생시킬 때, 특정한 진동수의 음들만을 발 생시키는데 그중에서 가장 낮은 음의 진동수를 자연 진동수라 한다.
450) Rayleigh, 앞의 글(*Scientific Papers*, #61), 407쪽.
451) 같은 글, 402쪽.

사용하는 수소병 대신에 가스의 압력을 일정하게 유지시켜 줄 수 있는 가스 용기(gas holder)를 사용하였다.[452]

레일리는 이렇게 만든 지속적 순음 발생 장치에서 나오는 음이 진정으로 순음인지 그리고 그 진동수는 일정한지 확인해 볼 필요가 있었다. 이를 위해 레일리는 맥놀이를 이용하였다. 표준적인 소리굽쇠는 일정한 진동수의 순음을 지속적으로 발생시키므로 표준적인 소리굽쇠와 새로 만든 장치에서 비슷한 진동수의 순음을 동시에 내게 하면 이들 사이에 맥놀이가 나타나고 맥놀이 진동수가 일정한 것으로부터 새 장치가 순음을 안정적으로 발생시키는 것을 확인할 수 있었다. 레일리는 이 확인 실험에서 자신의 장치와 표준적인 소리굽쇠 사이에서 2초이상의 주기를 갖는 맥놀이를 일으킬 수 있었다. 이때 그는 두 음원에서 나오는 순음의 세기가 거의 같으면 거의 소리가 안 들리는 현상, 즉 '근사적인 침묵'(approximate silence)이 일정한 간격으로 나타나는 것을 확인할 수 있었다. 이로써 개선된 노래하는 불꽃은 지속적 순음 발생 장치로서 사용될 수 있었다.[453]

레일리는 또 다른 흥미로운 음 발생 현상인 열에 의한 음의 발생 장치를 개선하여 그 효과를 보다 확실하게 만들었다. 이는 새로운 현상에 대한 탐구이면서 동시에 사용하기 편리한 새로운 음원을 찾아내려는 노력의 일환이었다. 1859년에 리케(Peter Leonhard Rijke)는 가열된 금속 그물(metal gauze)에 의해 관 속에서 소리를 만드는 특이한 장치에 관해 발표하였다. 레일리는 이 장치를 대규모로 꾸며서 효과가 더 확실한 장치로 재현하는 데 성공했다.[454] 그는 5피트 길이에

---

452) 같은 글, 403쪽.
453) 같은 글, 403쪽. 레일리가 실제로 이 장치를 사용하여 수행한 실험의 예가 이 책의 7.3.1.에서 제시되었다.
454) 같은 글, 408쪽.

4.75인치의 직경을 갖는 주철 파이프를 자신의 실험실 지붕에 있는 들보에 매달아 테이블 위로 늘어뜨렸다. 그는 이 파이프의 내부에 꼭 끼일 정도의 직경을 갖도록 주물을 망치로 두드려 금속 그물을 만들었다. 그는 이 금속 그물을 파이프의 아래에서 1피트 높이까지 밀어 올려 마찰에 의해 제 높이를 유지하도록 하였고 파이프 아래 열린 구멍을 통해서 커다란 장미 버너(rose burner)에서 나오는 불꽃으로 이 금속 그물을 밝은 붉은색이 될 때까지 가열했다. 또한 그는 가열되는 금속 그물의 색을 보기 위해서 파이프의 아래쪽 구멍에 거울을 설치해서 안을 들여다볼 수 있도록 했다. 레일리는 금속 그물이 원하는 색까지 가열되면 가스의 공급을 중단하거나 버너를 제거하였다. 그로부터 약 1초 후부터 일정한 진동수의 음이 나오기 시작했다. 처음에는 방을 흔들 정도로 큰소리가 났는데 잠시 후 그 소리는 점차 줄어들었다. 소리의 지속 시간은 10초 정도 되었다. 레일리는 다른 연구자가 고안한 실험 장치를 이렇게 대규모로 꾸밈으로써 작은 장치로는 미미한 효과밖에 낼 수 없었던 것을 확실한 효과를 낼 수 있도록 만들어 음원으로서의 가치를 향상시켰다.

레일리가 개발한 음원으로서 특히 주목할 만한 것은 새소리 발생 장치이다. 이 장치는 초음파까지 발생시킬 수 있는 장치로서 극히 짧은 파장의 소리를 발생시킴으로써 소리의 취급을 훨씬 용이하게 만들어 주었다. 이로써 실험실 내에서 안정하고 지속적인 초음파 음원을 레일리는 확보할 수 있었다. 초음파의 사용은 실험 음향학상 중요한 발전이었다. 보통의 가청 음파는 파장이 길어 여러 가지 취급상의 어려움이 있었지만 초음파의 경우에는 파장이 2 cm 이내에 불과하여 여러 가지 음향학적 현상들을 실험실 내에서 관찰하는 것을 가능하게 만들어 주었다. 레일리가 이 장치를 개발하기 전에 일반적으로 알려진, 겨우 들을 수 있는 단파장(短波長)의 음파로는 새소리가 있었다. 그리하여 레일리는 새소리를 닮은 높은 음을 발생시키는 장치를 개발하였다. 그 이전에 초음파를 발생시키는 장치가 없었던 것은 아니지만 레일리의 인공 새소리 발생 장치처럼 적극적으로 음향학 실험에 도입되어 중요한 실험상의 진보를 가져온 장치는 없었다.

레일리는 인공 새소리를 얇은 판의 원형 구멍으로부터 나온 공기의 흐름이 이 구멍으로부터 약간의 거리에 평행하게 유지되는 원형 구멍에 주입되도록 하여 만들었다.[455] 레일리는 주석으로 된 지름 1 내지 2 cm의 원형판에 지름 0.5 mm의 구멍을 뚫고 여기에 꼭 맞는 튜브를 연결하였다. 그리고 주석판의 반대편에 가운데 구멍이 있는 삼각형의 주석판을 1 mm의 간격을 두고 나란히 접근시킨 상태에서 삼각형의 변들을 아래 원판에 용접하였다. 그런 상태에서 공기를 빠르게 주입시키면 파장이 1 cm인 고음을 얻을 수 있었고 주의 깊게 공기의 흐름을 조절하면 파장 0.6 mm, 진동수로 따지면 50,000 cps의 초음파를 얻을 수 있었다. 이때 진동수를 일정하게 유지시키기 위해서는 바람의 세기를 일정하게 유지시킬 필요가 있었는데 이를 위해서는 액주식 압력계가 요긴하게 사용되었다. 다소 강한 압력은 나사식 핀치콕을 연결 고무 튜브에 설치하여 제어될 수 있었다.[456]

---

455) Rayleigh, "Interference of sound", *Royal Institution Proceedings* 17(1902), 1-7쪽: *Scientific Papers*, #273, 1-6쪽. 레일리는 1870년대 말경에 이미 새소리 발생 장치를 사용하고 있었는데 그 정확한 작동 메커니즘은 알 수 없지만 이후에 사용되었던 것과 큰 차이는 없을 것으로 보인다. 다만 이 장치를 사용해서 초음파를 발생시키기 위해서는 다소의 개선이 필요했을 것이다. Rayleigh, 앞의 글(*Scientific Papers*, #61), 402-405쪽: Rayleigh, "Acoustical Observations IV", *Phil. Mag.* 13(1882), 344-345쪽: *Scientific Papers*, #84, 95-102쪽.

456) Rayleigh, 앞의 글(*Scientific Papers*, #273), 4쪽.

레일리가 이렇게 짧은 파장의 소리를 얻을 수 있게 됨으로써 실험
실 규모의 음향학 실험은 훨씬 용이해졌다. 그 이전에는 좀처럼 좋은
결과를 내지 않았던 소리의 반사, 회절, 간섭 등의 실험이 실험실 내
에서 이루어질 수 있었다. 실험실이라는 닫힌 공간은 일반적으로 음향
학 실험에서 사용되었던 낮은 주파수의 소리로 반사, 회절, 간섭 실험
을 하기에는 적당하지 않았다. 그 이유는 파장이 긴 소리가 파장이 짧
은 소리에 비해서 실험실의 벽과 기물에서 더 심하게 교란되었기 때
문이었다. 그러나 이제는 새소리를 실험에서 사용하게 됨으로써 교란
을 줄여 주었기에 정밀한 실험이 가능해졌다.

단파장 음원의 또 다른 유익은 소규모의 재현 실험에서 사용될 수
있다는 점이다. 레일리에 의해 새소리를 사용해서 재현된 소규모 실험
의 대표적인 예는 속삭임 회랑(whispering gallery)의 재현 실험이
다.[457] 속삭임 회랑은 이해하기 힘든 기이한 현상으로 일찍부터 음향
학 연구자들의 관심을 끌었다. 레일리 자신도 일찍이 이에 대한 관찰
연구를 수행하였고 소리가 바닥 근처에서 원형 회랑의 호를 따라 기
어간다는 주장을 한 적이 있었다. 반면에 에어리는 이 건물이 작은 소
리를 놀랍게 잘 전달하는 것은 반구형의 돔에서 소리가 반사되기 때
문이라고 보았다. 1904년경에 레일리는 에어리의 주장을 비판하고 자
신의 주장을 입증하기 위해 소규모 실험을 계획하였다. 여기에 레일리
의 새소리 발생 장치가 요긴하게 사용되었다.[458] 레일리는 2피트의
폭과 12피트의 길이를 갖는 아연판을 반원 형태로 구부려 놓고 한쪽
끝 부분에 파장이 2cm인 새소리 발생 장치를 설치하고 소리가 접선

---

457) Rayleigh, "Shadows", *Royal Institution Proceedings*, Jan. 15(1904):
Scientific Papers, #293, 171-172쪽.
458) 같은 글, 172쪽.

방향으로 방출되도록 하여 속삭이는 사람(whisperer)의 역할을 맡게
하고 다른 쪽 끝 부분에는 민감 불꽃을 설치하여 듣는 사람의 역할을
하게 하였다. 여기에서 새소리 발생 장치를 써야 하는 이유는 속삭임
회랑이 소규모로 만들어졌기 때문에 거기에서 전파되는 음파도 소규
모로 만들어 주어야 했기 때문이다. 레일리는 설치된 민감 불꽃이 플
레어링(flaring)459)을 일으키는 것을 통해서 소리가 그곳에 도달한 것
을 확인할 수 있었다. 이때 레일리는 장애물을 새소리 발생 장치와 민
감 불꽃 사이에 놓아서 소리가 직접 전달되지 못하게 하였지만 불꽃
은 여전히 플레어링을 일으켰다. 그러나 아연판의 안쪽 곡면을 따라
중간 부분에 폭이 2인치가 넘지 않는 나무판을 놓았을 때 불꽃은 안
정을 되찾아 소리가 효과적으로 차단되었음을 나타냈다. 이것은 확실
히 소리가 곡면의 안쪽을 따라 둥글게 퍼져간다는 것을 입증해 주었
고 레일리의 주장과 일치하는 결과였다. 이와 같은 축소화된 모형실험
은 대규모의 상황을 실험실 안에서 재현할 수 있도록 해 줌으로써 공
간의 제약으로 오는 실험의 오차 요인들을 줄일 수 있는 효과를 발휘
하였다.460) 이렇게 음향학 실험 연구에서 초음파는 소리에 대한 연구
자의 통제력의 범위를 확장시켜 주었다.

---

459) 불꽃이 크게 요동하는 현상을 지칭한다.
460) 소규모 모형실험은 18세기와 19세기에 많이 행해졌다. 이러한 실험들의
    가치와 의의에 대한 분석적 연구를 W. D. Hackmann, "Scientific
    Instruments: Model of Brass and Aids to discovery", in David Gooding,
    Trevor Pinch, Simon Schaffer, eds., *The Uses of Experiment: Studies
    in the Natural Sciences*, (Cambridge: Cambridge University Press,
    1985), 31–65쪽에서 볼 수 있다.

(2) 민감 불꽃의 개선

실험에서 소리의 검출은 객관적이면서 정확해야 했다. 이를 위해서는 어떠한 특정한 공간에 소리, 즉 매질의 진동이 존재하는가 그렇지 않은가를 확인하는 것이 필요했다. 그러나 거의 유일하게 사용되어 왔던 소리의 검출 도구인 사람의 귀는 많은 약점을 가지고 있었다. 우선 귀는 국소적 검출에 불리했다. 사람의 귀가 둘이기 때문에 음파의 존재 위치를 귀로 확인할 때 그것은 머리 크기 정도의 오차의 범위를 가질 수밖에 없었다. 이는 사람이 소리를 들었을 때 그것을 오른쪽 귀로 들었는지 왼쪽 귀로 들었는지를 정확하게 분별할 수 없기 때문이다. 이를 피하기 위한 방안으로 한쪽 귀를 막는 방법이 널리 사용되었는데 귀를 막고도 소리가 뼈를 통해 전달되기 때문에 이러한 노력이 그렇게 성공적이지는 못했다.

소리 검출 장치로서 귀의 또 다른 약점은 객관성 확보의 어려움에 있었다. 청력에 있어 개인차는 의외로 심해서 훈련받은 민감한 귀와 평범한 사람, 특히 나이든 사람의 귀는 들을 수 있는 소리의 세기와 진동수에 있어 매우 차이가 컸다. 그러므로 실험의 재현 가능성이 개인차에 의해 크게 달라졌고 이로써 실험의 객관성의 확보도 상당한 장애가 뒤따랐다. 그러므로 훈련받지 않은 귀로도 특정음을 들을 수 있게 만들어 주는 장치가 부지런히 연구되었다. 헬름홀츠 공명기도 그런 목적으로 활용되었다. 이 도구는 귀가 감별하기 어려운 배음을 분리시켜 증폭시킴으로써 훈련받지 않은 일반인이 손쉽게 배음을 검출할 수 있게 만들어 준 장치였지만 미약한 순음을 증폭시키는 데에도 활용되었다.

귀를 써서 하는 실험이 갖는 또 다른 약점은 청각이 시각에 비해

신뢰도가 무척 낮다는 점에 있었다. 사람은 청각보다 시각에 대한 의존도가 매우 커서 귀로 하는 관찰보다 눈으로 하는 관찰이 더 객관적이라고 믿는 경향이 있다. 따라서 소리의 존재를 귀로만 알 수 있고 눈으로 확인할 수 없다는 것은 음향학 실험 연구자들에게 걸림돌이었다. 이러한 문제를 해결하기 위해 19세기 실험 음향학자들은 진동의 시각화를 추구했고 많은 성과를 얻어냈다.

이런 이유에서 레일리는 음원의 개선뿐 아니라 소리 검출 장치의 고안 및 개선을 위해 부단히 노력했다. 레일리가 시각적 소리 검출 장치로서 우선적으로 주목한 것은 민감 불꽃이었다. 1880년에 레일리는 이미 틴들이 소리 검출 장치로 개량하여 소개하였던 민감 불꽃을 더 나은 장치로 만들어 내려는 시도에 관해 발표했다.[461] 이 장치는 기본적으로는 틴들의 민감 불꽃과 그 원리가 크게 다르지는 않았다. 틴들의 민감 불꽃은 불꽃의 기부(基部)인 분사 부위가 소리를 감지하는 부분이었고 불꽃은 단지 지시자(indicator)의 역할을 하게 되어 있었다. 그러므로 민감 불꽃은 수 밀리미터 정도의 지름을 갖는 작은 영역인 불꽃의 기부 근처에 존재하는 공기의 진동을 불꽃의 흔들림으로 가시화하는 점에서 국소화의 능력이 귀에 비해 탁월했다. 또한 민감 불꽃은 청력의 개인차에 관계없이 누구나 불꽃의 흔들림에 의해 소리의 존재를 시각적으로 확인할 수 있고 심지어 가청 주파수의 영역 밖에 있는 소리까지 그 존재를 눈으로 확인할 수 있다는 장점을 가졌다.

그러나 민감 불꽃이 실험에서 소리 검출 도구로 쓰이는 데에는 한 가지 제약이 따랐다. 민감 불꽃은 소리에 민감하지만 미세한 외풍(外風)에도 쉽게 불꽃이 교란되는 단점을 가졌다. 이러한 단점을 제거하

---

461) Rayleigh, "On a New Arrangement for Sensitive Flames", *Camb. Phil. Soc. Proc.* 4(1880), 17-18쪽: *Scientific Papers*, #70, 500쪽.

기 위해서 1870년대에는 버너의 가스 분출구 주위를 관으로 둘러싸서 공기가 스며들지 못하도록 밀봉하고 이 관의 끝에 분사물이 도달해서야 불이 붙도록 하는 장치가 제안되었다. 그러나 이 경우에는 외부 공기의 진동이 민감성의 장소인 불꽃의 기부에 도달하기가 어렵고 도달하더라도 세기가 매우 약화된 상태에서 도달하여 민감성을 극도로 저하시켰다.

  레일리는 이러한 종전의 민감 불꽃들이 갖는 단점을 보완하는 장치를 고안하려고 애썼다. 그는 외풍에 쉽게 교란되지 않으면서도 민감성을 떨어뜨리지 않는 새로운 장치를 고안하기를 원했던 것이다. 마침내 레일리는 이러한 요건을 충족시키는 민감 불꽃 장치를 고안해 냈다. 레일리가 개선한 민감 불꽃은 다음과 같은 모양을 하고 있었다. 바늘구멍 버너(pin hole burner)에서 석탄 가스의 분사물이 공기를 빼버린 공동(cavity) 안으로 수직으로 주입되었고 그것은 몇 인치 정도의 길이의 놋쇠관으로 유입되어 그 위 끝에 이르면 바깥 공기를 만나 불이 붙어 타게 되어 있었다. 그 공동의 앞쪽 벽은 탄력이 있는 박엽지(tissue paper)의 막으로 막아 놓아 그것을 통해서 외부의 소리의 진동이 버너에 도달할 수 있게 되어 있었다. 이것은 종전의 장치처럼 가스의 압력을 그렇게 높이지 않아도 민감성을 충분히 확보할 수 있었다. 민감성의 장소가 공동의 앞부분의 탄력적인 막으로 대치됨으로써 외풍에 의해 불꽃이 요동하는 것을 막아주면서도 소리의 진동은 잘 전달될 수 있게 되었다.[462] 이렇게 개선된 소리 검출 장치는 이후에 레일리의 정교한 음향학 실험을 위한 기초가 되었다.

---

462) Rayleigh, 앞의 글(*Scientific Papers*), 500쪽.

(3) 민감한 분사물에 대한 연구

분사물(jet)에 대한 수력학적 연구는 일찍이 마그누스(Gustav Magnus)에 의해 선구적으로 이루어졌다.[463] 그러나 그것의 음향학에서의 가치를 처음으로 인식한 이는 틴들이었다. 틴들은 분사물이 음에 대해 민감하게 반응한다는 점을 인식하기까지 집중적으로 이에 관한 연구를 수행했다. 틴들은 기체와 액체 분사물이 소리에 반응을 보이는 양상을 다양한 상황 속에서 관찰하였고 이를 『소리에 관해서』에서 상세히 기술하였다.[464] 레일리는 틴들의 책을 읽고 나서 자극을 받아서 자신도 다양한 기체와 액체 분사물에 대한 실험적 연구를 수행하였을 뿐 아니라 수력학적 입장에서 이론적 연구도 병행하였다. 레일리는 소리의 감지 도구로서 분사물에 대한 관심으로부터 이 현상 자체에 대한 관심에 이르기까지 폭넓게 이 현상에 대해서 연구하였다.

1879년에 레일리는 가열하여 길게 뽑은 유리 노즐에서 나오는 황연기의 분사물이 그 곁에서 진동시킨 256cps의 소리굽쇠에 의해 교란되는 것을 스트로보스코프를 이용해서 관찰하였다. 이 실험은 시계(視界)가 쉽게 어두워지기 때문에 조명에 특별한 주의가 요구되었고 배경은 되도록 어둡게 하고 눈은 분사물의 경로가 잘 보이는 각도로 유지할 필요가 있었다. 그리고 스트로보스코프의 원판에 원형으로 돌아가며 뚫린 구멍들의 폭의 합은 원주에 비하여 너무 작지 않은 비율을 차지해 어느 정도의 양의 빛이 눈으로 들어오도록 할 때 관찰이 잘 이루어질 수 있었다. 소리굽쇠의 진동수와 거의 일치하는 진동수에 스

463) G. Magnus, "Hydraulische Untersuchungen", *Annalen der Physik und Chemie* 95(1855), 18쪽: "Hydraulic Researches", *Phil. Mag.* 11(1856), 161-107, 178-197쪽.

464) Tyndall, *On Sound*(New York: Greenwood Press, 1969), 271-283쪽.

트로보스코프가 접근했을 때 레일리는 이전까지는 갈라지는 형태로 보이던 분사 연기가 뱀처럼 구불거리는 것을 볼 수 있었다.[465]

레일리는 분사물이 소리에 민감하게 반응하는 것은 분사물 자체에서 비롯되는 것이 아니라 공기의 진동이 근원이라는 것을 이해하는 데 있어 현상을 꿰뚫는 통찰력을 갖고 있었다. 그는 분사물의 민감성이 입자의 크기나 종류에 의존하지 않는 것으로부터 분사물의 역할은 단순하게 보이지 않는 공기의 운동을 가시화시켜 주는 것임을 지적하였고, 이를 실험을 통해 확인하였다. 레일리는 공기가 노즐에서 나와서 적당한 거리에 있는 촛불에 분사될 때 불꽃은 보이지 않는 분사물의 상태를 나타내주는 역할을 함을 여러 번 반복해서 확인하였다.[466]

더 나은 관찰을 위해서 레일리는 수중에서 색을 가진 액체 분사물을 사용해서 실험했다.[467] 연기 분사물에 비해 색물(coloured liquid)은 보다 취급하기가 쉬웠다. 이는 연기 분사물이 조명에 어려움이 있고 미세한 외풍에도 요동한다는 단점이 있는 반면에 색물은 이러한 단점을 제거할 수 있기 때문이었다. 수중 분사물 실험은 이미 사바르(Felix Savart)와 플라토(Joseph Plateau)에 의해 시도되었지만 레일리는 더 면밀한 실험을 통하여 새로운 사실을 알아냈다. 레일리는 색소로 적자색을 띠는 과망간산칼륨(permanganate of potash)을 주로 사용하였는데 이것은 분사 직후에 물속에 용해시켜 둔 황산제일철(ferrous sulfate)과 반응하여 탈색되었다. 색물은 주로 위에서 아래로 비커나 유리 탱크 속으로 분사되었는데 간유리를 통해서 뒤쪽에서 조명을 받았다. 이러한 액체 분사는 매우 민감해서 연기 분사나 불꽃의

---

465) Rayleigh, "Acoustical Observations V", *Phil. Mag.* 17(1884), 188쪽: *Scientific Papers*, #110, 268쪽.

466) 같은 글(*Scientific Papers*, #110), 270-271쪽.

467) 같은 글, 270-271쪽.

경우에는 검출하기 어려웠던 20 내지 50cps의 낮은 진동음에 대해서 민감하게 반응하였다. 민감성을 증진시키기 위해서는 분사의 압력을 조절할 필요가 있었다. 압력이 너무 크면 가해진 진동과 무관하게 색 물이 퍼지고 변환(transformations)이 불규칙해지며, 반면에 너무 약하면 민감성이 떨어져 반응이 신통치 않게 나타났다. 이 모든 과정을 좀 더 잘 보기 위해서는 단속적 조망(intermittent vision)을 이용하는 것이 좋았고, 가장 좋은 결과는 약간 다르게 조율된 두 개의 소리굽쇠를 이용할 때 나타났다. 하나의 소리굽쇠는 분사물을 흐트러뜨리는 역할을 하고 다른 하나는 가지의 한쪽에 달린 구멍 난 판을 통해서 단속적 조망을 제공하는 것이었다. 둘의 진동수의 차이는 1cps 정도였다. 레일리는 일정한 회전 속력을 얻을 수 있도록 제어되는 스트로보스코프 판을 두 번째 소리굽쇠를 대신해서 쓰기도 했다. 보통 수력 엔진에 의해 구동되는 판을 써서 관찰하면 분사 초기의 주기적인 양상을 볼 수 있었고 좀 더 내려가면 주기성이 상실되는 것을 관찰할 수 있었다. 이러한 주기성을 더 잘 관찰할 수 있는 방법은 원형 노즐을 약간 찌그러뜨리는 것이었는데 레일리는 그렇게 함으로써 분사물이 굽이치는 것을 훨씬 더 잘 볼 수 있었다.

레일리는 이러한 물 분사의 관찰에 그치지 않고 왜 물 분사가 연기 분사에 비해서 낮은 진동수의 음에 민감한가에 관심을 기울였다. 그것은 관찰에 적당한 물 분사의 속력이 연기 분사에 비해서 느리다는 것에서 찾을 수 있었다. 이러한 차이는 흔히들 물이 밀도가 더 높기 때문에 나타나는 것으로 간주되었으나 레일리는 그것이 물의 점성이 연기에 비해서 떨어지기 때문인 것으로 판단했다.[468]

---

468) 이러한 점에 대해서는 이미 레일리가 1880년에 한 논문을 통해서 설명 했다. Rayleigh, "On the Stability, or Instability, of Certain Fluid

실제 점성이 분사에 미치는 영향을 알아보기 위해서 레일리는 또
다른 실험을 수행했다.[469] 1880년 1월에 레일리는 우선 물의 온도에
따라 분사가 달라지는가를 알아보았다. 하나는 130°F, 다른 하나는 5
2°F로 분사했을 때 더운 물은 1.5인치의 압력에서 플레어링이 일어났
고 차가운 물은 3.5인치의 압력에서 플레어링이 일어났다. 1인치의 압
력에서 차가운 물의 분사는 곧 소멸되었지만 뜨거운 물의 분사는 여
전히 활발했다. 그 후 4월과 5월에 동일한 실험이 케임브리지에서 레
일리의 조수 역할을 하고 있던 시지윅 부인(Mrs. Sidgwick)에 의해
행해졌다. 그녀는 뜨거운 물과 차가운 물뿐 아니라 알코올과 물의 혼
합물들을 가지고 실험했다. 이 혼합물들은 물보다 훨씬 점성이 컸다.
메틸알코올과 물의 혼합물에서는 과망간산칼륨이 색소로 적당하지 않
았으므로 아닐린 블루(aniline blue)가 대신 사용되었다. 여러 차례에
걸쳐서 혼합비를 바꾸어 가면서 실험한 결과는 점성이 결과에 미치는
영향이 매우 크다는 것이었다. 메틸알코올을 많이 섞어주면 점성이 증
가하므로 그 비가 클수록 플레어링 없이 최대로 올릴 수 있는 압력이
커졌고 민감성을 위해 최소로 요구되는 입력도 커졌다. 메틸알코올의
양을 줄여줄수록 점성은 감소하여 물에 가까워져 플레어링 없이 최대
로 올릴 수 있는 압력은 작아졌고 민감성을 위한 최소 압력도 작아졌
다. 여기에 물의 온도를 높여주면 점성이 작아져 낮은 압력에서도 분
사물은 소리에 민감했고 플레어링이 일어나는 최대 압력도 매우 낮아
졌다. 이러한 결과들은 온도와 알코올의 혼합을 통해 점성을 변화시키
는 것이 분사물의 민감성에 결정적으로 영향을 미친다는 것을 확실히

Motions", *Lond. Math. Soc. Proc.* 11(1880), 57-70쪽: *Scientific
Papers*, #66, 474-487쪽.

469) Rayleigh, 앞의 글(*Scientific Papers*, #110), 273-275쪽.

입증해 주었다.

분사물에 관한 이와 같은 레일리의 연구는 민감한 소리 감지 장치를 만들려는 노력뿐 아니라 분사물의 본성에 대한 수력학적 탐구로서 계속되었다. 이 경우는 당초에는 틴들에 의해 민감한 소리 검출 장치로서 관심을 끌었던 분사물이 레일리에게 있어서는 그 자체가 연구 대상이 된 것으로 도구의 작동 원리에 대한 이해 자체가 탐구 주제가 된 사례를 보여준다. 레일리는 음향학적 진동과 함께 수력학에 대해 깊은 관심을 가졌고 분사물은 그러한 양방향의 관심을 이끌어 내는 대상 중 하나였다.

2) 정밀성의 증진[470]

음향학을 엄밀 과학으로 승격시키려는 레일리의 이상은 그의 수학적 작업뿐 아니라 실험에서도 정밀성을 증진시킬 수 있는 여러 가지 방안을 끊임없이 모색하게 만들었다. 레일리는 이론에서는 계산 수학의 진작을 통해서 정확한 상수 값들을 얻어 정밀한 이론적 유도치를 내놓았고 실험에서는 되도록 정밀한 관측을 가능하게 해 주는 장치를 만들어 내려고 부단히 노력했다. 여기에서는 실험에서의 정밀성의 증진을 위한 레일리의 노력 중 두드러진 두 가지 사례를 살피도록 하겠다.

너무 빨리 진동해서 볼 수 없는 물체를 가시화하려는 노력은 19세기 후반기에 상당한 성과를 거두었다. 그것은 회전 거울, 진동 현미경,

---

470) 이 절의 내용은 필자의 다음 논문을 통해 이미 출판되었다. 구자현, 「레일리의 실험 음향학 연구의 성과: 도구의 개선과 정밀성의 증진」, 한국음향학회지, 22(2003), 113-120쪽.

스트로보스코프 등을 통해서 가능해졌는데 특히 퇴플러의 스트로보스 코프는 빠르게 반복되는 운동을 느리게 볼 수 있게 해 주는 장치로서 감각의 한계를 뛰어 넘게 해 주는 요긴한 도구였다. 이것은 단순한 관찰 도구가 아닌 측정 도구로서 빠르게 진동하는 물체의 진동 주기를 측정하는 데도 사용되었다. 이러한 진동 주기에 대한 정밀한 측정을 위해서는 스트로보스코프의 회전판을 회전시켜 주는 속도를 손쉽게 조절하고 일정하게 유지시켜 주는 것이 꼭 필요했다.

이러한 필요성에 부응해서 레일리는 회전 속도 조절기의 고안을 위해 노력하였다. 그 결과로 1878년에 발표된 것이 회전 속도를 일정하게 유지시켜 주는 회전 속도 조절 장치였다.[471] 이 장치가 고안되기 이전까지는 등속 원운동이 요구되는 축은 보통 작은 수평 수력 엔진이나 전자석 조절 장치에 의해 근사적인 등속으로 구동되었다. 이러한 장치는 엄밀하게 등속 원운동을 하는 것이 아니기 때문에 정밀한 실험을 위해서는 부적절했다. 이러한 문제를 해결하기 위해서 레일리에 의해 고안된 것이 소리굽쇠에 의해 제어되는 조속기(調速機)였다. 레일리는 회전축 수위에 등간격으로 4개의 연철 접극자(armature)를 배열하고 그것이 회전하면서 주기적으로 그로브 전지(Grove cell)의 회로에 연결된 말굽 전자석의 극 앞에 오게 하였다. 말굽 전자석에 전류가 일정한 주기로 단속적으로 공급되면 접극자는 말굽 전자석의 밀고 당기는 힘에 의해서 일정한 속력으로 회전했다. 레일리는 전자석에 단속적인 전류를 공급하기 위해서 1초에 40회 진동하는 소리굽쇠의 가지 끝이 작은 백금 압핀에 주기적으로 닿도록 하고, 이 소리굽쇠와 압핀이 회로의 일부가 되게 하였다. 이렇게 만들어진 초당 40회의 단속

471) Rayleigh, "Uniformity of Rotation", Nature 18(1878), 111쪽: Scientific Papers, #56, 355-356쪽.

적 전류를 소리굽쇠의 두 가지 사이에 놓인 다른 전자석에 흐르게 하면 이 전자석의 인력에 의해 소리굽쇠의 진동이 계속 유지되면서 처음의 전자석에 단속적 전류를 공급할 수 있었다. 회전축은 소리굽쇠가 4번 진동할 때마다 한 번씩의 회전을 하게 만들어져 있었으므로 이 장치는 초당 10회의 회전을 하게 되어 있었다. 추진력이 원하는 속력을 만들어 내기에 적당하면, 접극자는 전자석에 의해 끌려서 전자석의 자화(磁化) 주기의 중간에 정확하게 전자석의 맞은편에 도달했다. 이 위치가 유지되면 자석은 전반적으로 그것에 영향을 미치지 않게 되지만 만약 추진력에 교란이 생겨 접극자가 본래의 위치에서 벗어나게 되면 이 잘못이 보상될 때까지 자석에 의해 끌리게 되어 있었다.[472]

레일리는 이러한 작동이 더욱 원활하게 일어나게 하기 위하여 접극자가 부착되어 있는 회전축에 물이 차 있는 동심의 원형 금속 튜브를 설치하였다. 이것은 회전축의 회전 속도가 증가할 때나 감소할 때 속도의 증감을 저지하는 역할을 했다. 그리고 더불어 회전축이 등속으로 운동하는가를 확인할 수 있는 보조 장치로서 회전축과 함께 회전하는 검은색 원반에 동심의 고리 모양으로 숫자를 달리한 구멍들을 뚫어 이 구멍으로 진동하는 소리굽쇠를 관찰할 수 있게 하였다. 회전 속도가 등속으로 유지될 경우에 4개의 구멍이 뚫린 고리를 통해서 소리굽쇠를 들여다보면 소리굽쇠의 가지가 정지해 있는 것으로 보였고, 이를 통해 등속 원운동이 지속되고 있는지를 정확하게 알 수 있었다. 이 조속기는 스트로보스코프를 정밀하게 등속 원운동시키는 것을 가능하게 해 주었고 이로써 고속 진동체의 진동의 관찰이나 진동 주기의 측정이 정확해졌다. 이 장치와 유사한 장치가 라쿠르(La Cour)에 의해 수년 전 '소리 바퀴'(phonic wheel)라는 이름으로 고안되었지만 레일리

---

472) 같은 글(Scientific Papers, #56), 356쪽.

는 독립적으로 이 장치를 고안하였다.

　실험 음향학의 정밀성을 증진시키려는 레일리의 시도는 또 다른 방면에서 결실을 보았다. 1880년 11월에 레일리는 미세한 공기 진동을 측정할 수 있는 장치를 고안하였다.[473] 이 장치는 레일리가 캐번디시 연구소에 부임한 후, 맥스웰이 남겨 둔 장치를 사용하여 시작하게 된 전기 저항의 표준을 정하려는 실험을 수행하는 가운데 착안된 것이었다. 레일리는 코일의 전기 저항을 측정하기 위하여 지구 자기장 속에 원형 코일을 수직으로 세워서 대칭축을 회전축으로 삼아 회전시켜서 유도 전류를 만들고 그것에 의해 코일 안에 매달려 있는 자침이 편향을 일으키도록 해서 그 각도를 측정하고자 했다. 이 과정에서 레일리는 코일이 담겨 있는 상자 안에서 발생하는 기류에 의해 자침과 거기에 부착된 거울이 흔들리는 것을 발견했다. 이러한 현상에 착안하여 만들어진 것이 공기 진동 세기 측정기였다.[474] 그림 7-1에서 볼 수 있듯이 레일리는 놋쇠로 만든 튜브(A)의 한쪽 끝을 유리판(B)으로 막고 그 뒤에 슬릿을 설치하고 이것을 등으로 비추었다. 그리고 자석이 날린 가벼운 서울(D)을 놋쇠 듀브의 중간에 가는 명주실로 매달고, 슬릿에서 들어온 빛이 거울에 45도로 비추도록 하여 거울에 반사된 후에는 유리창(E)을 통해서 밖으로 빠져나와 렌즈(F)를 통과하여

473) Rayleigh, "On an Instrument Capable of Measuring the Intensity of Aerial Vibrations", *Phil. Mag.* 14(1882), 186-187쪽: *Scientific Papers,* #91, 132-133쪽. 이 장치는 레일리가 캐번디시 연구소에서 전기 저항을 측정하는 실험에서 사용한 기구를 개량하여 고안한 것이다. 원형적인 기구에 대해서는 Rayleigh and Arthur Schuster, "On the Determination of the Ohm [B. A. Unit] in Absolute Measure", *Proc. Roy. Soc.* 32(1881), 104-141쪽: *Scientific Papers,* #79, 1-37쪽을 보라. 이 기구는 나중에 'Rayleigh disk'라고 불린다.

474) R. J. Strutt, 앞의 책, 114-115쪽.

눈금자(G)를 비추도록 했다. 놋쇠 튜브의 다른 쪽 끝은 박엽지로 된
박판(H)으로 막았는데 CD의 거리와 DH의 거리를 같게 조절했으며,
박판 뒤쪽에는 미끄럼 튜브 I를 끼워서 연장시켜 놓았다.

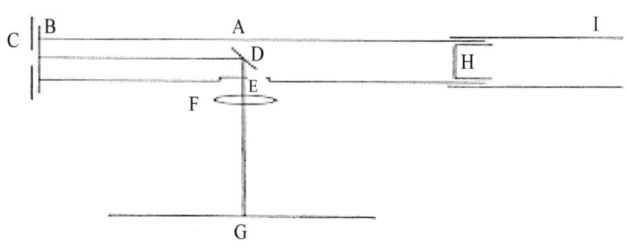

출전: Rayleigh, *Phil. Mag.* 14(1882), 186쪽.

그림 7-1 공기 진동 세기 측정기

이 장치는 공기압과 자기력의 평형에 의해 공기 진동의 세기를 잴
수 있도록 만들어진 것이었다. 이 원통의 CH의 거리가 반 파장에 해
당하는 음이 I쪽으로 들어오게 되면 H는 튜브 안에 형성된 정상파의
마디가 된다. 이를 위해서 박판 H는 음파의 진행에 거의 방해가 되지
않아야 한다. 즉 박판의 역할은 추가적인 공기의 흐름이 유입되는 것
을 막는 것이다. 이때 D에는 배가 위치해 거울이 큰 공기의 요동에
노출되게 되어 튜브의 축에 대하여 직각이 되게 하려는 힘을 받게 된
다. 이러한 경향이 자기력에 의해 저지되어 눈금자에 나타나는 상은
가해진 소리의 세기에 비례하여 이동하게 된다. 이로써 레일리는 가해
진 소리의 세기를 비교할 수 있었다.[475]

레일리는 이 장치의 민감성을 증진시키기 위해 지자기의 효과를 외
부 자석을 설치하여 감소시키는 것 이외에도 매달린 자석의 관성 모

---

475) Rayleigh, 앞의 글(*Scientific Papers*, #91), 132쪽.

멘트를 줄임으로써 이를 작은 힘에도 움직일 수 있도록 만드는 것이 중요하다고 지적했다. 레일리는 자신이 만든 이 장치가 만족스럽게 작동하는 것을 확인했고 이 장치를 사용하기 전에는 비슷한 세기로 생각했던 소리가 의외로 큰 세기 차이를 보이는 것을 확인하였다.[476] 이후에 이 장치는 공기 중에서 발생한 소리의 세기 측정의 표준적 도구가 되었다.[477] 레일리는 인간이 들을 수 있는 가장 작은 소리의 압력 진폭을 측정하는 데 이 장치를 사용하였고 50cps의 음의 경우에 0.001dyne/cm^2의 압력 변이를 인간의 귀는 감지할 수 있다고 보고했다. 이러한 정밀 측정 도구는 이후의 실험 음향학의 엄밀성 증진에 중요한 기여를 했다.

3) 결정적인 실험

레일리는 다른 이들의 연구에 대하여 항상 관심을 열어두고 있었다. 그러다가 어떤 문제에 대하여 실험 연구자들 사이에 논쟁이 있을 때에는 자신이 직접 실험을 재현해 봄으로써 그러한 논쟁을 종식시키고자 했다. 어떤 경우에는 레일리가 다른 이의 실험 결과에 이의를 제기함으로써 논쟁을 시작하기도 했다. 이렇게 레일리는 논쟁할 때 더 이상의 논쟁이 필요 없을 정도로 확실한 설득력을 보장하는 '결정적인 실험'(experimentum crucis)을 고안해 실행해 보임으로써 논쟁을 종식시키고자 했다. 이를 위해서는 더 나은 실험 설계와 정확한 관찰이 설

---

476) 같은 글, 186쪽.
477) Beyer, *Sounds of Our Times: Two Hundred Years of Acoustics*(New York: Springer-Verlag, 1999), 93쪽.

득력의 관건이 되었다. '결정적인 실험'의 유효성에 대한 논란도 있었지만 레일리는 단 1회의 치밀한 실험으로 경쟁하는 이론 사이에 성패를 결정할 수 있다고 생각했다.[478] 이 절에서는 이러한 결정적인 실험 중 주목할 만한 것 몇 가지를 살펴보고자 한다.

(1) 침묵점의 위치

소리가 반사면에 부딪쳐 반사될 때 입사하는 음파와 반사되는 음파가 간섭을 일으켜 침묵점들(points of silence)이 음원과 반사면 사이에 생기게 되는데 음향학자들은 이 점들이 어디에 분포하는가에 대해서 관심이 있었다. 일찍이 1839년에 사바르(Felix Savart)는 침묵점이 반사면으로부터 4분의 1 파장의 짝수배의 거리들에서 나타난다고 주장했다. 그러나 레일리는 사바르가 주장한 침묵점의 위치를 받아들이기 어려웠다. 사바르의 주장에 대해서는 곧 제벡(A. Seebeck)이 반론을 제기했지만 레일리가 보기에 문제가 명쾌하게 해결되지 않았다.[479] 레일리는 사바르나 제벡의 혼동의 근원은 침묵점이 검출 장치의 특성에 따라 다르게 나타난다는 점을 간과한 데 있었음을 간파했다. 레일리는 검출 장치로 귀를 사용할 때와 막을 사용할 때는 침묵점이 나타

---

478) 결정적인 실험을 예외적인 사건으로 간주하여 이론 사이의 심판자의 역할을 할 수 없다고 보았던 Louis-Bertrand Castel의 논의나 치밀한 실험 연구를 진행시켰으나 인위적 과학도구에 대한 반감을 가지고 결정적인 실험의 가능성을 거부한 Johann Wolfgang Goether의 논의는 18세기와 19세기 전반까지 이에 관한 논쟁이 활발했음을 시사해 준다. Thomas L. Hankins, "The Ocular Harpsichord of Louis-Bertrand Castel: or, The Instrument That Wasn't", *Osiris* 9(1994), 148-150쪽, 154-156쪽을 보라.

479) Rayleigh, "Acoustical Observations. II", *Phil. Mag.* 7(1879), 149-162쪽: *Scientific Papers*, #61, 402-414쪽.

나는 양상이 다르다는 것을 인식했다. 레일리는 귀의 경우에는 귓구멍의 입구에서 압력의 변이가 없을 때 침묵의 상태를 감지한다고 생각했다. 이것은 튜브나 원뿔 또는 어떤 형태의 공명기 같은 보조 기구를 귀에 끼우거나 자연 상태에서나 마찬가지였다. 반사판을 써서 순음을 수직으로 반사시킬 때 반사판에서 4분의 1 파장의 홀수배만큼 떨어져 있는 곳들에서 침묵점이 나타났다. 반면에 막을 검출 장치로 쓸 때에는 반사판에서 4분의 1 파장의 짝수배인 곳에서 막이 진동하지 않았다. 레일리는 일반적으로 속도가 0이고 압력의 변이가 최대인 곳을 마디라고 부르고 압력의 변이가 0이고 속도가 최대인 곳을 배라고 부르는 오르간 파이프의 이론에서 사용하는 배와 마디의 정의를 그대로 채용했다. 그러므로 귀는 배에서 침묵을 감지하고 막은 마디에서 진동이 없는 셈이었다.

그러나 사바르는 침묵점을 마디와 동일시했으며 반사면에서 4분의 1 파장의 짝수배의 거리들에서 침묵점이 나타난다고 보고했다. 이러한 사바르의 결과를 가리켜 레일리는 "잘못된 이론적 관점을 사실과 조화시키려는 노력"이라고 비판했다.[480] 사바르는 1839년의 논문에서 그의 실험에서 벽과 벽에 가까운 외이 사이의 측정된 거리에 27 mm를 더했는데 그것은 외이(外耳)와 고막 사이의 거리를 상정한 것이었다. 그리고 벽에서 먼 귀에 대해서는 같은 거리를 빼야 한다고 보았다. 이에 대해 레일리는 의견이 달랐다. 그는 항상 외이의 입구에서 압력 변이가 측정되어야 한다는 입장이었다.

1845년에 나온 사바르의 두 번째 논문에 대해서도 레일리는 잘못된 점을 지적했다. 사바르는 침묵점이 벽에 가까운 귀에 의해 관찰되건 먼 귀에 의해 관찰되건 동일하다는 결론을 내렸고 내이는 두 귀의 중

---

480) 같은 글(*Scientific Papers*, #61), 404쪽.

간에 위치해 있다고 보고 벽에서 가까운 귀까지의 거리에 외이에서 내이(內耳)까지의 거리 50 mm를 더했다. 레일리는 이러한 사바르의 조치는 잘못된 것이라고 보았다. 레일리는 이것이 사바르가 자신의 실험 결과와 4분의 1 파장의 짝수배에서 침묵점들이 나타난다는 이론적 설명을 부합시키기 위한 의도에서 행한 것이라고 판단했다.

레일리는 머리라는 장애물이 있을 때 일어날 수 있는 상황을 계산을 통해서 이끌어 냈고[481] 자신이 직접 실험을 수행함으로써 자신의 주장을 뒷받침하려고 했다. 레일리는 등피와 수소 불꽃을 사용한 노래하는 불꽃으로 e' b [482]의 순음을 발생시켰다. 이 음의 경우 4분의 1 파장은 11인치 정도였다. 레일리는 이 장치를 벽에서 18피트에서 50피트 사이에서 움직여 가면서 한쪽 귀만 막고 열린 귀는 벽을 향한 관찰자로 하여금 침묵점의 위치를 감지하도록 하였다. 관찰자는 침묵점의 위치를 정확하게 잡아낼 수는 없었지만 레일리는 한쪽 귀에 최소 세기의 소리가 들리는 위치는 다른 쪽 귀에 최소 세기의 소리가 들리는 위치와는 다르다는 것을 확인했다. 레일리는 관찰자의 얼굴을 벽면으로 향하고 실험을 수행했을 때에는 자신의 이론이 예측한 대로 4분의 1 파장의 홀수배에서 침묵점들이 나타나는 것을 확인할 수 있었다.

여기에서 주목할 만한 점은 레일리가 자신이 개선한 불꽃 순음 발생 장치를 사용하여 실험을 수행하였다는 점이다. 그러나 이때 사용한 음의 파장이 상당히 긴 편이었기 때문에 회절 때문에 발생한 많은 교란으로 인해 레일리는 침묵점을 정확하게 찾아내는 데 실패했다. 그러

---

481) 같은 글, 403-404쪽.

482) 레일리는 헬름홀츠의 방식을 따라서 음 이름을 불렀다. 헬름홀츠는 피아노 건반의 가운데 C 음을 c'로 부르고 그보다 한 옥타브 높은 음은 c", 한 옥타브 낮은 음은 c라고 부르고, 두 옥타브 높은 음은 c"', 두 옥타브 낮은 음은 C로 불렀다.

자 레일리는 침묵점의 위치를 더욱 명쾌하게 파악하기 위해 더 짧은
파장의 소리를 사용하여 실험을 수행하였다.[483] 레일리는 자신이 고
안한 인공 새소리 발생 장치를 음원으로 사용했다. 그것은 잘 조절되
는 풀무(bellows)에서 나오는 일정한 압력의 공기를 좁은 구멍으로 통
과시켜서 고음 또는 초음파를 얻어내는 것이었다. 이 장치 외에 고음
의 오르간 파이프나 호각이 사용될 수도 있었다. 중요한 것은 이 기구
들이 순음을 발생시켜야 했다. 그리고 되도록 고음을 발생시켜야 불꽃
의 반응이 확실하게 나타났다. 레일리는 음원으로부터 몇 피트 떨어진
곳에 커다란 판자를 수직으로 놓아 소리가 반사되게 만들었다. 그리고
불꽃을 판자와 음원 사이에서 왕복시켰는데 이때 사용된 불꽃은 틴들
이 '모음(vowel) 불꽃'이라고 부른 것으로 9 내지 10인치의 압력을 갖
는 고압 기체가 담긴 용기(gas holder)에서 나오는 기체를 작은 구멍
으로 분사시켜 거기에 불을 붙인 것이었다. 레일리는 불꽃을 내는 버
너를 반사판과 음원 사이에서 왕복시키면서 불꽃이 가장 덜 흔들리는
곳을 찾아냈다. 이 위치는 상당히 정확하게 밀리미터 단위로 알아낼
수 있었다. 이 점들은 반사판으로부터 16.25, 31.5, 46.75, 62.25, 78.5
mm의 거리에 있었다. 이는 근사적으로 1:2:3:4:5의 비를 갖는 것이
다. 이것은 이 점들이 마디, 즉 4분의 1 파장의 짝수배의 거리를 갖는
점들임을 의미했다. 만약 이 점들이 배였다면 4분의 1 파장의 홀수배
의 거리들에서 나타날 것이므로 1:3:5:7:9의 비를 갖는 값들로 나타
났을 것이다. 그 결과로 이 실험에 사용된 음의 파장은 31.2 mm로서
f^{vi} #[484]에 해당했고 가청 대역에 있음도 확인되었다.[485] 레일리는

---

483) Rayleigh, 앞의 글(*Scientific Papers*, #61), 406쪽.

484) 피아노의 가운데 있는 c'음보다 증4도 높은 음인 f#보다 다섯 옥타브
높은 음이다.

258

이 실험을 수행하면서 동시에 튜브를 통해서 소리를 듣는 방식으로
침묵점들의 위치를 알아냈다. 그 결과는 침묵점들이 배에서 나타난다
는 것이었다. 즉 불꽃이 잠잠한 점들의 사이 중간 위치마다 침묵점들
이 위치했다. 그러므로 귀가 가장 시끄러운 소리를 듣는 지점에서 불
꽃은 잠잠하고 반대로 불꽃이 가장 흥분되는 지점에서 귀는 가장 약
한 소리를 듣는 것이 확실해졌다. 이로써 레일리는 귀에서 감지하는
침묵점과 불꽃으로 감지하는 잠잠한 점이 일치하지 않는다는 것을 정
식화했다. 이렇게 레일리는 면밀한 실험 설계와 경쟁자의 오류의 원인
에 대한 명확한 분석을 통해 논쟁을 종식시킬 수 있었다.

(2) 잔물결통 실험

정교한 실험 설계를 통해 논쟁적인 문제를 해결한 레일리의 실험
연구의 또 다른 사례는 잔물결통의 진동에 대한 실험이다. 잔물결통은
둘레에 적당한 높이의 테두리를 가진 얇은 유리판 위에 물이나 움직
일 수 있는 액체를 얇은 두께로 담고서 판을 진동시켜 잔물결을 일으
키는 장치이다. 이것은 진동을 가시화시켜 관찰할 수 있는 방법으로
일찍이 연구자들의 관심을 끌었다. 잔물결 현상은 포도주 잔에 물을
적당히 채우고 물 묻은 손가락으로 잔의 테두리를 따라 문질러 줄 때
잔 속의 수면에서도 발생한다. 이러한 현상이 일어나도록 하는 데 꼭
필요한 것은 자유로운 표면을 갖는 일정한 양의 유체가 수직으로 진
동할 수 있도록 속박되어 있는 것이다. 1830년대에 패러데이는 독창적
으로 이 현상에 관한 다양한 실험 연구를 수행하여 이 현상에 대한
이해를 심화시켰다.[486] 그런데 1868년에 매티슨(L. Matthiessen)은

---

485) 같은 글, 406-407쪽.

패러데이의 실험 결과를 다각적으로 조사한 뒤에 패러데이의 견해에 이의를 제거했다. 그것은 잔물결통이 2회 진동할 때 물의 표면은 1회 진동한다는 패러데이의 주장에 대한 비판이었다. 레일리는 이 문제에 대해 자신이 직접 확인해 보기로 했다. 레일리는 패러데이가 수행했던 대부분의 실험을 재현해 보았고, 그 과정에서 어떤 경우에는 개선된 기구들을 사용하여 더 나은 관찰을 수행함으로써 이 미묘한 문제에 대한 정확한 결과를 이끌어 냈다.[487]

우선적으로 레일리가 해야 할 일은 잔물결통을 회전 운동이 없이 단순한 상하 운동만으로 진동시키는 것이었다. 패러데이가 사용한 방법은 폭이 좁은 유리판이나 전나무 판자의 중앙에 잔물결통을 고정시키고, 유리판이나 전나무 판자의 고유 진동의 마디에 지지대를 설치해서 유리판이나 전나무판이 수평 방향의 진동은 없이 수직 방향의 진동만 할 수 있게 만드는 것이었으나 레일리는 유리판이나 전나무판 대신 길이 1미터, 두께 6.4밀리미터의 철판을 사용했고, 패러데이와 마찬가지로 폭이 좁은 철판을 수평으로 유지하고 그것의 진동의 마디에 지지대를 설치했다. 그러고 나서 레일리는 칠판의 중잉에 잔물결통을 올리고 이를 구타페르카(guttapercha)[488]로 접착시킨 뒤에 주의 깊게 수평을 맞추었다. 레일리가 철판을 사용한 것은 전류가 흐를 수 있는 속성을 이용해서 일정한 진동을 일으키기 위한 것이었다. 즉 철판의

---

486) M. Faraday, "On the Forms and States Assumed by Fluids in Contact with Vibrating Elastic Surfaces", *Phil. Trans.* (1831), 299쪽 이후.

487) Rayleigh, "On the Crispations of Fluid Resting upon a Vibrating Support", *Phil. Mag.* 16(1883), 50–58쪽: *Scientific Papers*, #102, 212 –219쪽.

488) 나무진을 말려 만든 고무 같은 제품으로 19세기 전신 케이블의 절연체로 많이 사용되었다.

260

중앙에 금속으로 만든 뾰족한 부분이 그 아래에 작은 통에 담긴 수은
에 닿을 때는 회로가 닫히고 수은에서 떨어질 때에는 회로가 열리게
함으로써 철판의 고유 진동수와 일치하는 단속적 전류를 발생시켜 이
것으로 전자석을 작동시켰고 이 전자석으로 다시 철판을 진동시켰다.
이는 헬름홀츠가 효과적으로 사용하였던 소리굽쇠 진동기의 원리를
이용한 것이었다. 중앙에 실린 잔물결통의 부하를 제외했을 때 레일리
가 계산에 의해 얻은 이 철판의 고유 진동수는 33cps였다. 그러나 실
제 부하가 실린 상태에서 표준 소리굽쇠와의 비교에 의해 측정된 이
철판의 고유 진동수는 31cps였다.[489]

　이런 방법에 의해 잔물결통을 수직으로 진동시켰을 때 초기의 액체
의 운동은 매우 복잡하게 일어나서 어떤 식으로든 해석하기가 매우 힘
들었다. 특히 액체로 어떤 물질을 쓰느냐에 따라서 상당히 다양한 양상
이 펼쳐졌으며, 액체의 투명도와 심지어 조명에 따라 진동이 다르게 보
였다. 초당 31회의 진동으로도 액체의 진동은 너무 빨라서 맨눈으로 관
찰하기는 상당히 어려웠고 다양한 위상의 성분들이 무수히 중첩해서
나타내는 물결 모양의 평균만이 관찰되었다. 액체의 운동은 직교하는
두 벌의 평면파의 마루와 골이 중첩되어 만들어 내는 두 벌의 정지 진
동으로 구성되어 있었다. 레일리는 한 세트의 정지 진동에만 관심을 기
울였을 때 마루들이 같은 거리만큼씩 떨어져 있는 평행선들을 형성하
는 것을 보았다. 이론적으로 볼 때 이 선들 사이의 간격은 파장에 해당
했다. 또 이 선들 사이에는 그 순간의 골의 위치를 나타내는 선들이 있
었다. 레일리의 이론에 따르면 4분의 1 주기 후에는 수면이 평평해지고
다시 4분의 1 주기 후에는 마루와 골이 자리를 바꾸어 다시 최고조에
달해야 했다. 워낙 빨리 마루와 골이 바뀌기 때문에 관찰자의 눈에는

489) Rayleigh, 앞의 글(*Scientific Papers*, #102), 213쪽.

그 평균 효과만이 보이게 되므로 당연히 레일리는 마루와 골을 구분할 수 없었고 다만 4분의 1 파장의 간격으로 주기적으로 변화가 일어나는 것만을 관찰할 수 있었다. 그러나 레일리가 액체에 아닐린 블루를 첨가하여 투명도를 떨어뜨리고 조명을 비추자 진동 중에도 항상 정상적인 깊이를 유지하고 있는 마디선들과 대비되어 마루와 골을 이루는 선들이 밝게 나타났다. 레일리는 이를 액체의 깊이가 얕기 때문에 마루일 때 손실되는 빛보다 2분의 1 주기 후에 동일 위치에서 나타나는 골일 때 얻는 빛의 양이 더 많아 밝게 나타나는 것이라고 해석했다. 실제의 경우에는 두 벌의 직교하는 선들의 상호 작용 때문에 현상은 더욱 복잡해졌는데 이에 대한 세심한 관찰 결과를 레일리는 그림으로 표현했다. 그림 7-2에 그려진 것은 마루와 골이 최고조에 도달했을 때에 해당한다. 굵은 실선은 마루를 나타내고 가는 실선은 골을 나타내는데, 4분의 1 주기 후에는 수면이 평평해져 골과 마루 모두가 구분되지 않게 되고, 다시 4분의 1 주기 후에는 골과 마루가 교환되어 최고조에 도달한다. 마디선은 마루와 골에 해당하는 선과 45도의 각도를 이루고 나타나는데 마루선과 골선이 교차하는 지점을 통과한다. 굵은 선과 굵은 선이 만나는 점과

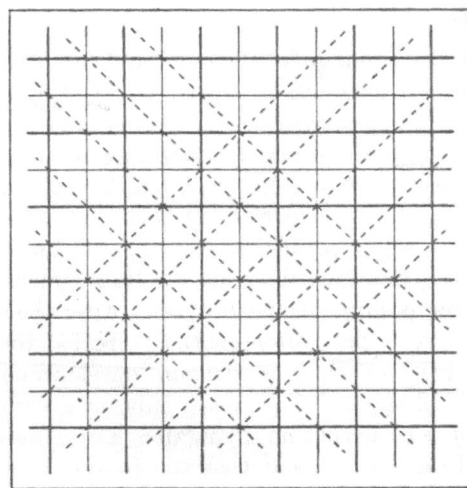

출전. Rayleigh, *Theory of Sound*, 2권, 348쪽.

그림 7-2 잔물결통의 골과 마디

가는 선과 가는 선이 만나는 점이 진폭이 최고에 달하는 점으로 점선으로 이루어진 정사각 격자들의 중앙에 위치한다. 이 지점들은 조명에 의해 비추어진 상에서 마치 구멍처럼 밝게 나타났다.[490]

레일리는 철판의 진동과 액체 진동과의 관계를 알기 위해 진동계의 단속적 조망을 위한 장치를 꾸몄다. 검은색 종이 원판에 세 줄의 동심원을 따라 구멍들을 뚫고 종이 원판을 축 위에 고정시키고 이것을 전동기로 회전시켰다. 속도가 다소 빠르기 때문에 마찰에 의해 적당한 속도를 얻을 수 있었고 그 속도에서 4개의 구멍이 원주를 따라 등간격으로 뚫린 줄을 통해서 철판은 두 개로 고정되어 보였다. 두 개의 구멍이 있는 창을 통해서는 철판이 하나로 보인 반면에 수면파는 이중으로 나타났다. 하나의 구멍만 있는 창을 통해서는 철판이 하나로 보였고 수면파도 하나로 보였다. 이것으로부터 레일리는 패러데이가 말한 대로 물이 1회 진동할 때 철판은 2회 진동한다는 것을 확인했다. 실제로 진동수를 구하기 위해서는 파장과 물의 깊이의 측정이 필요했는데, 레일리는 물의 부피를 잔물결통의 면적으로 나누어 깊이 0.0681 cm를 얻었고 직접 자를 대고 측정해서 파장 0.0848 cm를 얻어냈다. 레일리는 이것을 윌리엄 톰슨의 식에 대입하여 얻어낸 진동수는 20.8cps였다. 이것은 당초에 예상했던 값인 15.5cps(31cps의 절반)와 상당한 차이가 나는 값이었다. 레일리는 이러한 차이가 생긴 이유를 액체가 바닥과 접촉하여 일으키는 마찰 때문으로 보았다. 마찰은 유효깊이를 줄이게 되는데 전체 깊이가 얕은 이 상황에서 이 효과는 매우 크게 나타난다는 것이다.[491]

또 레일리는 진행파를 관찰하는 방법과 파속을 측정하는 방법을 고

---

490) 같은 글, 213쪽.
491) 같은 글, 215쪽.

안했다. 그는 파가 진행하는 방향으로 눈을 돌림으로써 진행파의 운동을 관찰할 수 있었다. 이것이 처음에는 그렇게 쉽지는 않았지만 여러 속도로 눈을 돌리는 연습을 통해서 적절한 속도를 알아내자 그 이후에는 진행파를 관찰하는 일은 훨씬 쉬워졌다. 진행파를 단순하게 관찰할 뿐만 아니라 파의 전파 속도를 알기 위해서 레일리는 연결하여 둥글게 만든 줄을 도르래를 이용해서 파의 진행 방향과 평행한 방향으로 수면에서 약간 떨어지게 설치하여 작은 수력 엔진으로 회전시켰다. 레일리는 이 줄의 매듭이 진행하는 속도와 파의 진행 속도를 일치시킴으로써 파속을 쉽게 알아낼 수 있었다. 파의 진행 속도를 줄의 회전 속도와 일치시키기 위해서는 물의 양을 조절해 주었고, 줄의 회전 속도는 줄의 전체 길이를 줄이 완전히 한 회전을 하는 데 필요한 시간으로 나눔으로써 구했다. 이렇게 해서 구한 파동의 속력은 초속 5.4인치였다. 동시에 잔물결통 위의 무늬로부터 직접 측정에 의해 알아낸 바로는 $14\lambda = 4\frac{8}{7}$ in.였다. 그리하여 진동수는 파동의 속력인 5.4in/s를 파장으로 나누어서 얻어진 값인 15.5cps였다. 이것은 정확하게 철판의 진동수 31cps의 절반으로 스트로보스코프로 확인한 것과 동일한 결과였다.[492]

레일리는 논란이 되고 있는 점을 더욱 명쾌히 하기 위해서 패러데이가 구성했던 실험 장치와 크게 다르지 않은 실험 장치를 꾸며서 확인 작업을 수행했다. 이 장치에서는 긴 널빤지를 그것의 진동 마디에서 구각(構脚)에 의해 지지되게 하였는데, 이 널빤지는 중간과 끝 부분 근처에 부착된 움직일 수 있는 추에 의해 조율될 수 있었다. 레일리는 널빤지의 중앙에 직경이 4.25인치인 비커를 놓았고 거기에 수은을 담았다. 널빤지는 손을 이용해 진동시켰는데, 손으로 적당한 간격

---

492) 같은 글, 216-217쪽.

으로 흔들어주면서 추를 조정하여 비커 속의 수은의 자유 진동 모드 중 하나에 해당하는 주기의 진동이 되도록 했다. 이렇게 조정된 상태에서 널빤지를 약간 흔들어 주면 수은에는 큰 요동이 일어났다. 레일리는 이제 패러데이가 말한 대로 이 장치가 수은에 절반의 진동수를 갖는 진동을 일으키는지 조사해 보아야 했다. 패러데이의 장치와 레일리의 장치의 근본적으로 다른 점은 레일리가 패러데이처럼 정사각형의 잔물결통이 아니라 원형의 비커를 사용했다는 점이었다. 그러므로 이 경우에는 마디선이 다른 패턴으로 생겼다. 레일리는 마디선이 직교하는 두 지름이 되도록 널빤지의 진동수를 조정하였다. 이때 최대 진폭은 직교하는 마디선의 사이를 이등분하는 지름에서 나타났다. 한 지름의 양쪽 끝이 최대한 올라갈 때 이것에 직교하는 다른 지름의 양쪽 끝은 최대한 내려갔다. 2분의 1 주기 후에는 반대의 상황이 되었다. 수은의 진동 주기는 셀 수 있을 만큼 느렸으므로 15초간 관측한 결과가 30회, 즉 진동수는 2cps였다. 레일리는 판의 진동수를 손에 잡은 연필에 가볍게 판이 부딪치도록 해서 셀 수 있었다. 5초 동안 21회의 진동, 즉 진동수는 4.2cps였다. 이 값은 수은의 진동수의 거의 2배였다. 레일리는 몇 차례 실험을 반복했고 동일한 결과를 얻었다. 레일리는 거기서 그치지 않고 진동 모드를 달리해서 실험을 수행했다. 가장 단순한 경우라고 할 수 있는 경우로 하나의 마디 지름이 생기는 진동에 관하여 측정을 시도했다. 이 경우에 마디 지름과 수직을 이루는 지름에서 최대 진동이 나타났는데 한쪽이 가장 많이 올라갔을 때 다른 쪽은 가장 많이 내려갔다. 역시 2분의 1 주기가 경과한 후에는 정반대의 양상이 나타났다. 이때 수은의 진동수는 30/22=1.36cps였고 널빤지의 진동수는 27/10=2.7cps였다. 여기서도 널빤지의 진동수는 수은의 진동수의 2배로 나타났다. 결국 패러데이의 관찰이 옳은 것이 확실했다. 이로써 레일리는 정교화된 실험 수행을 통해서 패러데이의 관찰이 옳음을 보여줄 수 있었다. 이것은 치밀한 실험 수행을 통해서 논쟁적인 문제를 해결하는 레일리의 실험 연구의 특성을 보여준다.

4) 소리의 방향 지각 연구[493]

소리가 나는 방향을 어떻게 사람이 인지하는지에 대한 연구는 심리음향학적 문제 중 전통적인 것 중의 하나이다. 레일리는 이미 1870년대부터 이에 대하여 연구를 수행하였고 이 관심은 수그러들었다가 되살아나는 방식으로 그의 연구 경력 말기까지 레일리의 머리를 떠나지 않았다. 이 연구 주제는 소리 지각에 대한 레일리의 유일한 관심사이면서도 다른 연구 주제보다도 많은 관심을 지속시킨 주제였다. 그는 당초에 세기 차에 의한 소리의 방향 지각을 주장하다가 위상차에 의한 방향 지각을 받아들이는 쪽으로 생각이 옮아갔다. 이러한 과정에서 레일리는 매우 주의 깊고 정교한 실험적 방법을 채용함으로써 탁월한 음향학 실험가로서의 면모를 드러냈을 뿐 아니라 수학적 이론화의 성과를 그의 실험에 연결시킴으로써 설득력 있는 결과를 얻었고 현대적인 이론의 기초를 놓았다.

소리의 방향 지각 문제는 소리의 위치 지각 문제의 일부로서 일찍부터 자연철학자들의 관심을 끌었다. 하지만 그것이 본격적으로 진지하게 논의되기 시작한 것은 19세기부터였다. 경험론자였던 조지 버클

---

493) 이 절의 내용은 필자의 다음 논문의 토대가 되었다. 구자현, 「Rayleigh의 소리의 방향 지각 연구에 대한 과학사적 고찰」, 한국음향학회지, 21(2002), 695-702.

리(George Berkeley, 1685-1753)와 제임스 밀(James Mill, 1773-1836), 알렉산더 베인(Alexander Bain, 1818-1903)은 모두 소리의 위치 지각은 경험에 의해 형성된다고 주장했지만 그들에게는 객관적 논거가 부족했다. 다만 그들은 일반적으로 다른 감각 기관이 이것을 돕는다고 보았다. 예를 들면 베인은 일렬로 선 사람들 중에서 누군가가 말을 할 때 관찰자가 말하는 사람의 목소리의 특성을 모르거나 그의 입술을 보지 못하면 누가 말했는지 알 수 없다고 했다. 생리학자 요하네스 뮐러(Johannes Müller)는 1838년에 소리의 방향 지각은 두 귀의 다른 위치에 의존한다는 것에 주목했다. 그는 두 귀에 들리는 소리의 세기의 차이나 머리가 움직일 때 한 귀에 들리는 소리의 세기가 소리의 방향 지각에 대한 실마리를 제공한다고 주장했다. 또한 뮐러는 시지각(視知覺)이 소리의 방향을 결정지을 수 있음을 복화술을 예로 들어 설명했다. 복화술을 실행하는 이는 입술의 움직임을 감춤으로써 다른 방향에서 소리가 나오는 것처럼 보이게 만들 수 있었고 이는 소리의 방향 지각이 시지각에 상당히 의존하고 있음을 분명히 보여주었다.

레일리는 소리의 방향 지각 문제에 일찍부터 관심을 기울였다. 그는 1876년에 정면에서 오는 순음과 후면에서 오는 순음을 사람이 구분하지 못한다는 사실을 런던 음악협회에서 발표하였다. 이 발표 내용은 *Nature*에 초록이 게재되었고[494] 이듬해 *Philosophical Magazine*에 비교적 상세히 게재되었다. 사람은 일반적으로 전후에서 오는 다양한 소리의 방향을 식별할 수 있는데 소리굽쇠와 공명기 세트에서 나오는 순음의 경우에는 그것이 정확하게 정면이나 후면에서 들려오면 그것이 어느 쪽에서 오는 소리인지를 식별할 수 없다는 사실을 레일리는

---

494) Rayleigh, "Our Perception of the Direction of a Source of Sound", *Nature* 14(1876), 32-33쪽: *Scientific Papers*, #40, 277-279쪽.

실험적으로 확인하였다. 이 실험을 수행함에 있어서도 레일리는 면밀한 실험 설계자로서의 면모를 일찍부터 보여주었다.

이 실험을 위해서 레일리는 두 벌의 똑같은 소리굽쇠와 공명기 세트 사이에 눈을 가린 관찰자를 두었다.[495] 그는 두 소리굽쇠를 동시에 때려서 진동을 일으켰는데 이때 한쪽의 소리굽쇠만이 공명기 위에 올려져 소리가 증폭되도록 하였다. 이런 식으로 하지 않고 한쪽의 소리굽쇠만을 때리게 되면 때릴 때의 소음이 관찰자에게 들려서 이내 관찰자는 그 방향을 알아차렸다. 레일리는 순음이 아닌 소음을 완전히 제거해야 한다는 이 실험의 난점을, 두 소리굽쇠를 동시에 때려서 양쪽에서 모두 소음이 발생하게 하고 한쪽에서만 공명기로 순음이 증폭되게 하는 방법으로 완전히 해결하였다.[496]

레일리는 추가적인 짧은 추론을 통해 순음의 방향을 식별할 수 없는 위치가 전후에만 있는 것이 아니라는 것을 이끌어 냈다. 정면에서 오는 소리나 후면에서 오는 소리를 식별하지 못하는 것은 양쪽 귀에 도달하는 소리의 세기가 동일하기 때문인 것으로 생각한 레일리는 다양한 방향에서 오는 소리에 대해 양쪽 귀에서 느끼는 세기 차가 어떠할지 생각해 보았다. 오른쪽이나 왼쪽에서 오는 소리는 양쪽 귀에서 느끼는 소리의 세기 차가 가장 큰 경우이므로 사람은 혼동의 여지없이 그 방향을 식별하지만 오른쪽 전방에서 오는 소리는 오른쪽 후방에서 오는 소리와 동일한 세기 차를 양쪽 귀에서 유발하기 때문에 식별이 불가능하다는 점에 레일리는 생각이 이르렀다. 그러므로 레일리는 양쪽 귀와 정수리를 잇는 평면에 대하여 대칭으로 소리의 방향을

---

495) Rayleigh, "Acoustical Observations Ⅰ", *Phil. Mag.* 3(1877), 456쪽; *Scientific Papers*, #46, 314쪽.

496) 같은 글(*Scientific Papers*, #46), 314쪽.

식별할 수 없는 점들이 쌍으로 수없이 존재한다고 추론했다. 이제 이 것을 실험으로 확인해 보는 일이 남아 있었다.[497]

1877년 9월에 레일리는 소리굽쇠를 포함해서 많은 음원들을 가지고 이 실험을 수행하였다.[498] 이때 사용된 소리굽쇠는 전의 실험에서와 같이 256cps의 진동수를 갖는 것이었다. 관찰자가 북쪽을 바라보게 하고 북동쪽과 남동쪽에서 소리굽쇠로 소리를 발생시켰을 때 관찰자는 이 두 방향의 소리를 제대로 식별하지 못했지만 역시 동쪽과 서쪽에서 오는 소리는 정확하게 식별하였다. 이 실험에서 소리가 들리는 상태에서 관찰자가 조금이라도 머리를 움직이면 어렵지 않게 소리 나는 방향을 알아낼 수 있었기에 머리를 전혀 움직이지 못하게 하고 실험을 진행하는 것이 필요했다. 이로써 레일리의 예상은 적중했음이 판명되었다.

그러나 레일리는 소리의 방향 지각이 전적으로 양쪽 귀에서 느껴지는 소리의 세기 차에 의해 이루어진다고 쉽게 결론짓지 않았다. 레일리는 또 다른 가능성으로 소리가 양쪽 귀에 도달하는 시점의 차이에서 소리의 방향 감각이 이루어질 수도 있다고 생각했다. 즉 사람의 어느 쪽 귀에 어떤 소리가 다른 쪽 귀에 비해서 얼마간 먼저 도착하면 그쪽 귀에 가까운 쪽에서 소리가 오는 것으로 인식하는 것일 가능성이 있었다. 이러한 가능성의 사실 여부는 역시 실험을 통해서 확인할 수 있었다. 이를 알아보기 위해서 레일리는 소리굽쇠가 처음에 울리기 시작할 때는 관찰자의 귀를 막았다가 잠시 후에 양쪽 귀를 동시에 열었을 때 관찰자가 소리의 방향을 제대로 알아내는지 관찰했다. 관찰자는 이 경우에도 무리 없이 소리의 방향을 알아냈다. 이러한 조작이 음

---

497) 같은 글, 314쪽.
498) 같은 글, 315쪽.

원의 방향 식별 능력에 어떠한 차이를 가져오지 않았으므로 소리의
도달 시각의 차이에 의해 소리의 방향 지각이 이루어지지 않는 것은
분명했다.[499]

　일련의 실험을 통해 소리의 방향 지각의 문제에 있어서 양쪽 귀가
중요한 역할을 하는 것은 분명해졌기 때문에, 이제 레일리는 소리가
양쪽 귀에서 다르게 지각되는 이유가 무엇인가에 대한 구체적인 이해
가 필요했다. 이 시점에서 레일리는 양쪽 귀에서의 세기 차가 소리의
방향 식별에 결정적인 판단 기준이 된다는 견해가 가장 타당한 것으
로 잠정적인 결론을 내렸다. 레일리는 양쪽 귀에서 세기 차이를 느낄
수 있다면, 그것은 주로 머리가 장애물로서 작용해서 생기는 현상이라
고 판단했고 머리가 얼마나 소리에 대해서 장애물로 작용하는지 진지
하게 고려하기 시작했다. 머리가 장애물로서 소리 지각에 미치는 영향
에 대한 레일리의 관심은 그가 소리의 방향 지각에 대해 '세기 차 이
론'과 '위상차 이론'을 소리의 진동수 대역에 따라 다르게 적용하는 주
장을 낳는 데 있어서 결정적인 계기가 되었다.

　레일리는 다양한 진동수의 소리에 대하여 머리가 만드는 소리 그늘
(sound shadow)[500]이 어떻게 달라지는지를 실험을 통해 조사하였
다.[501] 그 결과로 레일리는 머리가 소리 그늘을 만드는 효과는 소리
의 진동수에 크게 의존함을 발견했다. 256cps 소리굽쇠의 경우에는 귀
가 음원을 향하든 반대 방향을 향하든 소리가 들리는 정도는 거의 차

---

499) 같은 글, 315쪽.

500) 소리 그늘은 빛이 장애물에 부딪칠 때 그늘이 만들어지듯이 소리가 장
　　애물에 부딪칠 그 뒤에 소리가 전달되지 않는 공간을 만들어 낼 때 이
　　를 지칭하는 용어이다.

501) Rayleigh, "On the Acoustic Shadow of A Sphere", *Phil. Trans.* 203
　　A(1904), 87-110쪽: *Scientific Papers*, #292, 149-165쪽.

이가 나지 않았다. 그러나 높은 피치의 소리의 경우에는 머리로 인해 소리 그늘이 확실하게 생겼다. 바람통(loaded gas bag)으로 분 호각은 f^{iv}의 음을 안정적으로 발생시켰는데 반대 방향을 향한 귀에서는 이 높은 음이 잘 들리지 않았다. 이것은 입에서 나는 '쉬' 소리(hiss)도 마찬가지였다. 이러한 사실들을 확실하게 확인하기 위해서 레일리는 소리를 한쪽 귀에 가까운 쪽에서 발생시킨 후 처음에는 이를 양쪽 귀로 듣다가 이후 가까운 쪽 귀만 막아보고 마지막으로는 먼 쪽 귀를 막아보면서 소리의 세기의 변화에 주목하는 방법을 썼다. 레일리는 양쪽 귀로 들을 때 감지되는 소리의 크기가 가까운 쪽 귀를 막을 때는 크게 줄지만 먼 쪽 귀를 막을 때는 거의 변화가 없는 것을 통해서 먼 쪽 귀에 전달되는 소리의 세기가 매우 약함을 확인하였다. 이러한 관찰 결과는 낮은 진동수의 음에 대해서는 세기 차가 아닌 다른 방식에 의해서 소리의 방향 지각이 이루어진다는 생각을 이끌어 내는 것이었지만 레일리는 이러한 관찰 사실을 발표했을 뿐 그것을 소리의 방향 지각 방식과 직접 연결시키지 않았다. 이 주제는 한동안 레일리의 관심에서 멀어졌다가 1906년에 다시 레일리의 관심을 끌었다.[502]

20세기 초에도 소리 방향을 분별하는 방법은 보통 두 귀에 들리는 소리의 세기 차이에 의한다고 인식되고 있었다. 즉 소리 나는 쪽에 더 가까운 귀가 소리의 세기를 더 세게 듣는 것으로부터 소리의 방향을 지각하게 된다는 것이었다. 그런데 피치가 매우 높을 때는 이러한 설명이 잘 들어맞지만 피치가 낮은 음의 경우에는 잘 들어맞지 않는다는 것을 레일리는 익히 알고 있었다. 낮은 음의 경우에는 한쪽 귀에 가까운 곳에서 소리를 발생시키고 양쪽 귀를 번갈아 막아보면서 소리

---

502) Rayleigh, "On Our Perception of Sound Direction", *Phil. Mag.* 13(1907), 214–232쪽: *Scientific Papers*, #319, 347–363쪽.

의 세기를 비교해 보아도 별로 소리의 세기에 차이가 나지 않는다는
것을 레일리는 1877년에 이미 실험을 통해 확인한 적이 있었기 때문
이었다.[503] 건반의 가운데 c음[504]을 칠 경우에 두 귀에서 들리는 소
리는 별로 세기에 차이가 없었고 128cps로 진동수를 더 낮추면 차이
를 감지하기가 더 어려웠다. 그럼에도 불구하고 이렇게 낮은 음에 대
해서 인간의 소리 방향 지각 능력은 떨어지지 않았다. 이것은 소리의
방향 지각에 대한 '세기 차 이론'이 이 파역(波域)에는 적용되지 않음
을 의미했다.[505]

　이러한 현상은 레일리가 이미 이론적으로 연구한 적이 있었던 구형
의 고체 장애물에 입사된 평면파에 대한 계산 결과로부터 잘 이해될
수 있는 것이었다.[506] 레일리는 이 이론에 따라 몇 가지 파장의 소리
에 대하여 소리가 오는 방향에 가장 가까운 장애물 구의 지점 — 이것
을 극(pole)이라고 부른다 — 과 가장 먼 구의 지점 — 이것을 대극
(antipole)이라고 부른다 — 에서의 소리의 세기를 비교해 보았다. 256cps
의 경우에는 $2\pi c/\lambda$ (c: 구의 반지름, λ: 파장)의 값, 즉 파장에 대한
원주의 비가 1/2에 해당했는데 이때 극에서의 소리의 세기는 대극에
서의 소리의 세기에 비해 10%밖에 크지 않았다. 그리고 128cps의 경
우에는 겨우 1%밖에 크지 않았다. 물론 파장이 작아져서 파장에 대한
원주의 비가 2에 이르면(512cps) 극에서의 소리의 세기는 대극에서의
소리의 세기의 2배를 넘었다. 그러므로 진동수가 512cps 이상만 되어

---

503) 같은 글(*Scientific Papers*, #319), 347쪽.
504) 이것을 헬름홀츠는 c'이라고 불렀고 레일리는 이것을 따랐다. 진동수가
　　256Hz으로 조율되어 있었다.
505) Rayleigh, 앞의 글(*Scientific Papers* #319), 348쪽.
506) Rayleigh, *The Theory of Sound*, §328(Rayleigh, 앞의 책, 2권, 253 - 258
　　쪽)을 보라.

도 '세기 차 이론'은 설득력을 얻지만 256cps 이하의 낮은 음에 대해서는 설득력을 얻지 못했다.[507]

레일리는 이러한 사실을 확인하기 위한 실험을 수행했다. 그는 먼저 두 개의 전기로 구동되는 128cps의 소리굽쇠를 멀리 떨어뜨려 놓고 동일 위상으로 진동시키고 각각을 공명기에 연결하여 소리를 증폭시켰다. 그리고 중간에 눈을 가린 관찰자를 두고 두 귀가 두 공명기를 향하도록 한 후에 한쪽 공명기가 작동되지 않게 하였다. 그러자 관찰자는 정확하게 어느 쪽의 소리가 전달되지 않는지를 알아냈다. 그러나 관찰자의 한쪽 귀를 막았을 때에는 실제 소리의 방향에 관계없이 열린 쪽 귀 쪽에서 소리가 들리는 것으로 관찰자는 인식했고 막은 귀를 열어주었을 때에는 올바른 소리의 방향을 알아냈다. 그러나 소리가 옆에서가 아니라 정확하게 앞에서나 뒤에서 들릴 때에는 여러 명의 관찰자들이 소리의 방향이 앞인지 뒤인지를 구별하지 못했다.[508] 이러한 사실들은 '세기 차 이론'으로도 잘 설명되었다. 한쪽 귀를 막은 관찰자는 소리의 세기를 비교할 수 없으므로 소리의 방향을 알지 못하는 것이 당연했다. 또한 정면과 후면에서 들리는 소리는 양쪽 귀에서 같은 세기로 들릴 것이므로 앞과 뒤의 소리를 식별하지 못하는 것도 '세기 차 이론'과 부합했다. 그러므로 레일리는 이 진동수의 음에 대하여 사람이 진정으로 세기 차를 이용해 소리의 방향을 지각하는지를 확인할 수 있는 결정적인 실험으로 장애물에 의한 세기의 약화를 시도했다. 그리하여 종이판 같은 것을 관찰자의 머리 근처에 놓아 소리를 교란시켰는데 예상 밖으로 관찰자는 종이판이 있는지도 알아채지 못했고 종이판의 위치에 관계없이 동일하게 소리의 방향을 식별하였

---

507) Rayleigh, 앞의 글(*Scientific Papers*, #319), 348쪽.
508) 같은 글, 349쪽.

다. 분명히 종이판은 소리의 세기에 차이를 가져왔지만 사람은 그 차이 때문에 소리의 방향 지각에 영향을 받지 않는다면 이 진동수의 음에 대하여 소리의 세기 차에 의한 방향 지각은 실제로 일어난다고 볼 수 없었다.[509]

이러한 '세기 차 이론'에 반(反)하는 결과에 부딪힌 레일리는 소리 방향 지각이 일어나는 다른 방법으로 두 귀에 들리는 소리의 위상차에 의한 방식을 생각하였다. 이것은 두 귀에 도달하는 소리의 위상차가 소리의 방향에 따라 달라진다는 사실에서 착안한 것인데 문제는 그것을 사람이 감지할 만한가에 있었다. 사실 레일리는 여러 해 동안 이러한 관점에 대하여 찬성하지 않았었다.[510] 한쪽 귀와 다른 쪽 귀에 도달하는 소리의 위상차는 가장 클 경우가 머리 둘레 길이의 절반인 30 cm 정도였다. 이것은 256cps(c')의 소리에 대해서는 파장의 1/4배 정도이고 512cps(c'')의 경우에는 거의 1/2 파장에 해당하며 1024cps(c''')의 경우에는 한 파장에 해당한다. 512cps의 경우 반 파장의 차이는 사실 위상차 식별이 전혀 안 되는 차이에 해당한다. 그 이유는 반 파장이 늦어지는 것과 반 파장이 빨라지는 것은 전혀 차이를 감지힐 수 없기 때문이다. 그리고 파장의 정수배의 위상차는 역시 감지할 수 없는 것이라 할 수 있다. 그러므로 다소 높은 피치의 소리에 대해서는 위상차에 의한 소리의 방향 감지는 불가능하다는 것이 레일리의 판단이었다.

1877년에 실배너스 톰슨이 실행한 실험에서 영감을 받은 레일리는 두 개의 튜브를 각각의 귀에 꽂아 귀가 따로 소리를 들을 수 있도록 하는 실험을 수행하였다.[511] 레일리는 같은 음원에서 나오는 소리를

509) 같은 글, 350쪽.
510) Rayleigh, 앞의 책, 1권, 385쪽을 보라.
511) Rayleigh, 앞의 글(Scientific Papers, #319), 352쪽.

인위적으로 위상 변경을 일으켜 위상차가 생기게 하여 두 귀에 들려주었더니 관찰자가 위상차를 음원의 위치로 해석해 내는 것을 관찰했다. 즉 위상이 앞선 곳에서 소리가 들려오는 것으로 사람은 인식한다는 것이다. 레일리는 진동수를 바꿔가면서 위상차에 의한 방향 지각 효과를 조사하였다. 이로써 레일리는 낮은 진동수 대역에서는 위상차에 의한 소리의 방향 식별이 이루어진다는 결론을 얻었다. 그러나 레일리는 g' 이하에서는 3명의 관찰자가 모두 동의할 수 있는 위상차에 의한 소리의 방향 지각이 이루어지는 것으로 결론지었다. g' 이상의 진동수에서는 위상차에 의한 소리의 방향 지각은 개인차가 있고 세기 차에 의한 소리의 방향 지각이 이루어진다고 보는 것이 타당했다.

레일리는 소리의 전후 식별에 대해서도 다시 관심을 가졌다. 그는 1876년경에 동반하는 소음이 없는 순음을 사용해서 실험을 수행하였을 때에는 앞에서 오는 소리인지 뒤에서 오는 소리인지 전혀 식별할 수 없었지만 사람의 음성 같은 경우에는 앞이나 뒤에서 오는 소리의 방향을 식별할 수 있었던 것을 기억했다. 그러나 1906년에는 인간의 목소리조차 레일리 같은 64세의 노인에게는 앞에서 들리는 소리인지 뒤에서 들리는 소리인지 구별되지 않았다. 다만 그의 젊은 조수는 순음의 경우에도 전후에서 오는 소리의 방향을 확실히 식별했다.[512] 여기에서 레일리는 소리의 전후 방향 감각이 외이에서 생기는 소리의 특성의 변화에 의한다는 판단을 내렸다. 이를 확인하기 위해서 레일리는 넓은 잔디밭에서 관찰자의 눈과 귀를 막고 귀 바깥에는 반사 뚜껑을 설치하였다. 이 반사 뚜껑은 실배너스 톰슨이 1879년에 발표한 논문에서 기술하였던 것인데 귀를 연결하는 선과 45도 각도로 설치되어 관찰자가 모르게 자유롭게 회전할 수 있도록 되어 있는 것이었다. 이

512) 같은 글, 360쪽.

는 귓바퀴에 의한 소리의 모음 현상을 교란하기 위한 장치라고 할 수
있었다. 레일리는 관찰자를 회전의자에 앉힘으로써 음원을 움직이지
않고도 손쉽게 실험할 수 있었다. 레일리는 관찰자를 회전시키고 적당
한 위치에서 의자를 정지시킨 후 귀를 열고 소리를 듣도록 했다. 레일
리가 기대했던 대로 조수의 판단은 귀 바깥에 설치한 반사 뚜껑의 작
동 때문에 교란되곤 했다. 반사 뚜껑이 앞에서 오는 소리를 귓속으로
보내는 형태로 되어 있을 때 조수는 문제없이 소리의 방향을 맞힐 수
있었는데 뒤에서 오는 소리를 귓속으로 보내는 형태로 되어 있을 때
에는 반대 방향에서 소리가 오는 것으로 착각하였다. 여기에서 레일리
는 귓바퀴가 소리의 전후 식별에 중요한 기능을 한다는 것을 확신했
다. 그러나 역시 조심스러운 태도를 취해 결론은 좀 더 철저한 연구
이후로 미루었다.[513]

　레일리가 다시 소리의 방향 지각 문제에 관심을 갖게 된 계기는 이
에 대한 윌슨(H. A. Wilson)과 마이어즈(C. S. Myers)의 새로운 이론
이 1908년에 제기되었기 때문이었다. 이들은 레일리의 주장대로 위상
차에 의한 소리의 방향 지각이 가능하다는 것을 다른 방식의 실험으
로 보였지만 궁극적으로 좌우 방향 지각은, 좌우의 외이에서의 소리의
위상차와 뼈를 통해 한쪽 귀에서 다른 쪽 귀로 전해지는 소리의 전도
때문에 발생하는 내이에서의 위상차에서 유발되는 세기 차를 인식함
으로써 이루어진다고 결론지었다.[514] 이들은 레일리가 주장한 위상차
에 의한 방향 인식이 가능하다는 것은 인정하였지만 결국은 '세기 차

---

513) 같은 글, 362쪽.

514) H. A. Wilson and C. S. Myers, "Binaural Phase Differences in the
　　　Localisation of Sound", *British Journal of Psychology* 2(1908), 363–
　　　385쪽: C. S. Myers and H. A. Wilson, "On the Perception of the
　　　Direction of Sound", *Phil. Trans.* 80(1908), 260–266쪽.

이론'으로 돌아가 버린 셈이었다. 이들이 처음의 유사한 결론에도 불구하고 결국 반대의 결론에 도달한 것은 이들이 위상의 역전이라는 개념을 도입했기 때문이었다. 한쪽 귀에 도달한 소리는 머리뼈를 통해서 다른 쪽 내이에도 전달된다. 그러한 내이 전도에서 발생하는 위상의 지체는 작지만 각 귀에서 직접 수용한 음파와 뼈를 통해 전도된 음파는 반대 방향에서 와서 만나기 때문에 위상 역전(phasal reversal)이 일어난다는 것이 윌슨과 마이어즈의 견해였다. 청각 중추는 직접 외이에 도달해서 귓구멍을 통해 내이로 전달된 소리와 다른 쪽 외이에 도달해서 뼈를 통해 이쪽 내이에 도달한 소리를 합쳐서 지각하므로 이때 각각의 귀에 도달하는 소리로 생긴 내이에서의 진동의 세기를 I_1, I_2 라 할 때, 이 두 세기의 차이는

$$I_1 - I_2 = 4fga^2 \sin \alpha \sin \beta \qquad (7-1)$$

로 얻어졌다.[515] 윌슨과 마이어즈는 이 식에 따라서 각각의 내이에 도달하는 음파의 총합의 세기 차로부터 소리가 오는 방향을 식별하게 된다고 보았다. 그러나 이 견해가 종전의 세기 차 이론과 다른 점은 양쪽의 내이에서 감지하는 소리의 세기가 기본적으로 위상차에 의존한다는 점이다. 이 식에서 두 외이에 도달하는 음파의 위상차 α가 0이 되거나 뼈를 통해 전달되면서 늦어지는 위상차 β가 0이 되면 우변은

---

515) 여기에서 f는 외이에 도착해 귓구멍을 통해 내이에 도착한 음파의 상대적 진폭, g는 뼈를 통해 다른 쪽 내이에 도착한 음파의 상대적 진폭, a는 외이에 도착한 음파의 진폭, α는 1번 귀에 도달한 음파가 2번 귀에 도달한 음파보다 앞선 위상, β는 뼈를 통해 전달되면서 늦어진 위상차를 의미한다. C. S. Myers and H. A. Wilson, 앞의 글, 265쪽.

0이 될 수밖에 없어 양쪽 내이에서 감지하는 소리의 세기의 차이는 0
이 된다. 이렇게 되면 소리의 방향을 감지할 수 없다는 것이 윌슨과
마이어즈의 견해였다. 그러므로 이들의 견해는 표면적으로는 위상차
이론을 표방하고 있지만 본질적으로는 세기 차 이론을 따르고 있었던
것이다.

여기에서 레일리의 수학자로서의 자질이 논쟁에 있어서 중요한 기
여를 하게 된다. 레일리는 이들의 견해가 가지고 있는 문제점을 직시
했다. 그는 윌슨과 마이어즈의 식 7-1이 기본적으로 양쪽 귀에 도달
하는 소리의 세기가 같다고 보았을 때 얻어진 식임을 지적하였다. 레
일리는 세기가 다른 소리가 양쪽 귀에 도달할 때의 세기 차를 다음과
같은 계산을 통해서 구했다.[516] 레일리는 오른쪽 귀에 들어오는 진동을
$y_1 = a\sin(wt+\alpha)$라 놓고 왼쪽 귀에 들어오는 진동을 $y_2 = b\sin wt$
라 놓았다. 이때 α는 오른쪽 귀와 왼쪽 귀에 들리는 소리의 위상차를
지칭한다. 그리고 왼쪽 귀에 도달한 진동이 뼈를 통해 오른쪽 귀에 전
달됨으로써 오른쪽 내이에 들리는 소리는

$$y_1 = fa\sin(wt+\alpha) - gb\sin(wt-\beta) \qquad (7-2)$$

로 나타낼 수 있었다. 이때 f와 g는 적당한 상수로 f는 g에 비해
무척 크다. β는 소리가 머리를 통과할 때 생기는 지체를 나타낸다.
두 번째 항의 (−) 기호는 위상 역전을 나타내고 전체 위상 지체는
$\pi + \beta$가 된다. 같은 방식으로 왼쪽 귀에서의 결과는

---

516) Rayleigh, "On the Perception of the Direction of Sound", *Proc. Roc. Soc.* A, 83(1909), 62쪽: *Scientific Papers*, #337, 523쪽.

$$y_2 = fb \sin wt - ga \sin(wt + \alpha - \beta) \qquad (7-3)$$

라 놓을 수 있었다. 레일리는 이것을 바탕으로 각 귀에서의 소리의 세기를 구하였다. I_1이 오른쪽 내이에서의 소리의 세기를 지칭하고 I_2가 왼쪽 내이에서의 소리의 세기를 지칭한다면

$$I_1 = f^2 a^2 + g^2 b^2 - 2fgab \cos(\alpha + \beta) \qquad (7-4)$$

$$I_2 = f^2 b^2 + g^2 a^2 - 2fgab \cos(\alpha - \beta) \qquad (7-5)$$

이 되어 오른쪽 내이에 들리는 소리와 왼쪽 내이에 들리는 소리의 세기의 차이는

$$I_1 - I_2 = (f^2 - g^2)(a^2 - b^2) + 4fgab \sin \alpha \sin \beta \qquad (7-6)$$

를 얻게 된다.

　이 식이 윌슨과 마이어즈의 식보다 일반적인 것은 분명했다. 이 식에서 a와 b가 같으면 첫 번째 항이 0이 되어서 완전히 윌슨과 마이어즈의 식과 같아지게 된다. 소리가 정확하게 정면이나 후면 방향을 이어주는 자오선상에서 들려오지 않는 이상 일반적으로 두 귀에 도달하는 동일한 음원의 소리는 진폭이 달라서 소리의 세기도 달라진다. 그런데 마이어즈와 윌슨이 외이에 도달하는 소리의 세기 차이는 완전히 무시하고 내이에서의 소리의 세기만을 감지하여 소리를 분별한다는 잘못된 이론을 제시했다는 것이 레일리의 판단이었다. 뼈를 통해

전달되는 소리의 진폭을 나타내는 g는 f에 비해 상당히 작고 β도
일반적으로 작기 때문에 외이에 도달하는 소리의 상대적 세기가 다르
다면 위 식에서 두 번째 항은 첫 번째 항에 비해서 매우 작아지게 되
어 첫 번째 항이 무시할 수 없게 되며, 따라서 첫 번째 항을 무시한
마이어즈와 윌슨의 식은 문제가 있다는 것이 레일리의 논리적인 주장
이었다.[517] 레일리의 주장은 파장이 어느 정도 긴 경우에는 양쪽 내
이에서의 상대적 세기의 차이라는 것은 실제로 소리의 방향 지각에
의미 있는 영향을 미치지 못할 정도로 미미하다는 것을 함축했다.

또한 레일리는 윌슨과 마이어즈의 이론이 내이에 반대 방향에서 도
달하는 두 음파의 위상이 반대이면 서로 보강되고 위상이 동일하면
서로를 상쇄시킨다고 가정한 것에 근본적인 이의를 제기하였다. 이것
은 상황에 따라 달라진나는 것이 레일리의 견해였다. 레일리는 공기
파동이 민감 불꽃에 대하여 반대 방향에서 진입해 들어올 때처럼 결
과가 진동의 속도에 의존한다면 그 가정은 정당하지만 이 문제가 헬
름홀츠의 공명기와 유사하다면 음파의 전달 방향은 무관하고 항상 보
강은 위상이 같을 때 일어난다고 판단했다.[518] 레일리는 이 경우가
둘 중에서 어느 상황에 해당되는가를 정확하게 알 수는 없었지만 두
개골이 음의 진동에 따라 진동하게 된다면 이 계는 유한한 계로 보아
야 하고 두개골 전체가 동일한 위상으로 진동하여야 하므로 이 경우
에 위상차 β는 0이 되어야 한다는 것이 레일리의 견해였다. 그렇다면
더욱이나 위상의 역전으로 일어나는 내이에서의 세기 차는 의미가 없
었다.

---

517) 같은 글(*Scientific Papers*, #337), 524쪽.
518) Rayleigh, 앞의 글(*Scientific Papers*, #61), 524쪽 또는 Rayleigh, 앞의
    책, 1권, 402쪽.

　이처럼 레일리는 자신이 긴 파장의 소리에 대하여 당초에 주장하였던 위상차 이론을 세기 차 이론에 종속시키는 월슨과 마이어즈의 이론에는 반대했다. 레일리는 자신의 실험을 근거로 긴 파장의 음에는 세기 차 이론을, 짧은 파장의 음에는 위상차 이론이 적용된다는 입장을 기본적으로 고수하였다. 이것이 레일리가 여러 차례에 걸친 실험의 결과로 얻게 된 결론이었고 이론적으로도 설명되는 가장 타당한 결론이었다.519) 이러한 레일리의 확신은 실험적 연구와 수학적 연구를 병행하는 가운데 서로를 지지하는 결과를 얻음으로써 강화된 것이었다.

---

519) 이는 현대 이론에서도 기본적으로 받아들이는 견해이다. 소리의 방향 지각 메커니즘에 대한 현대적인 이론에 대해서는 Rossing, *The Science of Sound*, 2nd ed. (New York: Addison-Wesley Publishing Company, 1990), 75-76쪽을 참조할 것.

8

레일리 실험 음향학의 몇 가지 측면들

앞 장에서 필자는 레일리가 이론적 연구로만 음향학에서 독창적인 기여를 한 것이 아니라 실험적 연구를 통해서도 중요한 기여를 했음을 보여주었다. 이 장에서 필자는 레일리의 실험 음향학 연구의 특성을 보여주는 몇 가지 측면들에 주목하고자 한다. 여기에는 소리굽쇠와 공명기의 진화와 이해, 빛과 소리의 유비, 음향학의 실용성과 관련된 논의들이 포함된다. 과학적 연구에서는 도구의 사용이 실험의 영역을 규정하기도 하고 도구 자체가 탐구 대상이 되기도 하며 연구의 필요성에 의해 도구가 진화하기도 한다. 유비는 과학 탐구의 방향을 지시하기도 하며 연구의 공백을 메워가면서 실험 연구를 이끌어 가기도 한다. 또한 어떤 경우에는 실용적 요구가 순수한 자연에 대한 탐구를 자극하며, 주요한 탐구 주제를 제공하기도 한다. 때로는 실험 연구 성과는 대중적 강연을 위한 유용한 도구가 되기도 한다. 이런 점들과 연관된 이 장의 논의는 레일리의 실험 음향학 연구의 성격을 이해하는 데 의미 있는 정보를 제공할 뿐 아니라 일반적인 과학적 연구에 대한 이해에도 시사점을 제공한다.

1) 도구의 진화와 이해: 소리굽쇠와 공명기

레일리의 실험 연구에서 소리굽쇠와 공명기만큼 자주 등장한 실험 도구는 없다. 전통적인 음향학 연구에서 순음을 발생시키는 주요한 음원으로 널리 사용되었던 소리굽쇠와, 헬름홀츠에 의해 고안되었고 특정한 배음의 증폭을 위해 사용되었던 공명기는 레일리의 실험 연구 초기부터 그의 실험실의 주요 장비였다. 레일리는 이 실험 도구들을 활용하여 다양한 실험 연구에 종사하면서 이 실험 도구를 이해하고 그것을 다른 용도로 바꾸어서 사용함으로써 그 활용도를 높였다. 그중에서도 탁월한 고안은 회전 속도 제어기였다. 레일리가 고안한 회전 속도 제어기는 회전 속도를 소리굽쇠의 고유 진동수에 의해 일정하게 제어되도록 만는 장치였다.[520] 회전 속도 제어기는 소리굽쇠가 형태의 변화 없이 그 근본적인 특성을 활용한 새로운 장치의 일부가 되는 도구 진화의 사례를 보여준다. 이러한 장치의 정확한 작동은 전적으로 소리굽쇠의 진동수의 안정성에 의존했다. 그런 점에서 소리굽쇠의 안정성에 대한 레일리를 비롯한 당시 연구자들의 확신은 확고한 것이었다. 이것은 리사주가 진동 현미경을 고안하거나 헬름홀츠가 신경 속도의 측정에 있어서 소리굽쇠의 진동을 시간을 재는 기준으로 사용한 것이나 쾨니히가 소리굽쇠 크로노미터를 제작할 때 가졌던 것과 상통하는 확신인 것이다. 이러한 장치들은 모두 소리굽쇠라는 도구의 물리적 외형은 변형하지 않고 용도만을 변경한 역할적 도구 진화의 사례들이다.

소리굽쇠는 실험적 혹은 이론적 탐구에 따른 철저한 검증 없이 음향학 연구자들에게 단조화 진동의 발생 도구로 인정받아 왔다. 실제로

---

520) Rayleigh, "Uniformity of Rotation", *Scientific Papers*, #56, 355-356쪽.

소리굽쇠를 사용한 진동 유지 장치들은 목적에 맞게 잘 작동되었지만 소리굽쇠 자체의 이해는 깊지 못했다. 이런 점에서 소리굽쇠를 한참 사용하던 레일리가 소리굽쇠 자체에 대한 연구를 수행한 것은 도구의 작동에 대한 심층적인 이해를 도모하여 실험 연구를 더욱 확고한 기초 위에 세우고자 하는 노력이었다.

레일리의 소리굽쇠에 대한 연구 작업에 있어서 결정적으로 기여한 것이 공명기였다. 연구 경력 초기에 레일리는 헬름홀츠가 개발하고 그 특성을 설명했던 공명기에 깊이 매료되었다. 앞서 보았듯이 레일리가 처음으로 음향학적 연구의 대상으로 삼은 것이 공명기였다. 그는 헬름홀츠가 행했던 실험을 재현했으며 이에 여러 가지 이론적 이해를 더했다. 그 후 공명기는 그의 음향학 실험 연구에 있어서 계속적으로 요긴하게 사용되었다. 헬름홀츠가 처음으로 고안하여 사용한 공명기는 미세한 특정음의 증폭기의 역할을 하는 것이었다. 헬름홀츠가 공명기를 듣기 힘든 미세한 소리를 들을 수 있도록 해 주는 장치로 사용하기 시작하면서 공명기는 이 용도로 상당히 널리 여러 실험 연구자들에 의해 사용되었다. 실례로 1867년에 발표된 메이어(Alfred M. Mayer)의 소리 감각의 지속성에 대한 연구 논문에서 공명기는 장치의 핵심적인 부분을 구성하였다.[521] 메이어는 소리의 지속성을 확인하기 위해 소리의 유무를 판단하는 장치, 곧 소리의 검출 장치로서 공명기를 매우 효과적으로 사용하였다. 또한 1877년의 BAAS 모임에서 발표된 실배너스 톰슨의 양쪽 귀로 따로 듣는 소리에 대한 실험 연구에서도 공명기는 핵심적인 역할을 하였다.[522] 레일리가 1860년대 후

521) Alfred M. Mayer, "Researches in Acoustics", *Phil. Mag.* 326(1875), 352–365쪽.
522) Silvanus. P. Thompson, "On Binaural Audition", *Phil. Mag.* 25(1877), 276쪽.

반과 1870년대에 공명기를 사용한 것도 이들과 크게 다르지 않은 특정 진동수를 갖는 소리의 검출을 위해서였다. 레일리는 너무 약해서 잘 감지가 안 되는 소리나 복합음으로부터 뒤섞여서 잘 가려낼 수 없는 특정한 진동수의 배음을 식별해 내거나 강화하기 위해 공명기를 자주 썼다.

이러한 목적에서 공명기를 활용하고 있었던 레일리가 소리굽쇠의 진동에 관한 실험적 연구에서 공명기를 쓴 것은 당연했다. 그가 소리굽쇠의 음이 단음이 아닌 복합음이라는 것을 입증하는 데 있어서 공명기는 결정적인 역할을 하였다. 1877년경에 레일리는 소리굽쇠에서 발생하는 음에는 기본 진동음 외에 한 옥타브 높은 음이 존재한다는 것을 주장하였고 이를 실험적으로 입증하는 데 공명기를 사용하였다. 일반적으로 소리굽쇠는 자신의 고유음과 동일하게 조율된 공명상자 위에 고정되어 순음에 아주 가까운 소리를 내는 것으로 알려져 있었다. 그러나 소리굽쇠가 공명상자 없이 그냥 진동판에만 연결되어 있을 경우에 한 옥타브 위의 음이 훈련받은 사람의 귀에는 들리기도 했다. 레일리는 이 현상이 객관적인 현상임을 보이기 위해서는 일반인도 이 소리를 들을 수 있도록 만들어 줄 필요가 있다고 느꼈다. 이를 위해 레일리가 사용한 것이 공명기였다. 소리굽쇠에 그 고유음보다 한 옥타브 위의 음으로 조율된 공명기를 연결시키면 보통 사람들에게도 이 현상은 감지될 수가 있었다.[523]

레일리는 왜 소리굽쇠에서 이렇게 고유음과 함께한 옥타브 높은 음이 발생하는가에 대해서 설명하기 위해 노력했다. 우선 소리굽쇠가 순음을 낼 수 있는 형태상의 주된 특성은 그것이 일정한 굵기와 재질의

---

523) Rayleigh, "Acoustical Observations Ⅰ", *Phil. Mag.* 3(1877), 460쪽; *Scientific Papers*, #46, 318쪽.

사각 쇠막대를 말굽 모양으로 구부려 짧은 쇠기둥(stem) 위에 용접시킨 것에 있었다. 이러한 말굽 모양은 항상 양쪽 가지가 대칭적으로 진동하게 하여 다른 진동을 배제하는 특성을 가짐으로써 순음을 발생시키는 것으로 이해되었다. 그러나 레일리는 실제 소리굽쇠에서 한 옥타브 높은 음이 동시에 발생하는 것은 소리굽쇠의 고유 진동수의 2배의 진동수를 갖는 추가적인 진동이 소리굽쇠에서 발생하기 때문이라고 주장했다. 소리굽쇠를 U자의 형태로 세워 놓고 진동시킬 경우 진동하는 말굽 모양의 두 가지가 수평 방향으로만 진동하는 것이 아니라 소리굽쇠의 짧은 쇠기둥의 끝을 중심으로 하는 원호상에서 진동하기 때문에 원심력이 생기게 되어 쇠기둥을 위로 잡아당겨 공명상자를 진동시키게 된다는 것이다. 그런데 가지의 속력이 최대가 되는 점은 가지가 한 번 진동할 때마다 두 번씩 통과하므로 그 진동수는 정확하게 소리굽쇠의 고유 진동수의 2배의 진동수를 갖게 되어 한 옥타브 위의 소리가 발생하게 된다는 것이다.

레일리의 이러한 통찰력 있는 설명은 현상 자체가 확실하게 관찰됨으로써 뒷받침될 수 있었다.[524] 레일리는 256cps의 소리굽쇠를 그보다 한 옥타브 높게 조율된, 즉 512cps의 고유 진동수를 갖는 공명기에 단단히 고정하고 활로 소리굽쇠를 강하게 문질러 진동시켰다. 그러자 512cps의 음이 매우 크게 들려 256cps의 고유음을 압도하여 고유음은 거의 들리지 않았다. 두 소리를 대등하게 비교하기 위해 레일리는 물을 부어 256cps의 진동수로 조율된 병을 진동하는 소리굽쇠의 가지 주위로 가져갔다. 그러자 이 병은 공명기의 역할을 해서 소리굽쇠의 고유음을 강화시켜 한 옥타브 위의 음과 견줄 수 있게 해 주었다. 이 때 병까지의 거리를 조절해 주면 진동이 시작될 때 둘 중 어떤 음도

---

524) 같은 글(*Scientific Papers*, #46), 318쪽.

다른 음을 압도하지 못하도록 만들 수 있었다. 그 상태에서 시간이 경과하자 진폭이 줄어듦에 따라 소리굽쇠의 고유음인 낮은 음이 그 경쟁 음을 제압했고 완전히 우월해졌다. 남아 있는 소리가 완전한 순음이라는 것은 가까이 가져갔던 병 공명기를 멀리하면 소리가 완전히 사라진다는 것에서 확인되었다. 여기에서 한 옥타브 위의 소리는 이차적인 진동에서 비롯되는 것이라는 것이 분명해졌다.[525]

이러한 탐구 과정에서 여러 개의 공명기가 매우 요긴하게 사용되었다. 공명기는 특정한 진동수의 음이 존재한다는 것을 확인하기 위해 사용되기도 했고 복합음 속에서 특정 부분음을 강화시키기도 했다. 이는 듣기 어려운 음을 특별한 훈련을 받은 연구자들뿐 아니라 일반인들도 관찰할 수 있는 현상으로 만들어 줌으로써 실험의 객관성을 더욱 증진시키는 효과가 있었다. 물을 담는 양에 따라 고유 진동수를 원하는 대로 바꿀 수 있는 병 공명기는 손쉽게 여러 실험에서 사용될 수 있는 유용한 공명기였다. 이 실험에서 레일리는 공명기는 잘만 활용하면 여러 가지 실험에서 결정적인 기여를 할 수 있음을 유감없이 보여주었다.

곧이어 레일리는 소리의 검출 장치가 아닌 다른 목적으로 공명기를 활용하기 시작했다. 그것은 1879년과 1880년대 초에 실행하였던 소리에 민감한 분사물에 관한 실험에서 분사물의 특정한 음에 대한 민감성을 강화시키기 위해서 공명기를 사용한 경우였다.[526] 연기나 액체 분사물은 압력과 물질의 종류에 따라 소리에 대한 민감성이 달랐는데 적절하게 선택된 넓은 주둥이를 가진 병을 사용하면 그 민감성을 높

---

525) 같은 글, 318쪽.
526) Rayleigh, "Acoustical Observations V", *Phil. Mag.* 17(1884), 189쪽; *Scientific Papers*, #110, 269쪽.

일 수 있었다. 레일리는 공명기의 입구를 위로 향하게 하고 분사물의 노즐이 수평을 향하도록 하여 공명기의 입구에 근접시켰고 256cps 근처의 진동수를 내는 소리굽쇠를 음원으로 사용해서 좋은 결과를 얻을 수 있었다. 레일리는 이 근처의 진동수를 갖지만 정확하게 일치하지는 않는 두 개의 소리굽쇠를 동시에 울리면 발생하는 맥놀이 음에 따라 연기 분사물이 특징적으로 움직이는 것을 볼 수 있었다. 그것은 일정한 주기성을 갖는 파형을 나타내다가 점차 퍼져서 사라지는 특성을 보여주었다. 일반적으로 분사되는 연기의 압력을 높일수록 음에 대한 민감성은 향상되었다. 이때 사용된 노즐은 틴들이 사용하였던 동석(凍石) 바늘구멍 버너(pin hole burner)이거나 잡아 늘인 유리 노즐이었다. 이와 같은 공명기와 분사물의 조합은 256cps의 음에 대하여 귀만큼이나 민감히 반응했다.527) 이 경우에 공명기는 구조의 변경 없이 용도의 변경만 일어난 도구의 역할적 진화를 보여주는 사례이다.

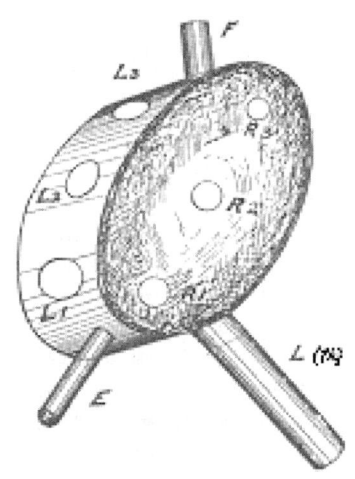

그 후 레일리에게 있어서 공명기는 또 다른 모습으로 진화했다. 그것은 공명기의 사용의 편리함을 추구하는 과정에서 비롯된 것이었다. 종전의 헬름홀츠 공명기가 유리로 제작되어 단일한 고유 진동수만을 갖는 특성을 가져 여러 실험에서 이용하는 데 많은 제약이 따랐는데 이런 난점을 극복하기

출전. Rayleigh, *Phil. Mag.* 13(1907), 320쪽.

그림 8-1 다중 공명기

---

527) 같은 글(*Scientific Papers*, #110), 269-70쪽.

위해서 레일리는 다중 공명기를 제작하였고, 이에 관해 1907년에 *Philosophical Magazine*에 발표했다.[528] 이 공명기는 얇은 아연판으로 제작된 타원 모양의 상자였다(그림 8-1). 레일리는 타원형의 통의 윗면과 밑면은 약간 움푹하게 만들어 견고성을 더했다. 그 용량은 약 140 mL 정도로서 기음을 위한 구멍(F)과 한 옥타브 위의 음을 위한 구멍(L(th))에는 놋쇠 튜브가 박혀 있었다. 다른 구멍들은 그냥 뚫려 있었고 F의 지름은 8 mm에 길이가 20 mm였고 L(th)의 지름은 11 mm, 길이는 53 mm였다. L이라고 표시된 구멍은 왼손의 손가락으로 막게 되어 있었고 R이라고 표시된 구멍들은 오른손의 손가락으로 막게 되어 있었다. L(th)는 왼손의 엄지손가락으로 막게 되어 있었다. 그리고 E라고 표시된 구멍에는 고무관을 꽂을 수 있도록 놋쇠 튜브가 박혀 있어서 그 고무관의 다른 쪽 끝을 귀에 꽂아 소리를 듣게 되어 있었다. 이 다중 공명기는 기음이 128 cps에 맞추어져 있었다. 이 공명기 가까이에서 하모니엄(harmonium)[529]의 B음을 발생시킨 다음, 오른손과 왼손을 써서 F를 제외한 구멍을 모두 막고 E에서 연장된 고무관을 귀에 꽂으면 이 공명기가 128 cps로 공명을 일으키는 것을 들을 수 있었다. 추가적으로 L(th)를 열면 이 음의 한 옥타브 위의 음인 256 cps의 진동수로 이 공명기가 공명을 일으키는 것을 들을 수 있었다. 이것은 하모니엄의 B음에 256 cps의 배음(제2 배음)이 존재함을 나타냈다. 같은 요령으로 추가적으로 R3를 열면 12도 위의 음(제3 배음), R2를 열면 2 옥타브 위의 음(제4 배음), R1을 열면 더 높은 3도

---

528) Rayleigh, "Acoustical Notes Ⅶ", *Phil. Mag.* 13(1907), 318–320쪽; *Scientific Papers*, #320, 366–368쪽.

529) 국한된 장소(교실, 교회, 거실 등)에서 사용될 목적으로 오르간 대용으로 만들어진 리드 오르간 족의 건반악기로서 페달을 조작하여 생긴 바람을 저장했다가 자유 리드에 끌어넣음으로써 소리를 낸다.

290

(제5 배음), L3를 열면 제6 배음(한 옥타브+12도), L2를 열면 제7의 배음, 마지막으로 L1을 열면 세 옥타브 위의 음(제8 배음)이 공명되는 것을 들을 수 있었다. 제7과 제8의 배음은 약간 약하게 들렸지만 다른 음들은 선명하게 들렸다. 레일리는 몇 차례에 걸친 시험을 통해 이 도구가 실내에서 잘 작동되기 위해서는 도구의 위치가 중요하다는 것을 인식했다. 특정한 배음에 대하여 방은 다른 양상의 마디와 배로 구획됨으로 특정 배음이 잘 안 들릴 경우에는 몇 인치만 공명기의 위치를 바꾸면 잘 들을 수 있었다. 또 불고 있는 하모니엄의 리드(reed)에 매우 가깝게 공명기를 위치시킬 때 가장 효과적으로 음을 들을 수 있었다. 레일리는 여러 종류의 음원을 사용해 보았는데 그중에서 하모니엄이 가장 편리했다. 물론 다른 악기들도 모두 가능했고 사람의 음성도 B음을 낼 때에 좋은 결과를 얻을 수 있었다. 레일리의 다중 공명기는 헬름홀츠 공명기를 오랜 기간 동안 실험 기구로 사용해 온 레일리가 고안해 낸 독특한 고안품이었다. 이로써 여러 개의 공명기를 제작하지 않고도 하나의 공명기로 8개의 배음의 존재를 식별해 낼 수 있게 되었다. 다중 공명기의 제작은 실험의 필요에 따라 도구의 물리적 구조가 변화되어 사용된 도구의 물리적 진화의 사례를 보여준다.

2) 빛과의 유비

소리가 빛과 동일한 파동이라는 사실은 19세기 내내 이 두 현상 사이에 긴밀한 유비를 이끌어 내려는 시도를 끊임없이 불러냈다. 영(Thomas Young)의 빛의 파동 이론의 성립 과정에서 소리와의 긴밀한 유비가 중요한 역할을 감당하였으며,[530] 제벡(August Seebeck)은 소리와 빛의 유비 가운데 소리에서 나타나는 공명과 유사하게 스펙트럼의 색들이 망막의 신경들 속의 입자들과 공명하여 밝기를 감지한다는 주장을 제기하였으며, 헬름홀츠가 영의 삼색 수용기 이론(three-receptor theory)을 수용하는 과정에서 소리와 빛의 유비가 핵심적 역할을 했다.[531] 그러나 정작 빛에 있어서 비교적 선명하게 관찰되었던 그늘, 반사, 회절, 간섭 현상이 소리의 경우에는 쉽게 관찰되지 않았다. 여러 연구자들이 이러한 현상들의 명쾌한 검출을 시도하였지만 광학적 현상에 비하여 음향학적 진동에 대한 교란 요인이 많아 실험이 쉽게 이루어지지 않았다. 광파를 이용하는 실험은 암실 속에서 여타의 광파의 교란을 통제한 채로 이루어질 수 있었지만 음향학적 교란을 완전히 배제하는 실험 공간은 만들어 내기가 훨씬 어려웠다. 무엇보다도 실험자 자신이 음향학적 교란 요인이 되는 경우가 많아서 음파의 직진, 반사, 회절, 간섭을 명쾌하게 보이기는 더욱 어려웠다. 또한 일반적으로 빛에 비해서 음파는 파장이 길기 때문에 회절이나 간섭이 더욱 심하게 일어났고 그 직진성을 이용하기가 쉽지 않았다.

레일리는 광학과 음향학 두 분야에 모두 깊은 관심을 기울인 연구자였던 만큼 이들 사이의 유비에 특별한 관심을 갖고 있었다. 그는 음파의 광학적 유비들을 찾아내려는 일에 일찍부터 관심을 쏟았다. 그리고 그러한 노력에 상응하는 결과를 얻어냄으로써 레일리는 소리의 본성에 대한 이해를 심화시켰다.

---

530) 이에 대해서는 Kenneth Arthur Latchford, "Thomas Young and the Evolution of the Interference Principle", (Imperial College of Science and Technology, University of London, 철학박사 학위 논문)에서 집중적으로 다루고 있다.

531) Timothy Lenoir, "Helmholtz and the Materialities of Communication", *Osiris* 9(1994), 195-205쪽.

292

(1) 소리 그늘과 소리의 반사

레일리는 1877년경에 왜 빛에서 쉽게 관찰할 수 있는 그늘이 소리
에서는 쉽게 나타나지 않는가에 관심을 기울였다.[532] 레일리는 그 이
유 중 첫 번째로 인간이 감지할 수 있는 소리의 세기의 범위가 매우
넓다는 것을 들었다. 레일리는 기차의 기적 소리는 1마일 떨어진 곳에
서 그 세기가 10야드 밖에서 들을 때의 3만 분의 1로 줄어들지만 그
래도 여전히 크게 들린다는 점을 지적했다. 주변이 조용하다면 100만
분의 1의 세기로 줄어들어도 들릴 것이라는 것이 레일리의 예측이었
다. 레일리는 이렇게 귀가 소리에 민감할 뿐만 아니라 미세한 소리를
반사할 수 있는 장애물들이 흔히 존재하기 때문에 '소리 그늘'(sound
shadow)이 감지되기 힘들다고 보았다. 그는 흔히 실험이 행해지는 실
험실 내부에는 빛에 대하여는 좋은 반사체가 아니지만 소리에 대해서
는 좋은 반사체인 물체들이 많이 존재하기 때문에 실험실에서 소리
그늘을 검출하기는 그만큼 힘들다고 보았다. 그래서 레일리는 소리 그
늘을 관찰하기 위해서 야외 실험을 택했다.

레일리는 주된 장애물로 큰 건물의 모서리를 택했다. 음원으로는
사람의 목소리, 소리굽쇠, 일정한 음을 내는 호각, 작은 전동종(電動
鐘) 등을 사용했다. 이 중에서 전동종이 가장 쓰기에 편했다. 레일리
는 음원을 건물의 남서쪽 모서리에서 8 내지 10야드 떨어진 남쪽 벽
면 가까운 곳에 놓았고 관찰자는 서쪽 벽면에 붙어 서게 했다. 그랬을
때 소리 그늘은 확실하게 형성되어서 관찰자는 음원의 소리를 잘 들
을 수 없었다. 그러나 적당한 크기의 화판(畵板)을 남서쪽 모서리에서
적당한 거리에 적당한 각도로 세워 소리를 반사시켜 주면 관찰자는

---

532) Rayleigh, 앞의 글(*Scientific Papers*, #46), 316쪽.

소리가 매우 크게 들리는 것을 체험했다. 이로써 레일리는 소리 그늘
이 얼마나 확실하게 만들어졌는지 확인했다.[533]

레일리는 이어서 여러 종류의 반사판의 성능을 확인해 보았다. 이
러한 작업은 틴들이 일찍이 수행한 적이 있었는데 레일리는 이렇게
선행 연구자의 실험을 확인하는 과정을 통해서 실험 능력을 배양하고
혹시 있을지 모를 문제나 개선시킬 점을 찾아내곤 했다. 레일리는 직
경이 2.5피트인 둥근 테에 *Times* 지를 붙여서 만든 스크린이 화판만
큼 좋은 반사판 역할을 하는 것을 확인했다. 그에 비해 옥양목(calico)
을 썼을 때는 반사능이 매우 떨어지지만 옥양목에 물을 적셨을 때에
는 오히려 반사능이 크게 개선되는 것을 확인하였다. 이러한 결과들은
틴들의 실험 결과와 일치하였다.[534]

1904년에 레일리는 구형의 장애물을 사용할 때 생기는 소리 그늘에
관심을 가졌다. 구의 직경이 파장에 비해 작을 때 회절에 의해 구의
표면상의 각 지점에 도달하는 소리의 세기는 계산이 매우 쉬웠지만
구가 커지면 문제가 상당히 복잡해졌다. 레일리의 이론적 유도에 따르
면 소리의 세기는 소리가 가장 먼저 도달하는 구의 극을 기준으로 중
심각에 따라서 달라지는 것으로 나왔는데 극에서 소리의 세기가 가장
크고 각도가 증가할수록 소리의 세기가 약해져서 중심각이 90도인 적
도를 넘어서도 도달하는 소리의 세기가 줄어들다가 135도나 165도에
서 가장 작은 소리의 세기를 갖게 되고 그 이후에는 오히려 소리의
세기가 증가하게 되어 있었다. 이러한 사실을 레일리는 직접 실험을
통해서 확인하기를 원했고 이를 위해 직경이 12인치인 구와 직경이
3.5인치인 크로켓 공을 장애물로 사용하였다. 전자의 경우 민감 불꽃

---

533) 같은 글, 316쪽.
534) 같은 글, 316쪽.

은 구 뒤쪽 5인치 떨어진 곳에 놓여졌다. 그리고 후자의 경우는 표면에서 1.5인치의 거리에 놓여지는 것으로 충분했다. 모든 것이 일직선에 놓였을 때 민감 불꽃은 흔들림으로써 그곳에 음파가 존재함을 나타냈다.[535] 이와 같이 소리 그늘과 소리 반사에 대한 레일리의 연구는 빛과 관련된 현상을 소리에서 찾아내려는 레일리의 노력에서 이루어졌다.

(2) 소리의 간섭과 회절

빛의 경우에 관하여 영의 실험이 보여준 것처럼 소리의 경우에도 간섭이 일어날 것은 당연해 보였지만 그러한 간섭을 실험적으로 검출하기는 그리 쉽지 않았다. 그런 점에서 레일리는 일찍이 소리의 간섭을 일으키는 실험을 성공적으로 수행하였다는 점에서 기억될 만하다.[536] 레일리가 간섭 실험을 하기 위해서는 동일한 진동수와 위상을 갖는 두 음원이 필요했다. 레일리는 이를 위해 128cps로 진동하는 소리굽쇠 단속기를 이용해서 단속적인 전류를 만들어 256cps 소리굽쇠 2개를 진동시켰다. 이때 그로브 전지 2개를 사용하면 소리굽쇠의 소리의 세기는 적당했다. 레일리는 두 소리굽쇠를 10야드의 거리를 떨어뜨려 설치하고 공명기를 써서 소리가 증폭될 수 있도록 해 놓았다. 전기로 소리굽쇠들을 진동시킨 후 한쪽 귀를 막은 관찰자는 어렵지 않게 침묵점, 즉 상쇄 간섭이 일어나는 위치들을 찾아낼 수 있었다. 1인치 정도만 귀의 위치를 옮기면 소리는 다시 살아나는 것을 확인할 수 있었다. 이로써 소리도 간섭을 일으킨다는 것이 확실하게 입증되었다.

---

535) Rayleigh, 앞의 글(*Scientific Papers*, #293), 169쪽.
536) Rayleigh, 앞의 글(*Scientific Papers*, #273), 5-6쪽.

또한 레일리는 프레넬이 광학 실험에서 보여준 간섭 띠를 소리로 흉내 낼 수 있었다.[537] 이를 위해 레일리는 T자형 튜브를 사용했다. 고압 기체 노즐에 이 T자형 튜브를 꽂고 열린 양쪽 끝에는 작은 단면이 타원형인 나팔을 긴 직경이 수직이 되도록 장치하였다. 둘의 축은 평행하고 서로 40 cm 정도 떨어져 있었다. 그리하여 레일리는 같은 세기, 같은 위상의 소리가 두 나팔에서 나오도록 하였고 두 나팔에서 같은 거리에 불꽃을 놓음으로써 같은 위상, 같은 세기의 소리가 동시에 불꽃에 닿도록 하였다. 그 결과는 불꽃이 격렬하게 흔들리는 것이었다. 레일리는 손으로 한쪽 나팔을 가리면 불꽃의 흔들림이 줄어드는 것에서 보강 간섭이 일어나고 있음을 알 수 있었다. 그리고 그는 T자형 튜브가 고정되어 있는 밑판을 약간 미세하게 돌려줌으로써 불꽃이 전혀 흔들리지 않게 만들 수 있었나. 이것은 미세한 거리의 변화가 불꽃에 도달하는 음파의 위상이 반대가 되도록 만들어 그들이 상쇄 간섭을 일으켰던 것이다. 이때 레일리는 손을 한쪽 나팔에 대서 소리를 차단하면 불꽃의 흔들림이 다시 회복되는 것을 보임으로써 상쇄 간섭이 일어나고 있음을 확인할 수 있었다.

그다음에 레일리는 음파의 두 경로 중 한쪽 경로에 성질이 다른 기체층을 놓음으로써 위상 변화를 일으켜 간섭이 일어나게 했다. 이는 마치 광학적 간섭 실험에서 다른 굴절률을 갖는 투명한 물체를 한쪽 광로(光路)에 놓는 것과 같았다. 레일리는 이산화탄소를 사용하여 성공적으로 간섭을 일으킬 수 있었는데 이 기체 속에서의 음속은 공기 중에서의 음속의 $\frac{1}{1.25}$ 배였다. 그러므로 이산화탄소 층의 두께가 l이라면 $0.25l$ 만큼 지체(retardation)가 발생하여 이것을 음파의 반 파장과 같게 만들면 반대 위상을 만들어 내 상쇄 간섭을 일으킬 수 있었다.

537) 같은 글, 6쪽.

레일리는 기체층을 유지시키기 위해서 주석판 두 장을 위아래로 두고 중앙에 구멍을 뚫어 위아래로 튜브를 연결하고 둘레를 콜로디온 (collodion) 필름으로 막아서 만든 통을 두 개 만들어 소리의 경로에 각각 놓았다. 이때 물론 소리 경로상의 주석판의 길이는 이산화탄소가 주입되었을 때 반 파장의 지체가 일어날 수 있도록 조절하였다. 음원에서 T자 튜브를 통하여 두 나팔에서 소리가 발생하도록 하고 그것이 이 통을 통과하여 불꽃에 이르면 보강 간섭으로 불꽃이 격렬하게 흔들렸다. 한쪽의 통에 연결된 튜브를 통해서 이산화탄소를 주입하면 불꽃이 조용해지면서 키가 커졌고, 다른 쪽 통에도 이산화탄소를 주입하면 불꽃은 다시 격렬하게 흔들렸다. 한쪽 통의 이산화탄소를 튜브를 통해서 빼고 공기를 주입하면 불꽃은 다시 조용하게 타올랐고 다른 쪽 통의 이산화탄소도 빼고 공기를 주입하면 불꽃은 다시 격렬한 운동을 회복했다. 이러한 결과는 레일리가 의도한 대로 소리의 경로상에 다른 매질을 놓음으로써 불꽃에 도달하는 두 경로의 음파가 반대의 위상 또는 동일한 위상을 갖도록 만들어 보강 간섭과 상쇄 간섭을 일으킴을 보여주는 것이다. 간섭 현상이 빛에 대해서 나타나는 것처럼 소리에 대해서도 명쾌하게 나타남은 소리가 빛과 마찬가지로 파동이라는 점을 선명하게 드러내 주었다.[538]

1904년에 레일리는 소리의 회절을 확실하게 보여주는 예로 '푸아송의 원반'을 제시했다.[539] 푸아송의 원반은 이미 광학적 현상으로 널리 알려진 것이었는데 빛의 파동설을 입증해 주는 대표적인 실험 중 하나였다. 이것은 원반형의 장애물로 생긴 그림자의 중간에 밝은 점이 나타나는 현상으로 푸아송이 프레넬의 파동설을 따라 예측했고 그 직

---

538) 같은 글, 6쪽.
539) Rayleigh, 앞의 글(*Scientific Papers*, #293), 167쪽.

후 실험적으로 검증되었기 때문에 이와 같은 이름이 붙게 되었다.[540]
보통 실험은 암실의 덧문(shutter)에 뚫린 바늘구멍을 통하여 들어오
는 태양 광선을 4, 5미터 떨어진 곳에 3, 4가닥의 철사로 허공에 고정
시킨 은화를 비추도록 하였다. 이 은화의 그림자가 생기는 스크린의
위치에 사진 건판을 놓으면 원형의 그림자 중앙에 빛이 도달하는 것
을 찍을 수 있었다. 이로써 빛이 회절하여 원형의 그림자 가운데 지점
에 도달함이 입증되었다.

　레일리는 이와 유사한 현상이 소리에도 일어남을 실험적으로 재현
하는 데 성공하였다.[541] 이를 위해 레일리는 파장이 짧은 '인공 새소
리'를 음원으로 삼았다. '인공 새소리'는 파장이 짧다는 특징 외에도
소리가 한 방향으로 퍼져나간다는 장점도 가지고 있었다. 레일리는 소
리의 도달 여부를 확인하기 위해서는 민감 불꽃을 사용하였다. 그는
직경이 18인치인 원형 유리판의 중앙에 검은 종이 조각을 붙여서 장
애물로 삼았고 그 가운데 작은 구멍을 뚫은 후에 두 가닥의 가는 철
사로 불꽃과 새소리 발생 장치의 중간의 허공에 매달았다. 장애물 중
간에 뚫린 구멍은 새소리 발생 장치와 불꽃과 장애물을 일직선상에
오도록 조절할 때 들여다보기 위한 것이었다. 이와 같은 장치를 이용
해서 레일리는 원반의 뒤에서는 민감 불꽃이 전혀 요동하지 않음을
통해서 확실히 소리 그늘이 존재한다는 것을 확인하였고 푸아송이 계
산한 거리에서 소리 그늘 속에 소리가 도달하여 불꽃이 크게 흔들리

---

540) 이에 관한 상세한 논의는 John Worrall, "Fresnel, Poisson and the
　　White Spot: The Role of Successful Predictions in the Acceptance of
　　Scientific Theories", in David Gooding, Trevor Pinch, Simon Schaffer,
　　(eds.) The Uses of Experiment: Studies in the Natural Sciences
　　(Cambridge: Cambridge Univ. Press, 1989), 135-157쪽.
541) Rayleigh, 앞의 글(Scientific Papers, #293), 168쪽.

는 곳을 찾아냈다. 이로써 광학적 현상인 푸아송의 원반과 관련한 회
절 현상이 음향학적으로도 발생함이 분명해졌다. 이 과정에서 레일리
의 개선된 실험 도구들이 종전에는 명쾌하게 이루어지기 어려웠던 실
험을 가능하게 만들어 주었다. 이는 단파장의 소리 발생 기술과 소리
의 국소적 검출 및 가시화 장치의 진보로 인하여 가능해진 것이었다.
음향학의 '푸아송의 원반'은 빛과의 유비를 통해 레일리가 이룩한 음
향학 연구의 탁월한 성과 중 하나였다. 이와 같이 빛과 소리의 유비는
레일리의 음향학 연구에 좋은 가이드로서 여러 가지 두드러진 성과들
을 이끌어 냈다.

3) 음향학의 실용성

전통적으로 소리에 대한 실험적 연구는 실용적 목적과 긴밀히 연결
되어 있었다. 18세기와 19세기의 음향학 연구에 있어서 중요한 기여가
연주자나 악기 제작자에 의해 이루어졌고, 실제로 휘트스톤이나 쾨니
히는 악기 제작자 출신으로서 음향학 연구자가 된 이들이었다. 이들에
게 있어서 음향학은 악기 제작기술의 개선이나 음악 이론의 확립 등
의 목적과 긴밀하게 맞닿아 있었다. 또한 이들과는 다른 동기에서지만
틴들의 경우에는 안개 신호의 개선이라는 실용적 목적을 달성하기 위
하여 소리 전달에 대한 광범위한 실험 연구를 수행하기도 하였다.
레일리의 경우에는 기본적으로 실용적 목적이 그의 음향학 실험 연
구의 주된 동기가 된 것은 아니었지만 레일리 역시 이러한 실용적 문
제와 맞닿아 있는 주제에 대해서도 관심을 기울였다. 악기나 종이 내
는 소리는 레일리에게 그 자체가 좋은 음향학 연구의 주제였다. 이에

대한 심화된 이해는 악기나 종의 개선을 위한 토대가 될 수 있었다. 안개 신호와 관련하여 소리 전달과 간섭 등에 대한 연구는 전문적인 과학자의 지식이 공익을 위해서 사용되어야 한다는 레일리의 신념에 의하여 이루어졌다. 이러한 실용적 문제들에 대한 연구를 수행하면서도 자연 현상에 대한 심화된 이해를 얻어내려는 레일리의 관심은 지속되었다. 또 음향학적 실험이 과학의 대중화를 위한 시범 실험에 사용됨으로써 과학에 대한 대중의 인식을 새롭게 하는 일에 효과적으로 쓰이기를 레일리는 희망하였고 이를 위해 구체적인 노력을 하였다.

(1) 악기와 종에 관한 연구

 전통적으로 악기는 음향학자들의 주된 탐구 대상이있다. 악기에 관해서 많은 연구자들이 그 발성 원리와 음의 특성에 대해서 연구하였다. 18세기와 19세기를 거치면서 악기의 제작과 조율을 위한 음악 이론의 확립을 위한 많은 노력이 있었고 이 과정에서 음향학은 악기와 더욱 긴밀한 연관을 갖게 되었다. 음향학자들의 실험 기구는 음악가나 악기 제작자들이 사용하였던 악기나 소리굽쇠 등이 중심을 이루었다.
 레일리에게 있어서도 마찬가지였다. 그는 음향학 실험 연구 초기부터 소리굽쇠와 피아노, 오르간 파이프 등 다양한 음악적 도구들을 사용하였다. 앞서 말한 것처럼 이 과정에서 레일리는 소리굽쇠의 발성 원리와 본성에 대한 심화된 연구를 수행하였다. 레일리의 노력은 그 밖의 악기나 발음 도구들의 발성 원리와 본성에 대한 심화된 연구로 확장되었다. 그러나 이것이 악기를 개량하기 위한 실제적인 목적에 바로 연결되는 것은 아니었다. 악기와 종은 레일리에게 과학의 혜택으로 개선되어야 할 도구라기보다는 과학적 탐구의 대상으로 주로 인식되었다. 실제로 많은 연구자들이 이미 악기의 발성 원리에 대해서 많은 연구를 수행하였으므로 레일리는 그들의 연구를 접하면서 관련된 문제를 풀어나가기를 원하였다.

그중에서도 오르간 파이프에 대한 레일리의 관심은 일찍부터 시작되었다. 그가 우선적으로 오르간 파이프의 음에 관심을 가진 것은 공명기의 일종으로서 오르간 파이프를 인식한 데서 비롯되었다. 그는 오르간 파이프가 공명하는 진동수의 음과 실제로 연주될 때 나오는 진동음 사이에 차이가 있음을 감지했다. 1877년에 레일리는 오르간 파이프가 정상적인 방식으로 불렸을 때 내는 음은 그것을 공명기로 고려했을 때 자연적인 파이프가 내는 음보다 높다는 것을 실험 과정에서 발견하였다.[542] 이 실험에서 레일리는 최대 공명음을 한쪽 끝을 귀에 꽂은 호스의 다른 쪽 끝을 오르간 파이프의 내부에 넣어서 들을 수 있었다.

1882년경에 레일리는 수년 전에 블레이클리(D. J. Blaikley)가 고안한 새로운 방법을 써서 더 정확한 결과를 얻어냈다.[543] 레일리는 2피트 길이의 금속 오르간 파이프를 위 끝에서 2인치를 잘라내고 길이 조절이 가능하도록 종이 슬라이더(slider)로 대치했다. 그는 파이프의 아래쪽 끝에는 적당한 거리를 두고 단속적 전기에 의해 진동하는 소리굽쇠를 설치하여 계속 진동을 일으켰다. 이때 너무 소리굽쇠를 오르간 파이프의 끝에 가까이하면 공기의 통로가 막혀서 다른 결과가 나오므로 주의가 필요했다. 이때 사용된 소리굽쇠의 진동수는 255cps였다. 레일리는 오르간 파이프의 공명을 파이프의 위 끝에서 조금 떨어진 곳에서 관찰하였는데 그곳에서는 소리굽쇠의 소리가 직접적으로는

---

542) Rayleigh, 앞의 글(*Scientific Papers*, #46), 320 – 321쪽.
543) Rayleigh, 앞의 글(*Scientific Papers*, #84), 95 – 96쪽.

거의 들리지 않았다. 그 끝에 설치된 종이 슬라이더를 조절해서 소리가 가장 확실히 들리도록 만들었을 때 레일리는 슬라이더가 움직인 거리를 측정하여 0.6인치 정도의 값을 얻었다. 레일리는 슬라이더를 위에서 표시한 위치에 고정시켰고 이로써 이 파이프의 자연 진동수는 255cps라고 간주할 수 있었다.

이제 이 오르간 파이프에서 나오는 소리가 어떻게 이 고유 진동수에서 벗어나는가를 관찰할 차례였다. 레일리는 오르간 파이프를 부는 공기의 압력을 변화시킴으로써 음의 높이가 달라지는 것을 관찰하기를 원했다. 이를 위해서 레일리는 오르간 파이프를 바람통을 사용해서 불었을 때 나오는 소리가 표준 소리굽쇠가 내는 소리와 맥놀이를 이루는 진동수를 측정하였다. 그리고 이때 파이프를 부는 공기의 압력은 물 압력계(water-manometer)를 사용하여 측정하였다. 정확한 실험을 위해서 3명의 관찰자가 필요했다. 한 사람은 맥놀이의 수를 세고 한 사람은 바람통에서 바람이 일정하게 공급되도록 조절하고 한 사람은 압력계를 관찰해야 했다. 물 압력계의 물기둥의 높이를 4.2인치만큼 높여주는 압력에서 1.53인치만큼 높여주는 압력 사이에서 파이프의 피치가 상당히 잘 감지되었는데 이때의 진동수는 자연 진동수보다 5 내지 11cps가 높았다. 전반적으로는 압력이 높을수록 진동수도 높았다. 압력이 1인치 밑에 도달하였을 때는 피치가 다소 불안하여 진동수의 요동이 감지되었다. 0.8인치의 압력으로 불 때는 파이프의 피치는 자연 진동음과 거의 일치하였고 더 낮은 압력을 불 때는 자연 진동음보다 더 낮은 음을 냈다. 0.7인치의 압력 이하에서는 음이 더 불안정해져서 피치를 정확하게 측정하는 것이 사실상 불가능했다.

이 실험의 결과로 실제적으로 연주가 이루어질 때에는 오르간 파이프의 음이 바람의 세기의 영향으로 피치가 상승하게 되지만 항상 일

302

정하지는 않은 것이 확실해졌다. 일정한 음을 내는 악기를 만들거나 일정한 음높이로 연주하고자 하는 음악가들이나 악기 제작자들의 요망이 쉽게 이루어지지 않음이 분명해졌다. 오르간에서 일정한 피치의 음을 내기 위해서는 일정한 세기를 불어 주는 것이 중요함이 확증되었다. 이는 장차 악기의 연주나 개량에 적용될 수 있는 의미 있는 지식의 생산이었다.

레일리가 관심을 가졌던 또 다른 발음체는 종(鐘)이었다. 레일리는 다른 음향학 연구자들에 비해 종에 대해 남다른 관심을 가졌다. 틴들이 이미 종의 진동 모드에 대해서 연구하였는데 레일리는 틴들의 연구를 기초로 이를 더욱 발전시켜 종의 발성 원리에 대해서 연구하였다. 이러한 종에 대한 레일리의 연구도 종의 제작이나 개량을 겨냥하고 이루어진 것이 아니라 진동체에 대한 보편적인 관심의 연장선상에서 이루어진 것이었다.

레일리는 1877년에 실험적 연구를 통해서 대칭형 종이 축의 방향으로는 아무런 소리도 방출하지 않는다는 견해를 제시했다.[544] 레일리는 종의 한 표면에서 압축이나 팽창 중 어느 것이 존재하건 대칭을 이루는 다른 부분에 의해 상쇄되어 전체적으로는 아무런 압력의 변화가 나타나지 않는다는 설명을 제시했다. 이러한 추론을 실험적으로 검증하기 위해 그는 커다란 유리종을 사용했다. 그 테두리 주위를 물에 젖은 손가락으로 문질러 진동을 일으킬 수 있었는데 유리종의 축이 정확하게 관찰자에게 향하면 다른 방향의 경우와 비교해 소리가 매우 약하게 들렸다. 레일리는 이때 들리는 소리는 유리종이 완전한 대칭을 이루지 않거나 바닥에서 반사되어 들리는 것으로 좀처럼 제거하기 힘든 것으로 간주했다.

544) Rayleigh, 앞의 글(*Scientific Papers*, #46), 317쪽.

이러한 초기의 실험 연구를 바탕으로 레일리는 1880년대에 다시 매우 면밀하게 종에 대한 실험 연구를 재개하였다. 종의 발음 문제는 전통적으로 매우 어려운 문제로 여겨져 왔는데 레일리는 종의 발음 메커니즘에 대해서 상세한 이론적 이해를 도모하였고 그러한 이해를 실험을 통해서 확인하기를 원하였다. 그의 실험에는 탈링 플레이스의 교회 종을 비롯해서 다른 곳에서 빌려온 여러 개의 종이 사용되었다. 이 연구를 통해서 레일리는 종에 대한 선구적인 연구 결과를 내놓을 수 있었다.[545]

레일리는 우선 종이 진동할 때 생기는 마디선(nodal lines)에 관심을 가졌다. 종은 한 축을 중심으로 대칭형으로 만들어지게 되어 있는데 레일리는 가장 낮은 음을 낼 때 원래의 원형의 테두리가 타원형이 되고 다음 순간에 타원의 단축과 장축이 전환되면서 진동을 공기로 전달시킨다고 보았다. 레일리는 이렇게 반복되는 진동에서 원이 타원과 만나는 곳에서 종의 정점을 연결하는 종선(meridian)이 마디선이 되어서 이 경우에는 4개의 마디선이 생긴다고 판단했다. 그러나 레일리는 이 마디선들이 사실은 운동이 전혀 없는 것이 아니고 표면 방향의 운동이 없다는 의미에서 마디선임을 분명히 했다. 레일리는 마디선이 4개 나타나는 이 기본 진동을 2 사이클(cycles)이라고 불렀다. 높은 진동수의 진동을 하게 될 경우 마디선의 수는 6, 8, 10, ……으로 늘어나고 레일리는 이것을 각각 3, 4, 5, ……사이클이라고 불렀다.[546]

이러한 다양한 진동 모드를 검출하는 데 레일리는 헬름홀츠 공명기를 유용하게 사용하였다. 레일리는 쾨니히에 의해 제작된 공명기를 사

545) Rayleigh, "On Bells", *Phil. Mag.* 29(1890), 1-17쪽: *Scientific Papers*, #164, 318-332쪽.
546) 같은 글(*Scientific Papers*, #164), 318-319쪽.

용했다. 그는 다양한 유리종에서 나오는 음을 동정(同定)하였는데 예를 들면 한 종에서는 c', e"♭, c'"♯의 음이 나왔다. 이는 하모니엄에서 나오는 음과 비교해서 정해진 것으로 레일리가 이론적으로 예측한 것과 일치하지 않았다. 레일리는 그 이유를 종의 불규칙한 형태와 두께에서 기인하는 것으로 간주했다.[547] 레일리는 빌려온 한 종을 실험실에 매달고 공명기를 사용해 6개의 음을 검출해 냈다. 이로부터 자신감을 얻은 레일리는 더 많은 종을 빌려와 그 음의 검출에 나섰다.[548] 이러한 종의 정밀 분석으로부터 레일리가 발견하게 된 것은 종이 원래의 제작 의도와는 달리 조화 관계의 음들만 내지 않는다는 점이었다. 레일리는 이 실험 연구의 목표 중 하나를 좋은 종과 나쁜 종을 구분하게 되는 것에 두었으므로, 이에 대한 기준을 마련하였다. 레일리는 종에서 발생하는 주요 음들이 서로 조화음의 관계에 있을 때 듣기 좋은 소리를 내기 때문에 이러한 조건을 구비한 종이 좋은 종이라고 판단했다.[549] 그가 테스트한 모든 종들이 조화 관계에 있는 주요음들을 내지는 않았지만 발생하는 주요 음들이 조화 관계에 있는 종을 제작하는 것이 불가능하지는 않다고 보았다.[550] 이는 레일리의 종에 대한 실험 연구가 종의 진동에 관한 본질적인 측면에 초점이 맞추어져 있었지만 더불어 이러한 연구가 더 좋은 종을 제작하는 데 필요한 실제적 지식을 제공해 주기를 레일리가 기대하고 있었음을 시사한다. 이는 레일리의 연구가 실용적 목적을 배제하지 않았음을 드러낸다.

---

547) 같은 글. 321쪽.
548) 같은 글. 326-327쪽.
549) 같은 글. 327쪽. 여기에서 '조화음의 관계에 있는 음이 나온다'라는 말은 가장 낮은 음인 기본 진동수의 정수배에 해당하는 배음들로 이루어진 복합음이 나온다는 의미이다.
550) 같은 글. 328쪽.

(2) 안개 신호에 대한 연구[551]

레일리는 1896년에 트리니티 하우스(Trinity House)의 과학 고문 역할을 담당하게 되었다. 이 자리는 이전에 패러데이가 50여 년간 맡았었고 얼마 전까지는 틴들이 맡았던 자리였다. 트리니티 하우스는 헨리 8세 때까지 그 역사를 소급할 수 있는 오래된 기관으로 잉글랜드의 등대나 부표 같은 해안 설치물의 설치와 운영을 주관해 왔다. 레일리는 이 자리를 이후 15년간 지키면서 많은 광학적, 음향학적 연구의 주제들을 이로부터 얻어냈다. 그것은 주로 안개 신호와 안개 불빛의 테스트와 연관된 것이었다. 그 과정에서 그는 새로운 연구 주제들을 발견하여 자신의 과학적 업적을 더욱 확장시킬 수 있었다. 그런 점에서 트리니티 하우스에서의 안개 신호와 연관한 연구 활동은 그의 삶에 있어서 사회 봉사적 측면과 개인 연구 업적의 측면을 모두 충족시키는 활동이었다. 레일리는 자신의 과학적 전문 지식이 사회의 유익을 위해서 사용되는 데에 있어서 적극적이었다.[552] 그러므로 그의 안개 신호에 대한 연구는 어떻게 그가 자신의 지식을 실제적인 문제의 풀이를 위해서 활용하였는가와 그가 실제적인 문제의 풀이로부터 어떤

---

551) 이 절의 내용은 이미 출판된 필자의 다음 논문을 통해 수정한 것이다. Ku, Ja Hyon, "Rayleigh's Acoustical Research on the Fog Signal", *The Journal of the Acoustical Society of Korea*, 23(2004), 98-102쪽.

552) R. B. Lindsay, "Strutt, John William, Third Baron Rayleigh", in Charles Coulston Gillispie, ed. *Dictionary of Scientific Biography*(New York: Scribner, 1981) 13권, 105쪽. 레일리의 공적 봉사에 대한 의무감은 그가 트리니티 하우스 외에도 다양한 정부 기관에서 과학 자문 역할을 감당한 것에서 드러난다. 그는 폭발물 위원회, 과학 산업 연구부(Department of Scientific and Industrial Research)의 자문 위원회, 항공술 위원회 등에서 봉사하였다. J. J. Thomson, et al. "Lord Rayleigh, O. M., F. R. S. (A Collective Obituary)", *Nature* 103(1919), 367쪽.

영감을 얻어냈는가를 살필 수 있는 좋은 사례들을 제공한다.

레일리는 1900년을 전후하여 트리니티 하우스에서 사용하는 두 개의 분리된 나팔이 장착되어 있는 이중 사이렌의 효과에 대하여 관심을 가졌다. 그가 지적한 점은 두 사이렌에서 나는 소리가 멀리에서 들었을 때에는 하나와 다름없는 세기로 들린다는 것이었다. 레일리는 두 나팔이 평행하게 배치되고 관찰자가 그 대칭축의 방향에 있을 때에도 이런 현상은 확실하게 나타난다고 주장했다.553) 이러한 레일리의 주장은 1874년에 틴들에 의해 제기되었던 주장이 계기가 되었다. 그 당시 틴들은 하나의 나팔을 불 때나 두 개의 나팔을 동시에 불 때나 그 소리의 세기에는 감지할 만한 차이가 없다고 보고했고, 심지어 두 개의 나팔의 소리가 세 개의 나팔 소리보다 더 효과적이라는 주장을 했다. 처음에 이러한 주장을 접한 레일리는 오랜 기간 동안 소리에 대해 연구해 온 전문가의 입장에서 납득하기 어려웠다. 틴들의 주장이 사실이라면 오르간에 장착된 여러 개의 파이프들이나 합창단에서 여러 명이 함께 소리를 내는 것이 소리를 크게 하는 데 별로 도움이 안 된다는 것인데 그것은 전혀 타당성이 없어 보였고 이러한 의문이 레일리의 실험 연구를 촉발시켰다. 그런 점에서 이 주제는 레일리의 음향학적 지식이 실제적인 문제를 푸는 데 기여했다기보다는 레일리가 실제적인 문제로부터 연구 주제를 제공받은 경우에 해당했다. 물론 그러한 연구의 결과는 소리의 본성에 대한 레일리의 이해를 심화시켰을 뿐 아니라 실제적인 문제의 해결을 위해서 필요한 지식도 제공하였다.

레일리는 몇 개의 파이프를 가지고 소리의 도달 거리를 알아보는 실험을 수행했다.554) 256cps의 음을 갖는 두 막힌 파이프를 1층 창문

---

553) Rayleigh, "Acoustical Notes Ⅵ", *Phil. Mag.* 2(1901), 285쪽; *Scientific Papers*, #270, 554쪽.

에 올려놓고 창문을 연 채로 불었을 때 이 소리는 잔디 위로 퍼져서 200 m까지 들렸다. 그러나 창문을 닫은 채로 불었을 때에는 소리의 도달 거리가 훨씬 짧았다. 두 파이프를 거의 같은 세기로 그리고 2초 정도의 진동 주기를 갖는 맥놀이가 일어나도록 조율한 상태에서 소리를 냈을 때 결과는 예상 밖이었다. 맥놀이 음이 두 파이프에서 나오는 각각의 음보다 더 확실하게 들렸다. 레일리는 이러한 실험 결과가 역학적 관점에서 이해될 수 있는 것임을 인식했다. 에너지의 차원에서 고려해 보면 맥놀이의 가장 크게 들리는 부분은 분리되어 들리는 동일한 세기의 두 성분 음의 4배의 세기를 갖기 때문이었다.

그다음의 실험에서는 두 파이프는 단3도 정도의 음정 차이로 조율되었는데 이때에는 맥놀이는 너무 느려 거의 들리지 않았다. 이 경우에 복합음이 소리는 성분음의 소리의 두 배가 될 것이 기대되었지만 관찰자에게는 별로 소리가 세어진 것으로 느껴지지 않았다. 이것은 의외의 결과가 아닐 수 없었다. 레일리는 물리적으로는 소리의 세기가 두 배가 되어야 하지만 실제로 들을 때에는 그렇게 들리지 않는 이 현상에 생리학적인 요인이 개입되어 있는 것으로 풀이했다. 레일리의 일련의 실험을 통해서 수십 년 전에 틴들이 관찰한 것이 옳음이 확증되었다. 동음 또는 피치가 확실히 차이가 나는 두 파이프를 동시에 불어주는 것이 실제적으로 소리의 세기를 강화시켜 주지는 못한다는 것을 레일리는 확인할 수 있었던 것이다. 그러나 이 문제는 레일리에게 새로운 연구의 주제를 제공해 주지는 못했다. 그가 이러한 현상의 원인을 생리적인 이유로 돌린 것은 이 문제를 자신의 탐구 영역 밖의 문제로 간주했음을 시사한다. 그렇다고 해서 이 실험 연구가 아무런 실익이 없었던 것은 아니었다. 두 개의 파이프를 사용해서 소리를 강

---

554) 같은 글(*Scientific Papers*, #270), 554쪽.

화시킬 수 있는 실제적인 방법으로 맥놀이 음을 이용할 수 있음을 알 아냈기 때문이었다. 이것은 실제적으로 응용될 수 있는 발견이었다.

그러나 안개 신호에서 비롯된 음향학적 연구가 항상 실효를 거둔 것은 아니었다. 문제도 미결인 채로 남고 해결책도 제시하지 못하는 경우도 많았다. 틴들이 관찰했던 '침묵의 바다'(silent sea) 현상이 그 한 예였다.[555] 틴들은 바다에서 안개 신호를 들을 때 종종 신호가 1, 2마일의 거리에서는 상실되었다가 같은 방향의 더 먼 거리에서는 다 시 회복되는 현상을 주목하였었다. 1902년 즈음에 트리니티 하우스의 원로 위원회(The Committee of the Elder Brethren)는 이러한 현상 을 실험적으로 확인할 기회를 가졌고 레일리도 이 실험에 참여하였다. 당시에는 이 현상이 틴들이 당초에 설명하였던 방식대로 바다가 반사 면으로 작용하여 로이드의 띠(Lloyd's bands)와 유사한 현상을 일으 키는 것으로 이해되었다. 로이드의 띠는 빛의 간섭 현상의 특별한 예 로서 빛의 경로와 평행한 반사면이 존재할 때, 진행하는 광파와 이 반 사면에서 반사하는 광파의 간섭으로 생기는 간섭무늬이다. 로이드의 띠는 띠 모양으로 반사면에서 시작되어 빛의 진행 방향에 비스듬하게 펴져 나갔다.

레일리는 바다가 반사면으로 작용하는 것에는 이의를 제기하지 않 았지만 '침묵의 바다' 현상을 로이드 띠의 음향학적 유비로 이해하는 데에는 동의하지 않았다. 거기에는 두 가지 난제가 존재했기 때문이었 다. 첫째, 이 현상이 로이드의 띠에서처럼 간섭에서 비롯된다면 간섭 은 항상 일정하게 나타나야 하는데 그렇지 않았다. '침묵의 바다'는 보 강과 상쇄가 번갈아 나타나지 않았던 것이다. 둘째, 로이드의 띠의 유 비에 따르면 물 위의 특정 높이에서 침묵의 장소가 있을 것이고 그

---

555) Rayleigh, 앞의 글(Scientific Papers, #273), 4쪽.

높이에만 한정되어야 한다. 그러나 실험 결과는 '침묵의 바다'에서는 높이에 관계없이 모든 지역에서 소리가 들리지 않는다는 점이었다. 재현된 실험에서는 '침묵의 바다' 위에서는 돛대 위에서 관측할 때나 수면 근처에서 관측할 때나 혹은 그 사이의 적당한 높이에서 관측할 때나 모두 소리가 들리지 않았다. 그러나 레일리 자신도 침묵의 바다가 왜 그렇게 나타나는가에 대해서는 제대로 된 설명을 찾아내지 못했고 이 문제는 미결인 채로 뒤로 미루어졌다. '침묵의 바다'에 관한 연구에서 레일리는 음향학 전문가로서 능력을 발휘하여 잘못된 견해를 바로잡는 데에서는 능력을 발휘하였지만 이 현상의 본질을 파악하지 못함으로 문제의 실질적인 해결에도 도움을 주지는 못했다.[556]

레일리가 자신의 전문가로서의 능력을 발휘할 수 있었던 다른 문제는 소리의 회절과 소리의 도달 거리에 관련된 것이었다. 안개 신호를 보내는 장치로 나팔이 많이 사용되었는데 이것에 소리의 회절이 개입하여 소리의 전달에 장애를 일으키는 경우가 많았다. 특히 나팔의 주둥이의 지름이 소리의 파장의 절반을 넘으면 회절 효과가 상당히 중요해졌다. 레일리는 회절에 의해 소리 전달에 문제가 생기는 이유를 이론적으로 명쾌하게 이해했다. 나팔에서 나가는 소리의 여러 부분들은 처음에 구멍을 떠날 때는 거의 모두 같은 위상이지만 관찰자에게 그것이 도달할 때에는 위상에 변화가 생기게 된다. 나팔의 축 방향에서는 모든 성분들이 동등하게 도착하므로 어떤 위상차도 발생하지 않지만 나팔의 축 방향에서 비스듬하게 벗어난 지점에서는 주둥이의 가장 가까운 지점에서의 거리와 주둥이의 가장 먼 지점에서의 거리가 반 파장 정도 차이가 날 수가 있으며, 이럴 경우 소리는 완전히 반대되는 위상차의 존재로 인해서 상쇄되어 사라지는 것이었다. 실제적으

---

556) 같은 글, 4쪽.

로는 수면이나 지면의 반사 때문에 완벽하게 구현되지는 않지만 많은 경우에 소리의 감쇠(減衰)는 확실히 나타났다. 레일리는 이러한 효과 때문에 나팔의 단면이 원형일 경우 나팔의 축에서 벗어난 곳에서는 소리가 잘 들리지 않는 현상이 발생한다고 설명했다. 이로부터 충분히 먼 바다에서 관찰한 소리가 축에서 20도만 벗어나도 상당히 소리가 상실되고 40도나 60도에서는 더 많은 손실이 발생하는 것도 이해되었다. 이러한 문제는 트리니티 하우스에서 사이렌과 나팔을 사용해서 안개 신호를 만들어 내는 데 중요한 문제점으로 인식되어 있었다. 레일리는 이러한 문제를 자신의 음향학적 지식을 이용해서 해결할 수 있었고 이러한 문제를 완화시킬 수 있는 방안을 제시하였다. 1902년에 레일리가 제안한 것은 새로운 형태의 나팔이었다.[557] 그것은 구멍의 단면이 원형이 아니라 타원형인 나팔로서 장축을 세로 방향에 놓이게 하고 단축을 가로 방향에 놓이게 하여 회절로 소리가 해면 위로 수평으로 퍼지도록 하여 위 방향으로 소리의 손실을 최소화하도록 고안한 것이었다. 레일리는 이러한 형태의 나팔이 어떠한 특성을 갖는지를 실험을 통해서 확인하였다. 레일리는 놋쇠를 써서 전체 길이는 20 cm, 타원형 주둥이의 장축이 5 cm, 단축이 1.25 cm인 나팔을 제작하였다. 이 나팔이 '새소리'를 내기 위해 압축 공기를 일정한 압력으로 내보내는 장치에 끼워졌다. 나팔의 긴 직경을 세로로 하여 나팔의 축이 정확하게 불꽃을 가리키게 하면 불꽃에 너울거림이 생겼고 나팔을 축 주위로 90도를 돌렸을 때 불꽃은 여전히 너울거렸다. 이는 나팔의 축 방향으로는 소리가 나팔의 출구의 모양에 관계없이 전달됨을 의미했다. 이번에는 나팔 끝의 긴 직경을 세로로 한 채로 나팔을 수직 방향으로 돌려 수평면에서 50도나 60도의 각을 이루게 하였더니 불꽃이 조용해

---

557) 같은 글, 4쪽.

졌다. 이는 구멍의 긴 직경의 방향으로는 소리가 별로 회절하여 퍼지지 않는 것을 의미했다. 반면에 긴 직경을 수직으로 한 채로 수평 방향으로 회전시킬 때에는 75도에서 80도까지 돌려도 불꽃의 너울거림은 계속되었다. 이로써 레일리는 타원형 단면의 원뿔에서 나오는 소리는 긴지름을 세로로 했을 때 비교적 좁은 띠 모양으로 수평으로 퍼져 150도나 160도 정도까지는 두루 미칠 수 있음을 보일 수 있었다. 이로써 이 나팔을 안개 신호용으로 사용할 경우 소리를 해면 근처로 상당히 넓게 퍼뜨려 효과적으로 신호를 전달할 수 있음이 확실해졌다.

소리의 방향 식별에 대한 레일리의 말년의 연구 또한 실용적인 목적에 닿아 있었다. 그의 소리의 방향 식별에 대한 오랜 관심과 연구 및 성과에 대해서는 앞에서 살핀 바가 있지만 소리의 방향 지각에 대한 이러한 오랜 연구가 말년의 레일리의 트리니티 하우스의 활농에 요긴하게 쓰일 수가 있었다. 레일리는 소리의 방향 지각이 바다에서 안개 신호를 관측하여 방향을 찾을 때 요긴하게 쓰일 수 있다는 점에 주목하였다.[558] 레일리는 안개 신호를 5, 6초 정도 끌어준다면 해상의 관찰자가 고개를 돌려서 소리 나는 방향을 정확하게 파악할 수 있지만 이보다 짧을 경우에는 가만히 있는 것이 방향을 잡기에 더 좋다는 견해를 피력했다. 그러나 이 경우에도 소리가 정면이나 후면에서 온다면 실수할 가능성이 높아진다는 점을 그는 지적했다. 레일리는 전방 45도에서 오는 소리와 후방 45도에서 오는 소리는 사실상 구별하기가 힘들다는 점도 감안한다면 이런 문제를 미연에 방지하기 위해서는 3, 4명의 관찰자가 다른 방향을 바라보고 있다가 소리가 들리면 의견을 교환하여 방향을 찾아내는 것이 좋을 것이라고 제안했다.

또한 레일리는 공기 중 소리의 감쇠 효과에 대해서도 관심을 가졌

558) Rayleigh, 앞의 글(*Scientific Papers*, #319), 362쪽.

다. 1896년경에 레일리는 소리의 거리에 따른 약화를 고려하여 일정한 세기의 소리가 얼마나 먼 거리에서 들릴 수 있는가를 계산하였다. 그는 기본적으로 소리의 에너지가 모든 방향으로 퍼진다고 가정했을 때 소리의 세기는 거리의 제곱에 반비례하여 약화된다고 판단했다. 그리고 이에 근거하여 계산한 결과, 트리니티 하우스의 60마력의 사이렌 소리는 2,700km라는 먼 거리에서도 들려야 한다는 결론을 얻어냈다. 이는 사실과는 비교할 수도 없이 큰 값이었다.

레일리는 1916년경에 이루어진 관찰에서 강력한 사이렌 신호조차도 1마일 남짓한 거리에서 종종 들리지 않는 것을 목격하였다. 그러나 다행히도 안개가 심할 때 이런 현상이 심해지는 것은 아니었다. 그는 트리니티 하우스에 보낸 보고서에서 이 문제를 다루면서 아무리 많은 에너지를 갖더라도 공기 신호는 어떤 방향에서는 2마일 이내에서 상실될 수 있다고 주장했다.[559] 레일리는 1916년에 항공술 자문 위원회(Advisory Committee for Aeronautics)에서 이러한 이론상의 계산이 들어맞지 않는 현상의 이유를 대기 중에 분포하는 여러 장애물들에 의한 감쇠 작용 때문에 역학적 에너지가 열로 전환되는 탓으로 돌렸다.[560] 한편 테일러(Sir Geoffrey Ingram Taylor, 1986-1975)는 소리가 낮은 대기 중에서 전달되는 과정에서 소산되는 주된 원인은 그곳에 존재하는 것으로 알려진 회오리 운동(eddying motion) 때문이라고 주장하였다. 테일러는 자신의 주장을 따라 낮은 대기층의 구조에 대한 지식으로부터 소산되는 에너지양을 추산한 것이 경험과 잘 들어맞을 뿐 아니라 린데만(F. A. Lindemann, 1886-1957)에 의해 얻어진 소산

559) Rayleigh, "Memorandum on Fog Signals", *Report to Trinity House* (1916); *Scientific Papers*, #405, 398-399쪽.

560) Rayleigh, "On the Attenuation of Sound in the Atmosphere", *Advisory Committee of Aeronautics*, August(1916); *Scientific Papers*, #410, 419쪽.

량과도 일치한다고 주장하였다.[561] 레일리는 테일러의 이러한 주장에 자극받아 소리의 감쇠에 대해 새롭게 고려하기 시작했다. 레일리는 이 문제를 1899년에 취급하였던 것을 떠올려[562] 소리 에너지의 감쇠가 복사나 전도에서 기인한 것으로 볼 수 없다고 생각했다. 이것으로는 적절한 거리에서의 소리의 감쇠를 설명해 줄 수 없었기 때문이었다. 레일리는 반사가 소리의 감쇠에 중요한 작용을 한다는 생각에 이르렀다. 대기 중에는 보이지 않는 반사면이 존재할 수도 있다는 데 생각이 미쳤다. 그는 1901년에 세인트 캐더린 곶(St. Catherine's Point)에서의 관찰을 되살렸다. 그는 사이렌이 울리기를 멈춘 후 적어도 12초 동안 바다로부터 오는 메아리를 들었다. 하늘은 맑았고 특별한 파도도 없었다. 레일리는 이런 반사가 있기 위해서는 매질의 경계가 어느 정도 명쾌하게 구분되는 불규칙층이 요구된다고 보았다. 레일리는 가열되어 올라오는 공기의 흐름이 이러한 반사층을 형성할 수 있다고 판단했다. 그러나 테일러의 이론에는 소산도 반사도 고려되지 않았다. 그런 점이 레일리에게는 납득이 되지 않았다. 레일리는 소용돌이에 의해 소리가 교란된다면 어떤 곳에서 상실되는 것이 다른 곳에서는 획득되어야 한다고 생각했다. 레일리는 광학과의 유비를 통해서 자신의 주장을 강화했다. 흡수력이나 반사능이 없는 격자를 주어진 파장의 빛이 통과할 때, 입사광 전체는 중심의 상과 주변의 스펙트럼으로 흩어지는데, 이때 격자에서 충분히 먼 뒤쪽에서 스펙트럼이 띄엄띄엄 분리되는 현상이 나타난다.[563] 레일리는 이 경우에 격자를 통과한 빛은 격자의 관여로

---

561) 같은 글(*Scientific Papers*, #410), 419쪽.

562) Rayleigh, "On the Cooling of Air by Radiation and Conduction, and on the Propagation of Sound", *Phil. Mag.* 43(1899), 308–314쪽; *Scientific Papers*, #244, 376쪽.

563) Rayleigh, "On the Relation of the Sensitiveness of the Ear to Pitch,

분포가 달라지지만 전체 효과를 합치면 격자를 통과하기 이전의 빛과 동일한 세기의 빛을 갖는다고 말할 수 있었다. 소용돌이의 경우도 회전 방향과 같은 방향으로 진행하는 음파는 더 빨리 진행하고, 반대 방향으로 진행하는 음파는 지체되어 전체 효과는 소용돌이가 없는 경우와 같다는 것이 레일리의 지적이었다. 그러므로 레일리는 테일러의 소용돌이에 의한 감쇠 효과는 그렇게 결정적이 될 수 없다고 보았다.

공기 중 소리 신호의 이러한 약점을 극복하기 위한 수단으로 레일리는 1916년에 수중 신호나 무선 신호의 가능성을 고려해 볼 것을 트리니티 하우스에 제안하였다. 수중 신호의 경우에는 효과가 만족스럽게 검증되지 않았지만 4, 5마일 정도까지 효과가 있다면 무선 신호와 조합해서 쓸 만하다고 레일리는 생각했는데 그런 점에서 레일리는 무선 신호에 더 비중을 두고 있었다. 음향학에 관한 전문적 지식을 가지고 있었던 레일리는 소리를 사용하는 안개 신호의 문제점을 잘 인식하고 있었기 때문에 수중 신호나 무선 신호, 그중에서도 특히 무선 신호를 안개 신호로 사용할 것을 적극적으로 제안하는 입장이었다. 사실 얼마 전까지는 어떻게 해서든지 소리 신호의 효율성을 높이기 위한 방안을 다각적으로 검토하고 있었던 그였지만 더 좋은 방법이 무선 신호라고 생각하자 이를 적극적으로 권고하였던 것이다.[564]

레일리는 무선 신호의 경우 그것이 소리 신호와 마찬가지로 공기를 통해서 전달되지만 소리 신호에 비해서 온도나 바람 같은 대기 조건에 훨씬 독립적이라는 장점을 가지고 있음을 지적하였다. 당시에 사용 가능한 적당한 장비를 구비하면 20 내지 30마일의 거리에서 확실하게

Investigated or Transmitted by Very Narrow Slits", *Phil. Mag.* 14(1907), 597쪽: *Scientific Papers*, #325, 420쪽.

564) 같은 글(*Scientific Papers*, #405), 398쪽.

신호를 전달할 수 있었기 때문이었다. 또한 안개 신호는 송신소의 거리나 방향 또는 둘 다에 관한 정보를 전해 줄 수 있어야 했다. 레일리는 이러한 목적을 달성하기 위한 제안도 빠뜨리지 않았다. 송신소에서 배까지의 거리의 추정은 수신되는 신호의 세기로 파악할 수 있었는데 정확성의 확보에 있어서 문제가 있었지만 방향은 2, 3도의 각도 이내에서 정확하게 송신소의 방향을 찾아낼 수 있었다. 사용되는 장비는 그렇게 복잡하지는 않았지만 큰 면적의 코일이 회전하기 위해 차지하는 공간이 큰 점이 흠이었다. 그러나 해안 송신소에 이런 장비를 설치하는 것은 그렇게 어려운 일은 아니었다. 일단 이렇게 송신 장비가 갖추어지면, 일정한 체계를 구축하여 배의 위치를 파악할 수 있도록 해야 했다. 육지에 들어오는 배는 자신의 위치를 알기 위해서 짧은 거리에서 무선 신호를 보낼 수 있고 그러면 육상의 통신원은 그 신호가 오는 배의 위치를 파악하여 이 위치를 배에 전달해 주게 되어 있었다. 이것이면 보통 충분한데 그렇지 않다면 배가 1, 2마일 더 진행한 다음에 그 배의 위치에 대한 고지를 다시 육상 송신소로부터 받으면 두 위치로부터 배의 속력과 진로를 파악하여 정확하게 그 배의 위치를 정해 주게 되어 있었다.[565]

이러한 방법에 대해서 레일리는 확신을 가지고 제안을 했지만 그것이 당장에 받아들여질 여건이 아니었기에 장차 육상 송신소에 어떤 개선을 고려할 때 꼭 참작되기를 희망했다. 레일리는 1917년에도 이러한 체계가 전쟁이 끝나는 대로 국립 물리 연구소(National Physical Laboratory)에서 테스트되기를 희망하였다.[566]

---

565) 같은 글, 399쪽.
566) Rayleigh, "Memorandum on Synchronous Signalling", *Report to Trinity House*(1717): *Scientific Papers*, #425, 513쪽.

위에서 살펴본 바와 같이 안개 신호에 대한 레일리의 연구의 대부분은 어떻게 하면 안개 속에서 되도록 멀리 강하게 신호를 도달하게 할 것인가에 모아졌다. 다양한 방법으로 소리를 멀리 전달하기 위한 연구가 진행되었고 소리의 전파를 방해하는 요소들에 대한 다각적 연구가 수행되었다. 더 나아가서 안개 신호를 대신할 수 있는 새로운 방법에 대한 탐구도 이루어졌다. 이런 과정 속에서 레일리는 자신의 음향학적 지식과 실험 능력을 실제적인 문제의 풀이에 충분히 활용할 수 있었고 연구를 위한 새로운 주제들을 얻어 새로운 발견에 도달할 수도 있었다. 그런 점에서 레일리의 트리니티 하우스에서의 연구 활동은 과학적 지식의 실제적 활용뿐 아니라 과학자 레일리에게도 많은 도움을 준 활동이었다.

(3) 대중 강의를 위한 실험 설계

영국 사회 내에서 과학 대중 강의는 오랜 전통을 가지고 있었다. 이미 영국 사회에서는 18세기부터 과학 대중 강의가 문화의 한 요소로서 향유되고 있었다. 어느 정도의 경제적 여유와 사회적 지위를 가진 계층에서는 음악회나 전시회에 가는 것처럼 과학 강의를 듣는 것이 문화적 활동이었다.567) 과학자의 입장에서는 대중에게 여러 과학적 현상에 대한 정보를 전달해 줌으로써 과학의 대중화를 통해 사회에 기여하는 것에도 의미가 있었지만 대중적 관심을 얻어냄으로써 기본적으로 과학 연구를 위한 후원을 얻어내려는 의도도 강했다. 과학자들이 재원을 가진 인사들에게 자신의 연구자로서의 능력과 연구 관심

---

567) 과학의 이러한 측면의 한 예를 아놀드 색크리, 「맨체스터의 문화적 배경 속에서의 과학」, 김영식 편, 『근대사회와 과학』(서울: 창작과 비평사, 1989), 94-140쪽.

사 등을 제시함으로써 그들로부터 후원을 얻어내는 것은 무엇보다도 중요했다.

그런 점에서 대중 강의에서 제시되는 과학의 내용은 참신한 최근의 연구를 반영하면서도 흥미롭고도 이해하기 쉬운 내용을 담아야 했다. 이런 목적을 충족시키기 위해서 신기한 볼거리를 제공하는 시범 실험이 대중 강의의 가장 핵심적인 요소가 되는 것은 당연했다. 그렇기 때문에 대중 강의에서 이루어지는 시범 실험은 일상생활에서 볼 수 없는 신기한 현상을 보여줌으로써 보는 이들의 호기심과 흥미를 자극하는 특성을 가져야 했다. 대중 강의자는 이러한 특성을 갖는 실험을 신중하게 선택했고 그것을 효과적으로 시연해 보일 방법을 연구했다.

레일리가 시범 실험을 수행할 기회는 영국 왕립 연구소(Royal Institution of Great Britain)의 자연철학 교수로 있었던 1884년에서 1905년 사이에 주어졌다. 런던의 앨버말 가(Albermarle Street)에 위치한 영국 왕립 연구소는 1800년에 미국인인 벤저민 톰슨(Benjamin Thompson, Rumford 백작)에 의해 가난한 사람들의 여건을 개선하고 위로를 증진시키려는 목적으로 설립되었다.[568] 이 기관은 물리학과 화학의 실험적 연구를 위한 실험실을 운영하고 대중들에게 과학적 연구 결과들을 제시하기 위한 강당(lecture theatre)을 구비하고 있었다. 패러데이가 전자기학과 전기화학에 관련된 중요한 실험들을 수행한 곳도 이곳 왕립 연구소였다. 뿐만 아니라 패러데이는 탁월한 능력을 발휘하여 유명한 금요일 저녁 강의와 어린이를 위한 크리스마스 강의를 전통으로 정착시켰다. 이러한 전통은 틴들이 패러데이의 뒤를 이으면서도 지속되었다.

---

568) 왕립 연구소의 역사에 대해서는 G. Caroe, *The Royal Institution*(London: John Murray, 1985)을 참조할 것.

318

표 8-1 레일리가 왕립 연구소에서 수행한 대중 강의 주제

연도	강의 수	강의 주제
1878	4	색
1887	6	소리
1888	6	실험 광학
1889	7	실험 광학(편광: 파동 이론)
1890	7	전기와 자기
1891	6	응집력
1892	6	물질: 정지 상태 & 운동 상태
1893	6	소리와 진동
1894	6	빛: 뉴턴의 광학적 발견을 특별히 참고하여
1895	6	파동과 진동
1896	6	빛
1897	6	전기와 전기 진동
1898	3	자연철학
1899	7	물체의 기계적 특성
1900	6	편광
1901	6	소리와 진동
1902	6	전기 분야의 발전
1903	6	빛: 그 기원과 본성
1904	6	스토크스의 생애와 연구
1905	3	광학의 논쟁점

출전: R. J. Strutt, *Life of John William Strutt*, 234-235쪽.

틴들이 건강상의 이유로 그만둘 수밖에 없었던 자리가 레일리에게 제시되었을 때 레일리는 이를 수락하였다. 자연철학 교수로서 레일리에게 부과된 임무는 매년 부활절 이전에 6회에 걸친 토요일 오후 강의와 1회의 금요일 저녁 강의를 담당하는 것이었다. 토요일 오후 강의는 모든 사람에게 열려 있는 강의였고 금요일 저녁 강의는 전문적인

연구를 반영하는 강의였다. 레일리는 대중 강의 준비를 위해 상당한
노력을 쏟았고 성공적으로 이 대중 강의를 치러냈다.[569] 이러한 시범
실험의 조건으로 중요하게 고려된 것은, 우선적으로 실내에서 실험이
가능해야 하며, 일상에서 벗어난 체험을 제공하며, 적당한 거리에서도
실험의 결과가 명확하게 확인되어야 하며, 그 현상의 원리에 대한 명
쾌하고 쉬운 설명이 가능해야 한다는 점 등이었다. 이러한 조건을 두
루 갖춘 실험을 설계하고 실행하는 과정에서 능숙하고 치밀한 레일리
의 실험가로서의 면모가 유감없이 발휘되었다. 레일리가 왕립 연구소
에서 수행한 대중 강의의 주제와 횟수를 표 8-1에서 볼 수 있다.[570]
레일리는 이 기간 중에 광학에 관련한 실험 다음으로 소리와 진동에
관한 실험을 많이 수행하였다. 구체적인 몇 가지 사례들을 살펴보기로
히겠다.

1901년과 1902년 사이에 대중적 관심을 불러일으키고 이해하기도
어렵지 않은 시범 실험을 기획하던 레일리에게 소리와 진동은 적절한
조건을 구비한 실험거리였다.[571] 그중에서도 가장 좋은 대상 중 하나

---

569) 시범 실험에 대해서 여러 가지 측면들을 상세하게 살핀 Charles Taylor
는 19세기 후반의 시범 실험에 대해서 소개하면서 틴들의 민감 불꽃
실험이나 노래하는 불꽃 실험은 자세하게 다루면서도 레일리에 대해서
는 아무런 언급을 하지 않았다. 그는 소리에 대한 시범 실험의 대표자
로 헬름홀츠와 쾨니히, D. C. 밀러에 대해서는 언급하면서 역시 레일리
에 대해서는 아무런 언급이 없었다. Charles Taylor, *The Art and
Science of Lecture Demonstration*(London: The Institute of Physics
Publishing, 1995), 29-40쪽.

570) 1878년의 강의는 왕립 연구소의 교수로 임명 요청을 받기 오래 전에
행해진 것이었고 두 번째 것은 틴들의 건강이 악화되어 강의를 맡을
수 없게 되자 레일리가 대신 맡았거나 임명 과정이 진행 중에 행해진
것으로 보인다. R. J. Strutt, 앞의 책, 234쪽.

571) Rayleigh, "Acoustical Notes Ⅵ", *Phil. Mag.* 2(1901), 280-285쪽:
Scientific Papers, #270, 550-554쪽.

는 강제 진동 현상이었다. 줄에 매달린 막대자석의 근처에 수직으로 세워진 회전축 주위를 회전하는 동일한 막대자석을 가져가면 줄에 매달린 막대자석을 진동시킬 수 있다. 레일리는 이 실험을 통해서 강제 진동과 연관한 아래의 4가지 특징적인 현상을 보일 수 있다고 생각했다. 첫째, 진동자의 진동수는 원래의 자연 진동수와 무관하고 강제력의 진동수로 결정된다. 둘째, 강제력의 진동이 진동자의 자연 진동수보다 느리면 진동자의 위상은 강제력의 위상과 일치한다. 셋째, 강제력의 진동이 진동자의 자연 진동수보다 빠르면, 진동자의 위상은 강제력의 위상과 반대가 된다. 넷째, 강제력의 진동수가 자연 진동수와 거의 비슷하면, 진동은 무한히 커진다.

이 네 가지 현상은 이미 오래전부터 알려져 있었던 것이었고 4번째 것을 제외하고는 이미 대중적인 강의에서 시범 실험으로 제시된 적이 있었다. 레일리는 거울이 부착된 자석을 실에 매달아 진동자로 사용하면 4번째 현상을 포함해서 모든 현상을 청중 앞에서 보여줄 수 있다고 생각했다. 톱니바퀴 위에 장착된 자석을 손으로 돌려주고 그 근처에 거울이 달린 자석을 실에 달아 가져가면 이 실에 매달린 자석이 진동하게 되는데 이때 거울에 반사된 빛이 스크린의 눈금에 비추어지게 하면 진동을 쉽게 볼 수 있었다. 레일리는 손으로 돌리는 자석의 각속도를 메트로놈을 이용해서 조절해 주었고 자석을 매단 실의 비틀림 장력을 조절하여 자석의 자연 진동수를 분당 10회로 하였다.

첫째와 둘째 및 셋째 현상을 보여주기 위해서는 톱니바퀴 위에서 회전하는 자석의 회전수를 분당 8회로 해 주거나 12회로 해 주면 충분했다. 어떤 회전수로 하든지 실에 매달린 자석은 자신의 자연 진동수가 분당 10회임에도 불구하고 8회나 12회의 진동수로 진동함을 확인할 수 있었다. 손으로 회전시키는 자석을 분당 8회로 회전시키면 실에 매달린 자석은 회전하는 자석과 같은 위상으로 흔들리는 것을 곧 볼 수 있었고 손으로 회전시키는 자석을 분당 12회의 각속도로 회전시키면 이번에는 정반대의 위상으로 자석이 흔들리는 것을 확인할 수 있었다. 넷째 현상을 입증하기 위해서는 손으로 회전시키는 자석의 진동수를 10회로 유지하면 충분했다. 이렇게 하면 진동의 진폭이 점점 커지는 것을 관찰할 수 있었다.

이 실험은 일상적인 상식을 무너뜨릴 뿐 아니라 가시적인 볼거리를 제공하기 때문에 시범 실험으로서 적절했다. 레일리는 흔들리는 자석의 자연 진동수를 분당 10회 정도로 작게 설정하여 누구나 쉽게 진동을 볼 수 있도록 배려하였다. 이 실험이 진행되는 과정에서 자석에 부착된 거울에 반사되어 스크린에 생긴 상이 흔들리는 모습은 일상적으로 볼 수 없는 광경이었기에 관중의 호기심을 자극하기에 충분했을 것이다.

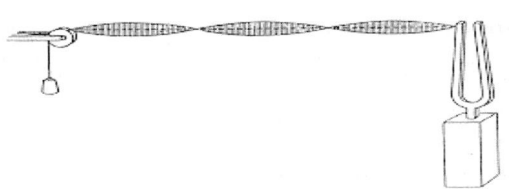

출전: Beyer, *Sounds of Our Times*, 135쪽.

그림 8-2 멜데의 진동

이 시기에 왕립 연구소에서 행해진 음향학 관련 시범 실험 중에는 '멜데(Melde)의 진동'으로 알려진 것이 있었다(그림 8-2). 이것은 전기로 진동하는 큰 소리굽쇠에 현을 부착시켜 진동하게 하는 실험이었다. 레일리는 전기에 의해 진동하는 소리굽쇠에 3m 길이의 수평으로 뻗은 현을 연결하고 진동이 잘 일어날 수 있는 장력으로 유지시켰다.

이때 현의 방향이 소리굽쇠의 진동 방향과 평행이 되도록 할 수도 있었고 수직이 되도록 할 수도 있었다. 수직으로 하면 강제 진동이 되어서 현의 진동수는 소리굽쇠의 진동수와 일치하였다. 현의 방향이 소리굽쇠의 진동 방향과 평행이 되면 소리굽쇠의 진동수의 2배의 진동수로 현이 진동하였다.[572] 그런데 이러한 진동을 쉽게 눈으로 볼 수 없다는 것이 이 실험이 대중 시범 실험이 되기 어려운 난점이었다. 이러한 현상을 직접 관중이 관찰할 수 있도록 하는 것이 이 시범 실험의 성패와 연관되었다. 여기에서 레일리의 용의주도한 실험가로서의 자질이 발휘되었다. 레일리는 소리굽쇠를 진동시키면서 일정한 간격을 두고 번쩍이는 불빛이 현을 비추도록 하였다. 이를 위해 레일리는 소리굽쇠를 진동시키는 데 사용하는 회로에 유도코일을 연결하여 소리굽쇠가 매번 최대 진폭에 도달하여 멈출 때마다 불빛이 번쩍이도록 만들었다. 그러면 현의 진동수가 소리굽쇠의 진동수와 같아질 때, 현은 고정되어 한 가닥으로 나타났다. 즉 현이 소리굽쇠의 진동 방향과 수직으로 연결되었을 때 한 가닥의 고정된 현의 모습을 볼 수 있었다. 그리고 현의 진동이 소리굽쇠의 진동보다 2배 빠를 때 현은 두 가닥이 고정되어 있는 모습으로 나타났다. 이것은 현이 소리굽쇠의 진동 방향과 평행하게 연결되었을 때 볼 수 있는 모습이었다. 이렇게 해서 레일리는 두 종류의 진동이 명쾌하게 다름을 관중들에게 보여줄 수 있었다.[573]

이 실험도 동일한 하나의 소리굽쇠에 의해 현을 진동시키는 실험이면서 현과 소리굽쇠의 놓여지는 각도에 따라서 다른 형태의 진동이

---

572) 이에 대한 이론적 연구는 Rayleigh, "On Maintained Vibration", *Phil. Mag.* 15(1883), 231−235쪽; *Scientific Papers*, #97, 189−193쪽에서 이미 이루어졌다.

573) Rayleigh, 앞의 글(*Scientific Papers*, #270), 551−552쪽.

나타난다는 것을 보여줌으로써 상식을 뛰어넘고 빠르게 진동하는 현이 정지되어 보이는 일상을 뛰어넘는 경험을 제공해 주는 점에서 시범 실험의 요건을 충족시켜 주었다. 레일리는 왜 그러한 현상이 일어나는지를 이론적으로 설명해 주고 그것을 실제로 보여줌으로써 강의자의 비범한 능력을 잘 드러낼 수 있었다.

레일리가 시범 실험으로 사용하기에 적당했던 또 다른 실험에는 소리의 회절과 간섭 실험이 있었다. 한 구멍을 통과하는 다른 파동의 줄기가 회절하면서 서로 간섭을 일으키는 것은 광학적인 현상으로 '호이겐스 대'(Huygens zone)로 알려졌다. 이러한 현상이 소리에서도 일어나는 것을 보여주는 것이 레일리의 목표였다. 이 실험을 시범 실험으로 사용하기 위해서는 국소적으로 음파의 도달 여부를 보여줄 수 있어야 했다. 갈릴레오의 망원경이 그랬듯이 소리를 듣는 것도 개별적인 사적 행위(private act)에 머물렀기에 이것을 공적 행위(public act)로 변환시킬 필요가 있었다.574) 이를 위해 민감 불꽃은 매우 요긴했다. 레일리는 인공 새소리 발생 장치와 민감 불꽃 사이에 원형 구멍이 뚫린 유리 스크린을 놓았다. 이때 구멍의 크기가 새소리의 파장, 스크린까지의 거리와 서로 적절하게 조정되면, 구멍의 중심으로부터 동심원상으로 제1 대와 제2 대가 만들어졌다. 제1 대를 통과한 소리와 제2 대를 통과한 소리가 서로 간섭을 일으켜 상쇄되는 점이 생겼고, 레일리는 이곳에 민감 불꽃을 놓음으로써 이곳에 도달하는 소리가 없다는 것을 불꽃의 상태로 보여줄 수 있었다. 중심 부분을 막든지 변두리 부분을 막든지 서로 반대의 위상을 가지고 불꽃에 도달하는 음파 중 한

---

574) 갈릴레오의 망원경 관찰이 사적 행위로 머문 반면에 태양의 흑점을 투영법에 의해 관찰하는 것은 공적 행위였다. Albert van Helden, "Telescope and Authority from Galileo to Cassini", *Osiris* 9(1994), 12쪽.

324

쪽이 차단되면 상쇄되던 소리는 되살아났다. 이로써 레일리는 관중에게 소리의 경우에도 빛의 경우와 마찬가지로 회절이 확실하게 일어난다는 것을 보여줄 수 있었다. 이 실험이 시범 실험으로 성공할 수 있었던 핵심적 요인은 민감 불꽃의 사용에 있었다. 소리를 검출하는 데 민감 불꽃을 사용함으로써 소리의 국소적 존재를 귀가 아닌 눈으로 확인할 수 있게 해 줌으로써 여러 명의 사람들이 동시에 실험 결과를 확인할 수 있었다. 전통적인 방법을 따라 소리의 유무를 귀로 직접 확인해야 했다면 이 실험은 시범 실험이 될 수 없었다. 민감 불꽃을 사용한 소리의 시각화가 이 실험을 시범 실험이 되기 위한 가장 중요한 요건을 충족시키는 데 기여했다. 관중은 소리를 '보는' 특이한 경험을 할 수 있었던 것이다.[575]

이와 같이 레일리는 자신이 성공적으로 수행한 음향학 관련 실험들을 관중이 보기에 적당한 형태로 구성하여서 제시하였고 이를 통해 과학에 대한 대중적인 관심을 환기시켰다. 이러한 시범 실험들은 레일리가 얼마나 이러한 실험적 기법에 있어서 능숙했는가를 드러내 주며 자신의 능력을 사용하여 대중에게 과학에 대한 인식을 널리 퍼뜨리는 데 얼마나 열심이었는가를 보여준다.

---

575) Rayleigh, "Interference of Sound", *Royal Institution Proceedings* 17(1902), 3쪽; *Scientific Papers* #273, 3쪽.

9

맺음말

19세기에 들어와서 소리에 관한 연구는 활발하게 진행되었다. 이들 연구는 악기 제작 및 조율, 종이나 기타 음향 기기의 제작같이 실용적인 목적에서뿐 아니라 순수하게 자연을 이해하려고 하는 지적 동기에서 추구되는 일이 많아졌다. 소리를 역학적 진동으로 취급할 때 음향학은 진동과 파동을 전반적으로 연구하는 수학 분야와 긴밀하게 연결되었고 매질의 진동을 다룬다는 이유에서 고체, 액체, 기체의 물성과 이들의 운동을 연구하는 동역학과 유체역학과 연결되었을 뿐 아니라 청음 이론과 연관하여 생리학 및 심리학과도 긴밀한 연관을 갖게 되었다.

소리에 대한 연구들을 포괄적으로 지칭하는 '음향학'이라는 용어는 이미 18세기부터 널리 사용되고 있었지만 19세기에 들어와서는 주로 실험적 탐구 활동을 지칭하는 것으로 사용되었다. 19세기를 거치면서 소리와 관련된 다양한 발견들이 '음향학자들'에 의해 계속 이어졌다. 그들은 소리에 관련된 다양한 현상들을 관찰하고 실험하여 탐구하고 정리하는 베이컨적 프로그램을 수행하고 있었다. 이들에는 사바르, 콜

라돈, 패러데이, 레이놀즈, 휘트스톤, 리사주, 틴들, 쾨니히, 메이어 등
이 속해 있었다. 이들은 음향학적 관찰과 실험에 주로 종사하였고 음
향학적 문제들에 대해서는 거의 수학적 기술이나 설명을 시도하지 않
았다. 19세기 내내 이들에 의해 이루어진 경험적, 실험적 연구들은 상
당히 큰 진척을 보였고 이들의 연구 성과는 19세기 후반에 틴들의
『소리에 관하여』 같은 저술에 잘 정리되었다. 이들에게 음의 세계는
자연의 다양한 양상 중 한 측면이었고 이들은 그러한 현상들을 되도
록 자세하게 살피고 관찰해서 보편적인 이해에 도달하려는 귀납적 탐
구를 지속하고 있었다.

그러나 이들과는 별도로 수학적인 방법을 써서 소리의 발생과 전달
에 관한 이론적 연구를 수행한 이들이 존재했다. 이들 중에는 달랑베
르, 오일러, 라그랑주, 푸아송, 제르맹, 옴, 기르히호프, 언쇼(Samuel
Earnshaw) 등이 속했다. 이러한 수학적 이론가들은 '음향학자들'이라
기보다는 '수학자들'이었다. 이들은 광범위하게 수학적 문제들을 풀어
가는 과정에서 소리와 관련된 문제들도 그중에 포함시켰다. 이들은 좀
처럼 실험적 연구를 통해서 새로운 음향학적 사실들을 발견하는 활동
을 하지 않았고 수학적 접근법을 써서 진동의 문제를 풀어내려 하였
다. 특히 18세기 동안 해석학이 발전하면서 해석적 방법에 의해 소리
와 관련 있는 진동의 문제들이 다루어졌다. 이들의 연구는 수학 자체
논리를 따라 전개된 것으로 이론적 전개가 경험 및 실험적 발견들과
긴밀하게 연결되지 않았다. 그러므로 수학자들의 경우에는 음향학이란
연구 분야에 종사한다는 의식 없이 일반적인 역학적인 문제를 수학적
으로 풀어내려는 활동 속에서 음향학적 진동의 문제를 다루었다.

그러므로 소리에 관련된 연구는 19세기 중반까지 단일한 연구 분야
를 형성하고 있지는 않았다. 19세기 중반까지 열, 전기, 자기 등에 대

328

한 실험적 연구를 수행하던 다른 분야들이 신속히 수학화의 과정을 거치면서 물리학이라는 단일한 분야에 편입되었던 반면에 소리에 관련된 분야는 19세기 중반까지 몇몇 고체 진동의 문제와 공기 진동의 문제를 제외하고는 실험적 현상들에 대한 수학적 설명이 광범위하게 이루어지지 않음으로써 수학화가 지체되었다. 19세기 중반까지 음향학에서 많은 실험적 발견들이 있었지만 그에 대한 정성적 수준의 설명을 뛰어넘어 동역학 이론에 입각한 수학적 기술이나 설명은 제대로 이루어지지 않았다.

19세기 후반에 이러한 음향학의 성격을 근본적으로 변혁시키는 데 있어서 주도적인 역할을 담당한 사람은 헬름홀츠와 레일리였다. 그들은 실험 음향학의 연구 전통에 속하여 끊임없이 음향학 실험에 종사했으며 동시에 탁월한 수학적 능력을 바탕으로 음향학적 진동을 수학적으로 해석해 내려는 노력을 병행했다. 헬름홀츠는 생리학자로서 1850년대부터 음향학적 문제에 관심을 갖기 시작하였고 그의 연구의 핵심적인 내용은 1862년에 출판된 『음의 감각』으로 모아졌다. 그는 결국 생리학자였기 때문에 음의 감각에 관련된 문제를 푸는 데 자신의 관심을 집중시켰고 이러한 문제의 해결을 위해서 그는 음의 본성에 대한 수학적 및 실험적 연구를 수행하였다. 그가 몸담고 있었던 생리학 분야는 좀처럼 수학적 취급이 시도되지 않는 분야였지만 헬름홀츠는 동료였던 뒤 부아 레이몽(Du Bois Reymond), 브뤼케(Ernst Brücke)와 함께 생리적 세계의 물리적 환원에 대한 확신을 가지고 있었기에 생리학적 문제를 취급하면서 물리적 방법을 적극적으로 채택하였다. 이런 점에서 헬름홀츠의 음향학 연구는 탁월한 수준에 도달함으로써 생리학계와 물리학계로부터 모두 주목을 받았다. 대학에서 생리학자로서의 경력밖에 없었던 헬름홀츠가 1871년에 베를린 대학의 물리학 교수좌를 맡게 된 것은 생리학자로서 활동하는 중에 이룩한 음향학적 탐구 활동에 물리적인 방법을 적극적으로 채택한 데서 상당 부분 비롯되었다.[576] 헬름홀츠는 청음의 문제를 취급하면서 당시의 생리학자들과는 달리 음의 본성에 대한 물리적인 탐구 활동을 수행함으로써 폭넓은 물리 음향학의 문제에 관심을 가졌고 이러한 현상들에 대하여 수학적 기술을 시도함으로써 음향학 연구의 새로운 전통을 열었다. 헬름홀츠는 이후의 생리적 및 물리적 음향학자들이 관심을 가지고 연구할 수 있는 많은 현상을 발견했을 뿐 아니라 음향학적 현상을 경험의 세계에 종속시키는 실험 도구를 고안하였고, 더 나아가 현상과 도구의 작동을 설명하는 수학적 이론을 제시함으로써 19세기 이후 음향학의 진로에 중대한 영향을 미쳤다.

그러나 헬름홀츠는 그의 책 『음의 감각』에서 음향학적 현상에 대한 자신의 수학적 연구 성과들을 책의 본문에 집어넣지 않고 모두 부록으로 돌렸다. 이는 헬름홀츠가 그의 책이 음향학에 관심을 갖는 이들에게 읽힐 것을 감안했을 때, 이 분야의 종사자들이 수학적 접근법에 친숙하지 않다는 것을 잘 인식하고 있었기 때문이었다. 그는 수학적으로 접근한 음향학 현상을 제대로 소화해 줄 학문적 여건이 아직 미성숙했다고 판단했다. 이러한 헬름홀츠의 판단은 옳았다. 음향학 연구자들의 대부분은 1860년대에 들어와서도 실험적 탐구 활동을 수행하는 데 치중했으며 이에 관한 정성적 설명 이론을 제시했을 뿐 이에 대한 수학적 기술에 대해서는 별로 관심을 기울이지 않았다. 그들에게 음향학은 여전히 새로운 현상을 수집하여 정리하는 자연사적 실험 분야였

---

576) 이에 관해서는 구자현, 「헬름홀츠의 생리학 연구의 특성과 청각의 공명 이론」(서울대학교 석사 학위 논문, 1995), 17-39쪽에서 자세하게 다루고 있다.

다. 그들은 이 분야의 수학화에 대한 관심이 별로 없었거나 그럴만한 수학에 대한 훈련을 받지 못했다. 이들에게 수학적 언어로 음향학을 설명하는 것은, 자신의 책의 목적을 달성하기에 합당하지 않다는 것이 헬름홀츠의 판단이었을 것이다.

그러나 10여 년이 지난 후 레일리는 처음부터 그의 저술을 수학적 능력을 구비한 전문가들을 겨냥하여 집필하였다. 그는 케임브리지 수학 우등졸업시험의 시니어 랭글러로서 탁월한 수학 실력을 갖추고 있었고 선배들처럼 수학적 탐구 영역에서 두각을 드러낼 수 있었다. 그러나 그는 실험적 연구에도 관심이 많았기 때문에 처음부터 실험과 수학적 설명 모두에 관심을 가지고 음향학 연구에 임했다. 이런 연구 스타일은 그를 음향학 연구로 끌어들인 헬름홀츠의 『음의 감각』을 읽은 것에서 큰 영향을 받았다. 그는 헬름홀츠가 그랬던 것처럼 실험적 연구와 더불어 이미 발견된 음향학적 현상들에 대한 수학적 이론화 작업에 적극적으로 임했다. 그러나 그가 헬름홀츠와 달랐던 것은 그는 실험적 음향학 연구자들을 대상으로 하는 것이 아니라 수학적 능력을 구비한 독자를 대상으로 음향학 책을 쓰기로 작정한 점이었다. 이러한 작업이 돈킨에 의해 시도되었지만 그것은 시작에 불과하였고 미완으로 끝을 맺었기에 레일리는 그러한 작업을 스스로 완성하기로 작정하였다. 그리하여 나오게 된 책이 『음향 이론』이었다.

레일리는 이 책에서 소리 현상에 관련된 선행 연구자들의 수학적 취급을 망라하였고 거기에 자신의 독특한 연구들을 함께 배치했다. 이것들은 단순한 나열이 아니라 일관된 체계를 가지고 제시되는 과정에서 이해되기 쉬운 형태로 변형됨으로써 그 자체가 독특한 가치를 지니게 되었다. 뿐만 아니라 레일리는 좀처럼 수학자들이 관심을 기울이지 않던 19세기에 이루어진 많은 음향학적 현상들의 발견과 관련된 논의들을 조목조목 제시하였다. 그는 수학적 이론이 실험적 연구 결과와 긴밀히 연관됨으로써 이 분야의 연구가 완전해질 수 있다는 생각을 가졌지만 기존의 연구 상황이 이러한 연결을 쉽게 해 주지 않았기 때문에 많은 경우에 『음향 이론』에서는 이론적 논의와 무관한 실험적 논의의 제시, 순수한 이론적 논의의 제시, 이론적 논의를 따른 실험적 예측, 광범위한 진동 및 파동 이론의 전개와 비음향학적 실험 결과의 제시 등이 이루어졌다. 이로써 이 책은 음향학 분야뿐 아니라 물리학 전반에 걸쳐서 중요한 이론적 기초를 제공하였고 수학적 접근법과 실험적 접근법이 어우러진 단일한 '음향학'의 이미지를 널리 전파시켰다.

이러한 레일리의 이론적 연구 성향은 『음향 이론』 이후에도 지속되었다. 이 책의 첫 출판 이후 40년간 이어진 레일리의 음향학 연구에서 레일리는 상당히 많은 수학적 문제를 취급하였다. 이러한 연구들은 수학적으로 상정할 수 있는 모든 이상적인 상황에 대한 취급들, 경험적 발견을 이론적으로 설명하기 위한 관심, 라그랑주의 방정식을 이용한 독특한 해석적 방법의 광범위한 사용, 경험적 사실과 일치로서 정당화될 수 있는 광범위한 근사의 채용 등을 특징으로 한다. 이로써 레일리는 실험이 주종을 이루던 음향학 분야를 확고한 수학적 이론의 토대 위에 세움으로써 물리 음향학을 명실상부한 물리학의 한 분야로 만들었다.

레일리가 그의 음향학 이론적 연구에서 지속적으로 보여준 음향학적 현상의 수학화의 작업은 철저하게 케임브리지에서 훈련받은 수학적 방법을 채택하여 이루어졌다. 레일리는 케임브리지의 수학 코치였던 라우스 문하에서 수학 우등졸업시험을 겨냥해서 엄밀하지는 않지만 실제적 문제를 풀기에 탁월한 능력을 발휘할 수 있는 응용수학을 훈련받았다. 이는 주로 해석학적 접근법을 써서 문제를 취급하는 기술

로써 19세기 후반 뛰어난 케임브리지 출신의 물리학자들에 의해 널리
채용되었던 방법이었다. 이러한 기반이 레일리의 수학적 음향학의 힘
의 근원이었다.

이러한 레일리의 음향학적 현상에 대한 수학적 해석 작업은 실험과
이론에 대한 레일리의 일반적인 태도를 반영한다. 레일리는 실험을 통
해서 자연의 사실을 수집한다고 보았고 이렇게 수집된 정보에 대해서
는 이론적 가공을 거쳐야만 체계화된 지식이 될 수 있다는 입장이었
다. 그러므로 레일리는 다양한 음향학자들에 의해 얻어진 경험적 관찰
들은 개별적 사실의 집합으로 산만한 정보의 덩어리일 수밖에 없지만
그것이 이론적 과정을 거쳐서 수학적으로 기술될 때 도구의 작동 원
리나 현상의 발생 원리가 상호 연결됨으로써 수학을 통해서 일관된
체계를 형성하게 된다고 간주했다. 이러한 목적에서 레일리는 이론적
연구 과정에서 자신과 타 연구자의 실험에서 취급하였던 다양한 도구
나 현상에 대하여 관심을 가졌으며 이론적으로 얻어진 결과를 실험
결과와 비교하여 두 값이 용인될 수 있는 정도로 일치함을 보임으로
써 실험이나 이론의 정당성을 확보할 수 있는 것으로 믿었다.

그러나 레일리의 모든 이론적 작업이 꼭 실험과 연관하여 이루어진
것은 아니었다. 상상할 수 있는 계라면 그것이 실험적으로 실현이 가
능하지 않다 하더라도 레일리에게는 이론적 탐구의 대상이 되었다. 이
러한 이상적인 계의 특성에 대한 레일리의 탐구는 레일리의 이론적
체계의 보편성을 획득하기 위한 노력의 일환으로서 의미가 있었다. 레
일리는 음향학적 현상을 역학적 법칙에 지배받는 동역학의 연장선상
에 놓기를 도모했고 발음체의 진동뿐 아니라 공명하는 현이나 관 또
는 기주나 액주, 소리의 전달과 반사, 회절, 간섭에 이르기까지 모든
음향학적 현상들을 보편적인 동역학적 원리에 바탕을 두어 풀어낼 수

있는 문제들로 만들기를 희망했다. 레일리는 넘치는 열정으로 오랜 기간에 걸쳐 이러한 작업을 수행함으로써 다른 어떤 연구자도 이룩하기 힘든 탁월한 공적을 이론 음향학에서 쌓았다.

레일리의 음향학 연구의 성과와 성격을 살필 때 그가 또한 탁월한 실험 연구자였다는 사실을 간과할 수 없다. 이는 기본적으로 레일리가 실험 음향학의 전통에 속해서 실험적 연구를 통해 음향학에 관심을 갖게 되었던 점과 깊은 관계를 갖는다. 레일리는 평생을 음향학 실험에 종사하였으며 자신의 실험실에서 제작한 조잡해 보이는 기구들을 사용해서 중요한 실험적 발견들을 이루어냈다. 레일리의 실험 음향학의 연구는 초기에 헬름홀츠나 틴들의 연구에서 상당한 힌트를 얻어 진행되었다. 레일리는 이들의 연구를 재현하고 이들이 고안한 도구들을 개량하여 수행한 실험을 통해서 새로운 현상들을 찾아냈다.

레일리는 끊임없이 이어진 도구의 개선을 통하여 조절 가능한 음원을 만들어 냈다. 그는 노래하는 불꽃을 확실한 순음 발생 장치로 만들었고 열에 의한 발음 장치를 대규모로 재현해 냈다. 무엇보다도 레일리는 인공 새소리 발생 장치를 만들어 초음파를 비롯한 짧은 파장의 소리를 만들어 내어 실험에 사용함으로써 통제 가능한 실험실용 순음 발생 장치의 장을 열었다. 또한 소리의 가시화를 위한 장치로서 민감 불꽃을 개선하였으며 민감 분사물의 개선을 위해서도 노력하여 그 특성을 이해하는 데 상당한 성과를 거두었다. 이와 같은 순음의 통제된 발생과 가시화된 소리 검출 장치의 사용은 음에 대한 인간의 통제력을 향상시킴으로써 실험 음향학에 중요한 기여를 했다.

또한 실험 음향학을 엄밀 과학으로 승격시키려는 레일리의 노력은 정밀한 진동 실험을 보장해 주는 조속기인 소리 바퀴의 고안과, 소리의 진동 세기를 명주실에 매달린 작은 거울에 반사되는 빛을 이용해

잴 수 있는 공기 진동 세기 측정 장치의 고안으로 결실을 맺었다. 또한 레일리는 1879년에 침묵점의 위치가, 소리를 귀로 들을 때와 민감 불꽃으로 감지할 때 어떻게 달리 파악되어야 하는지를 밝혀 이에 대한 사바르의 오해를 해결했고 패러데이에 의해 연구되었지만 매티슨에 의해 그 해석에 의문이 제기되었던 잔물결통의 진동 실험을 1883년에 엄밀하게 수행하여 패러데이의 관찰을 확정해 주었다. 특히 소리의 방향 지각에 대한 꾸준하고도 지속적인 관심 속에서 이룩해 낸 실험적 및 이론적 성과들은 심리 음향학 분야에서 선구적인 업적으로 평가받아 마땅하다. 그는 이론적 고찰을 바탕에 두고 사려 깊게 도구들을 조직함으로써 다른 연구자들이 찾아내지 못했던 진동수 대역에 따라 달라지는 소리의 방향 지각 메커니즘을 찾아냈다.

그 밖에 레일리의 실험 음향학 연구를 통해서 발견될 수 있는 몇 가지 흥미로운 특징들이 있다. 우선적으로 레일리는 특별히 소리굽쇠와 공명기에 지대한 관심을 기울였으며 이것들을 이해하고 변형하여 이들 도구의 유용성을 더욱 확장시켰다. 또한 레일리의 음향학 실험들은 종종 소리와 빛과의 유비 관계에 입각하여 이루어졌다. 이를 통해 소리의 직진, 반사, 회절, 간섭의 법칙을 실험적으로 확증하려는 노력들이 이어졌고 짧은 파장의 음파를 만들어 내고 검출함으로써 레일리는 성공적으로 목적을 달성할 수 있었다. 또한 레일리는 실험 음향학에서 얻어진 지식이 여러 가지 측면에서 실용적으로 사용되기를 원했다. 그는 실험 음향학적 지식을 악기의 원리의 이해나 개선을 위해 사용했으며 트리니티 하우스의 과학 고문으로서 안개 신호를 개선하는 데 자신의 음향학적 전문 지식을 활용하였고 왕립 연구소에서 수행한 강의에서 과학의 대중화의 목적을 달성하기에 적절한 시범 실험으로 음향학 실험들을 선택했다.

레일리의 이론 및 실험 음향학 연구들은 그 자체로서 이후 음향학의 진로에 중요한 영향을 미칠 수 있는 것들이었다. 레일리의 『음향 이론』이 발표된 이후에 영국 음향학계에서 레일리는 이론적 논의에 있어서 절대적 권위로 통하게 되었으며 실험적 연구에 있어서도 레일리의 『음향 이론』은 정보의 창고 역할을 하였을 뿐 아니라 독창적인 레일리의 실험적 기여들이 이후 연구자들의 실험 연구에서 여러 가지로 응용되었다. 이로써 레일리는 음향학이 이론적 연구와 실험적 연구를 포함하는 소리에 관련한 단일한 연구 분야라는 인식을 널리 퍼뜨렸다.[577] 이런 점에서 레일리의 음향학 연구의 성과와 성격은 음향학의 진로에 지속적이고 중대한 영향을 미쳤다고 할 수 있다.

---

577) 그러나 음향학이 독립된 학회를 얻게 되는 것은 1928년에 미국 음향학회(Acoustical Society of America)의 설립을 통해서였다. 미국 음향학회의 설립은 단일한 연구 분야로서의 물리학의 일부가 된 음향학이 물리학에서 갈라져 나오는 과정으로 이해할 수 있다. 미국의 음향학자들은 1920년대에 미국 물리학회(American Physical Society)에서의 자신들의 연구 발표가 물리학자들 사이에서 별로 관심을 끌지 못하게 되자 따로 학회를 만들었다. 이는 주류 물리학자들의 관심사가 새로 태어나는 분야인 상대성 이론이나 양자 역학과 관련된 논의에 집중되었기 때문에 음향학처럼 고전적인 취급이 주종을 이루는 분야는 큰 관심을 끌지 못하게 되었기 때문이었다. Beyer, *Sounds of Our Times: Two Hundred Years of Acoustics*(New York: Springer-Verlag, 1999), 232쪽.

※ 참고문헌 ※

◆ 1차 사료

Barton, E. H., "On Spherical Radiation and Vibrations in Conical Pipes", *Phil. Mag.* 15(1908), 69–81.

Blaikley, D. J., "Experiments on the Velocity of Sound in Air", *Phil. Mag.* 18(1884), 328–334.

Burton, Charles V., "On Plane and Spherical Sound–Waves of Finite Amplitude", *Phil. Mag.* 35(1893), 317–333.

_____, "Some Acoustical Experiments", *Phil. Mag.* 39(1895), 447–453.

Chladni, E. F. F., *Traité d'Acoustique*. Paris: Courcier, 1809.

Chree, C., "Longitudinal Vibrations in Solid and Hollow Cylinders", *Phil. Mag.* 47(1899), 333–349.

Donkin, W. F., *Acoustics*. London: Macmillan and Co., 1870.

Dvorák, V., "On Acoustic Repulsion", with a Note by A. M. Mayer, *Phil. Mag.* 6(1878), 225–233.

Earnshaw, Samuel, "On the Mathematical Theory of Sound", *Phil. Trans.* 150(1858), 133–148.

Everett, J. D., "On Resultant Tones", *Phil. Mag.* 41(1896), 199–207.

Faraday, Michael, "On a Peculiar Class of Acoustical Figures and on Certain Forms Assumed by Groups of Particles upon Vibrating Elastic Surfaces", *Phil. Trans.* (1831), 299–318.

Garrett, C. A. B., "On the Lateral Vibration of Bars", *Phil. Mag.* 8(1904), 581–590.

Gregory, W. G., "On a Method of Driving Tuning–Forks Electrically", *Phil. Mag.* 28(1889), 490–492.

Helmholtz, Hermann von, *On the Sensations of Tone as a Physiological Basis for the Theory of Music*, trans. A. J. Ellis. New York: Dover, 1954.

Kelvin, Lord, "Continuity in Undulatory Theory of Condensational – Rare–Factional Waves in Gases, Liquids, and Solids, of Distortional Waves in Solids, of Electric Waves in All Substances Capable of Transmitting Them, and of Radiant Heat, Visible Light, Ultra Violet Light", *Phil. Mag.* 46(1898), 494–500.

Koenig, K. R., "On Manometric Flames", *Phil. Mag.* 45(1873), 1–18, 105–14.

_____, *Quelques expériences d'acoustique.* Paris: 1882.

LeConte, John, "On Sound–Shadows in Water", *Phil. Mag.* 13(1882), 98–112.

Lindsay, R. B. ed., Acoustics: *Historical and Philosophical Development.* Stroudsburg, Pennsylvania: Dowden, Hutchinson and Ross, 1972.

Love, A. E. H., *A Treatise on the Mathematical Theory of Elasticity*, 4th ed. New York: Dover Publications, 1944.

Low, Webster, "On the Velocity of Sound in Air, Gases, and Vapours for Pure Notes of Different Pitch", *Phil. Mag.* 38(1894), 249–265.

Magnus, G. "Hydraulische Untersuchungen", *Annalen der Physik und*

Chemie 95(1855), 18ff; "Hydraulic Researches", *Phil. Mag.* 11(1856), 89–107, 178–197.

Maxwell, J. C., *A Treatise on Electricity and Magnetism*, vol. 1 and 2. New York: Dover Publications Inc., 1954.

Mayer, Alfred M., "Researches in Acoustics", *Phil. Mag.* 326(1875), 352 –365.

Myers C. S. and H. A. Wilson, "On the Perception of the Direction of Sound", *Phil. Trans.* 80(1908), 260–266.

Newton, Isaac., *Mathematical Principles of Natural Philosophy and his System of the World.* Berkeley: University of California Press, 1960.

Nicholson, J. W., "The Scattering of Sound by Spheroid and Disks", *Phil. Mag.* 14(1907), 364–377.

Peirce, Benjamin, *An Elementary Treatise on Sound.* Boston: James Munroe, 1836.

Rayleigh, 3rd Baron(Strutt, John William), *Scientific Papers by Lord Rayleigh.* New York: Dover Publication, 1964.

_____, "Remark on a Paper by Dr Sondhauss", *Phil. Mag.* 40(1870), 211–217; Scientific Papers, #4, 26–32.

_____, "On the Theory of Resonance", *Phil. Trans.* 161(1870), 77– 118; *Scientific Papers*, #5, 33–75.

_____, "Investigation of the Disturbance Produced by a Spherical Obstacle on the Waves of Sound", *Lond. Math. Soc. Proc.* 4(1872), 253–283.

_____, "On the Vibrations of a Gas Contained within a Rigid Spherical Envelope", *Lond. Math. Soc. Proc.* 4(1872), 93–103; *Scientific Papers*, #13, 138.

_____, "Investigation of the Disturbance Produced by a Spherical Obstacle on the Waves of Sound", *Lond. Math.. Soc. Proc.*

4(1872), 253−283: *Scientific Papers,* #14, 139−139.

_____, "Harmonic Echoes", *Nature* 8(1873), 319−320.

_____, "Some General Theorems Relating to Vibrations", *Proc. Lond. Math. Soc.* 4(1873), 357−368: *Scientific Papers,* #21, 170−181.

_____, "On the Fundamental Modes of a Vibrating System", *Phil. Mag.* 46(1873), 434−439: *Scientific Papers,* #25, 186.

_____, "Vibrations of Membranes", *Lond. Math. Soc. Proc.* 5(1873), 9−10: *Scientific Papers,* #26, 187.

_____, "On the Nodal Lines of a Square Plate", *Phil. Mag.* 46(1873), 166−171, 246−247.

_____, "Harmonic Echoes", *Nature* 8(1873), 319−320: *Scientific Papers,* #27, 188−189.

_____, "Vibrations of a Liquid in a Cylindrical Vessel", *Nature* 12(1875), 251: *Scientific Papers,* #37, 250.

_____, "On Waves", *Phil. Mag.* 1(1876), 257−279: *Scientific Papers,* #38, 251−271.

_____, "Our Perception of the Direction of a Source of Sound", *Nature* 14(1876), 32−33: *Scientific Papers,* #40, 277−279.

_____, "On the Application of the Principle of Reciprocity to Acoustics", *Proc. Roy. Soc.* 25(1876), 118−122.

_____, "Acoustical Observations Ⅰ", *Phil. Mag.* 3(1877), 456−464: *Scientific Papers,* #46, 314−321.

_____, "On Progressive Waves", *Proc. Lond. Math. Soc.* 9(1877), 21−26: *Scientific Papers,* #47, 322−327,

_____, "Absolute Pitch", *Nature* 17(1877), 12−14: *Scientific Papers,* #49, 331−335.

_____, "Note on Acoustic Repulsion", *Phil. Mag.* 6(1878), 270−271: *Scientific Papers,* #52, 342−343.

_____, "Uniformity of Rotation", *Nature* 18(1878), 111: *Scientific*

340

Papers, #56, 355−356.

_____, "On the Instability of Jets", *Proc. Lond. Math. Soc.* 10(1879), 4−13; *Scientific Papers*, #58, 361−371.

_____, "Acoustical Observations Ⅱ", *Phil. Mag.* 7(1879), 149−162; *Scientific Papers*, #61, 402−405.

_____, "On Reflection of Vibrations at the Confines of Two Media between which the Transition is Gradual", *Proc. Lond. Math. Soc.* 11(1880), 51−56; *Scientific Papers*, #63, 460−465.

_____, "On the Stability, or Instability, of Certain Fluid Motions", *Proc. Lond. Math. Soc.* 11(1880), 57−70; *Scientific Papers*, #66, 474−475.

_____, "On a New Arrangement for Sensitive Flames", *Camb. Phil. Soc. Proc.* 4(1880), 17−18; *Scientific Papers*, #70, 500.

_____, "Acoustical Observations Ⅳ", *Phil. Mag.* 13(1882), 340−347; *Scientific Papers*, #84, 95−102.

_____, "On an Instrument Capable of Measuring the Intensity of Aerial Vibrations", *Phil. Mag.* 14(1882), 186−187; *Scientific Papers*, #91, 132−133.

_____, "On Maintained Vibrations", *Phil. Mag.* 15(1883), 229−235; *Scientific Papers*, #97, 188−193.

_____, "On the Vibrations of a Cylindrical Vessel Containing Liquid", *Phil. Mag.* 15(1883), 385−389; *Scientific Papers*, #101, 212−219.

_____, "On the Crispations of Fluid Resting upon a Vibrating Support", *Phil. Mag.* 16(1883), 50−58; *Scientific Papers*, #102, 212−219.

_____, "On the Circulation of Air Observed in Kundt's Tubes and on Some Allied Acoustical Problems", *Phil. Trans.* 175(1883), 1−21.

_____, "Acoustical Observations V", *Phil. Mag.* 17(1884), 188−194;

Scientific Papers, #110, 268 – 275.

_____, "On Waves Propagated along the Plane Surface of an Elastic Solid", *Proc. Lond. Math. Soc.* 17(1885), 4 – 11: *Scientific Papers,* #130, 441 – 447.

_____, "Note on the Free Vibrations of an Infinitely Long Cylindrical Shell", *Proc. Roy. Soc.* 45(1889), 443 – 448: *Scientific Papers,* #155, 244 – 248.

_____, "On Bells", *Phil. Mag.* 29(1890), 1 – 17: *Scientific Papers,* #164, 318 – 332.

_____, "On the Instability of Cylindrical Fluid Surfaces", *Phil. Mag.* 34(1892), 177 – 180: *Scientific Papers,* #196, 594 – 596.

_____, "On the Cooling of Air by Radiation and Conduction, and on the Propagation of Sound", *Phil. Mag.* 47(1899), 308 – 314: *Scientific Papers,* #244, 376 – 381.

_____, "The Law of Partition of Kinetic Energy", *Phil. Mag.* 49(1900), 118: *Scientific Papers,* #253, 451.

_____, "Remarks upon the Law of Complete Radiation", *Phil. Mag.* 49(1900), 539 – 540: *Scientific Papers,* #260, 483 – 485.

_____, "Acoustical Notes VI", *Phil. Mag.* 2(1901), 280 – 285: *Scientific Papers,* #270, 550 – 554.

_____, "Interference of Sound", *Royal Institution Proceedings* 17(1902), 1 – 7: *Scientific Papers,* #273, 1 – 7.

_____, "On the Acoustic Shadow of A Sphere", *Phil. Trans.* 203A (1904), 87 – 110: *Scientific Papers,* #292, 149 – 165.

_____, "Shadow", *Royal Institution Proceedings,* Jan. 15(1904): *Scientific Papers,* #293, 166 – 172.

_____, "Dynamical Theory of Gases and Radiation", *Nature* 72, (1905), 54 – 55, 243 – 244: *Scientific Papers,* #305, 248 – 252.

_____, "On Our Perception of Sound Direction", *Phil. Mag.* 13(1907),

342

214 – 232; *Scientific Papers*, #319, 347 – 363.

_____, "Acoustical Notes Ⅶ", *Phil. Mag.* 13(1907), 316 – 333; *Scientific Papers*, #320, 366 – 368.

_____, "*On the Relation of the Sensitiveness of the Ear to Pitch, Investigated or Transmitted by Very Narrow Slits*", *Phil. Mag.* 14(1907), 350 – 359; *Scientific Papers*, #325, 419 – 425.

_____, "On the Perception of the Direction of Sound", *Proc. Roc. Soc.* A, 83(1909), 61 – 64; *Scientific Papers*, #337, 522 – 525.

_____, "Some Problems Concerning the Mutual Influence of Resonators Exposed to Primary Plane Waves", *Phil. Mag.* 29(1915), 209 – 222; *Scientific Papers*, #390, 279 – 290.

_____, "Aeolian Tones", *Phil. Mag.* 29(1915), 433 – 444; *Scientific Papers*, #394, 315 – 325.

_____, "The Cone as a Collector of Sound", *Advisory Committee for Aeronautics* T.(1915), 618; *Scientific Papers*, #400, 362 – 364.

_____, "The Theory of the Helmholtz Resonator", *Proc. Roc. Soc.* A 92(1915), 265 – 275; *Scientific Papers*, #401, 365 – 375.

_____, "Memorandum on Fog Signals", *Report to Trinity House* (1916); *Scientific Papers*, #405, 398 – 399.

_____, "On the Discharge of Gases under High Pressures", *Phil. Mag.* 32(1916), 177 – 187.; *Scientific Papers*, #408, 407 – 415.

_____, "On the Energy Acquired by Small Resonators from Incident Waves of Like Period", *Phil. Mag.* 32(1916), 188 – 190; *Scientific Papers*, #409, 416 – 418.

_____, "On the Attenuation of Sound in the Atmosphere", *Advisory Committee of Aeronautics*, August(1916); *Scientific Papers*, #410, 419 – 421.

_____, "Memorandum on Synchronous Signalling", *Report to Trinity House*(1717); *Scientific Papers*, #425, 513.

_____, "Note on the Theory of the Double Resonator", *Phil. Mag.* 36(1918), 231–234; *Scientific Papers*, #432, 549–551.

_____, *The Theory of Sound.* 2 vols. New York: Dover Publications, 1945.

Rayleigh and Arthur Schuster, "On the Determination of the Ohm [B. A. Unit] in Absolute Measure." *Proc. Roy. Soc.* 32(1881), 104–141; *Scientific Papers*, #79, 1–37.

Roberts, Joseph H. T. "On Transverse Vibrations of a String Maintained by Double Frequency", *Phil. Mag.* 23(1912), 931–936.

Scheibler, Johann Haunch, *Der physikalische und musikalishc Tonmesser.* Essen: G. D. Bädeker, 1834.

Schuster, Arthur, "Obituary Notice of Lord Rayleigh", *Proc. Roy. Soc. Lond.* A 98(1921), i–li.

Taylor, Mary, "On the Emission of Sound by a Source on the Axis of a Cylindrical Tube", *Phil. Mag.* 24(1912), 655–664.

Thomson, J. J. et al., "Lord Rayleigh. O. M., F. R. S. (A Collective Obituary)", *Nature* 103(1919), 365–368.

Thompson, Silvanus P., "Note on a Mode of Maintaining Tuning Forks by Electricity", *Phil. Mag.* 22(1886), 216–219.

Thomson, William and Peter Tait, *Treatise on Natural Philosophy*, Vol. 1. New Edition. Cambridge: Cambridge University Press, 1879.

Toepler, A., "On the Application of the Principle of Stroboscopic Disks to the Optical Analysis of Vibrating Bodies", *Phil. Mag.* 220(1867), 16–27.

Tyndall, John, *On Sound.* New York: Greenwood Press, 1969.

Weber, Ernst Heinrich und Wilhelm Weber, *Wellenlehre, auf Experimente gegründet oder über die Wellen tropfbarer Flüssigkeiten mit Anwendung auf die Schall–und Lichtwellen.* Leipzig: Gerhard Fleischer, 1825.

Wheatstone, Charles, *Scientific Papers of Sir Charles Wheatstone*. London, 1879.

Wilberforce, L. R., "On the Vibrations of a Loaded Spiral Spring", *Phil. Mag.* 38(1894), 386-392.

Young, Thomas *A Course of Lectures on Natural Philosophy and the Mechanical Arts*, 2 vols. London: Joseph Johnson, 1807.

◆ 2차 문헌

Anderson, Jr., John D. A., *History of Aerodynamics*. Cambridge: Cambridge University Press, 1997.

Ball, W. W. Rouse, A *History of the Study of Mathematics at Cambridge*. Cambridge: Cambridge University Press, 1889.

Becher, Harvey W., "Radicals, Whigs and Conservatives: the Middle and Lower Classes in the Analytical Revolution at Cambridge in the Age of Aristocracy", *British Journal of History of Science* 28(1993), 405-26.

Beyer, Robert T., *Sounds of Our Times: Two Hundred Years of Acoustics*, New York: Springer-Verlag, 1999.

_____, "Acoustic, Acoustics", *The Journal of the Acoustical Society of America* 98(1995), 33-34.

Boring, Edwin G., *Sensation and Perception in the History of Experi-mental Psychology*. New York: Appleton-Century-Crofts, 1942.

_____, *A History of Experimental Psychology*, 2nd. ed. New York: Appleton-Century-Crofts, 1950.

Brenni, Paolo. "The Triumph of Experimental Acoustics: Albert Marloye (1795-1874) and Rudolph Koenig(1832-1901)", *Bulletin of the*

Scientific Instrument Society 44(1995), 13–17.

Buchwald, Jed Z. *From Maxwell to Microphysics: Aspects of Electromagnetic Theory in the Last Quarter of the Nineteenth Century*. Chicago: The University of Chicago Press, 1985.

Cahan, David, ed. *Hermann von Helmholtz and the Foundations of Nineteenth–Century Science*. Berkeley: University of California Press, 1993.

Caneva, Kenneth L., *Robert Mayer and the Conservation of Energy*. Princeton: Princeton University Press, 1993.

Caroe, G., *The Royal Institution*. London: John Murray, 1985.

Crary, Johnathan, *Suspensions of Perception: Attention, Spectacle, and Modern Culture*. Cambridge: MIT Press, 1999.

Crowther, J. G., *The Cavendish Laboratory 1874–1974*. London and Basingstoke: Macmillan, 1974.

Dugas, René, *A History of Mechanics*. New York: Dover Publication, 1988.

Fowles, Grant R., *Introduction to Modern Optics*, 2nd ed. New York: Holt, Rinehart and Wiston, Inc. 1975.

Gavin, Sir William, *Ninety Years of Family Farming: The Story of Lord Rayleigh's and Strutt & Parker Farms*. London: Hutchinson, 1967.

Gillispie, Charles Coulston, ed. *Dictionary of Scientific Biography*. New York: Scribner, 1981.

Gooding, David, Trevor Pinch, Simon Schaffer, eds. *The Uses of Experiment: Studies in the Natural Sciences*. Cambridge: Cambridge Univ. Press, 1989.

Grattan–Guinness, Ivor, ed. *Landmark Writings in Western Mathematics 1640–1940*. Amsterdam: Elsevier, 2005.

Greenslade, Jr. Thomas B., "The Acoustical Apparatus of Rudolph

346

Koenig", *The Physics Teacher* 30(1992), 518-524.

Hacking, Ian, *Representing and Intervening: Introductory Topics in the Philosophy of Natural Science*. Cambridge: Cambridge Univ. Press, 1983.

Hankins, Thomas L., *Science and the Enlightenment*. Cambridge: Cambridge University Press, 1985.

_____, "The Ocular Harpsichord of Louis-Bertrand Castel: or, The Instrument That Wasn't", *Osiris* 9(1994), 141-156.

Hankins, Thomas L. and Robert J. Silverman, *Instruments and the Imagination*. Princeton: Princeton University Press, 1995.

Helden, Albert van, "Telescope and Authority from Galileo to Cassini", *Osiris* 9(1994), 9-24.

Harman, Peter, *Energy, Force, and Matter: The Conceptual Development of Nineteenth-Century Physics*. Cambridge: Cambridge University Press, 1982. 피터 하만, 『에너지, 힘, 물질: 19세기 물리학』 서울: 도서출판 성우, 2000.

Hong, Sungook, "Forging the Scientist-Engineer: A Professional Career of John Ambrose Fleming", 서울대학교 이학박사학위논문, 1994.

Hounshell, David A., "Elisha Gray and the Telephone: On the Disadvantages of Being an Expert", *Technology and Culture* 16(1975), 133-161.

Hunt, Frederick Vinton, *Origins in Acoustics: The Science of Sound from Antiquity to the Age of Newton*. New York: Acoustical Society of America, 1992.

Hunt, Bruce J., *The Maxwellians*. Ithaca and London: Cornell Univ. Press, 1991.

Jackson, Myles W. *Spectrum of Belief: Joseph von Fraunhofer and the Craft of Precision Optics*. Cambridge: MIT Press, 2000.

Jungnickel, Christa and Russell McCormmach, *Intellectual Mastery of Nature: Theoretical Physics from Ohm to Einstein*, 2 vols. Chicago: The Univ. of Chicago Press, 1986.

Kapranos, P., "The Sounds of Silence: An Historical Insight into the Development of Ultrasonics", *Insight* 40(1998), 439–443.

Kuhn, Thomas S., "Mathematical versus Experimental Traditions in the Development of Physical Science", *Journal of Interdisciplinary History* 7(1976), 1–31.

Kim, Dong-Won, The Emergence of the Cavendish School: An Early History of the Cavendish Laboratory, 1871–1900." Ph. D. Dissertation, Harvard University, 1991.

Koenigsberger, Leo, *Hermann von Helmholtz*. New York: Dover Publications, 1965.

Ku, Ja Hyon, "Rayleigh's Acoustical Research on the Fog Signal", *The Journal of the Acoustical Society of Korea*, 23(2004), 98–102.

Kuhn, Thomas S., *Black-Body Theory and the Quantum Discontinuity, 1894–1912*. Oxford: Oxford University Press, 1978.

Larsen, Russell D., "Lessons Learned from Lord Rayleigh on the Importance of Data Analysis", *Journal of Chemical Education* 67(1990), 925–928.

Lastra, James, Sound Technology and the American Cinema: Perception, Representation, Modernity. New York: Columbia University Press, 2000.

Lenoir, Timothy, "Helmholtz and the Materialities of Communication", *Osiris* 9(1994), 185–207.

Lindsay, R. B., "Strutt, John William, Third Baron Rayleigh", in Charles Coulston Gillispie, ed. *Dictionary of Scientific Biography*. New York: Scribner, 1972. vol. 13., 100–107.

_____, "The Story of Acoustics", *The Journal of the Acous-*

348

tical Society of America 39(1966), 629–643.

_____, *Lord Rayleigh, the Man and His Works.* Oxford–London: Pergamon Press, 1970.

Maley, V. Carlton, Jr., *The Theory of Beats and Combination Tones 1700–1863.* New York and London: Garland, 1990.

Miller, Dayton Clarence, *Anecdotal History of the Science of Sound: To the Beginning of the 20th Century.* New York: The Macmillan Company, 1935.

Pamela, H. Smith and Paula Findlen, *Merchants and Marvels: Commerce, Science, and Art in Early Modern Europe.* London: Routledge, 2002.

David Pantalony, "Rudolph Koenig's Workshop of Sound: Instruments, Theories, and the Debate over Combination Tones" *Annals of Science* 2005(62), 57–82.

Purrington, Robert D., *Physics in the Nineteenth Century.* New Brunswick, New Jersey and London: Rutgers Univ. Press, 1997.

Rossing, Thomas D., *The Science of Sound,* 2nd ed. New York: Addison–Wesley Publishing Company, 1990.

Siegel, Daniel M., *Innovation in Maxwell's Electromagnetic Theory: Molecular Vortices, Displacement Current, and Light.* Cambridge: Cambridge Univ. Press, 1991.

Smith, Crosbie and M. Norton Wise, *Energy and Empire: A Biographical Study of Lord Kelvin.* Cambridge: Cambridge University Press, 1989.

Sterne, Jonathan, *The Audible Past: Cultural Origins of Sound Reproduction.* Durham: Duke University Press, 2003.

Strutt, Robert John, *Life of John William Strutt, Third Baron Rayleigh, O. M., F. R. S.* London: Edward Arnold, 1924; 2nd augmented, Madison, Wisconsin, 1968.

Taylor, Charles, *The Art and Science of Lecture Demonstration*. London: The Institute of Physics Publishing, 1995.

Thompson, Emily, *The Soundscape of Modernity: Architectural Acoustics and the Culture of Listening in American, 1900－1933*. Cambridge: MIT Press, 2002.

Turner, R. S., "The Ohm－Seebeck Dispute, Hermann von Helmholtz and the Origins of Physiological Acoustics", *The British Journal for the History of Science* 34(1977), 1－24.

Ullmann, Dieter, *Chladni und die Entwickelung der Akustik von 1750－1860*. Basel: Birkhäuser Verlag, 1996.

Walker, D. P., *Studies in Musical Science in the Late Renaissance*. London: University of London, 1978.

Warner, D. J., "French Instruments in the United States", *Rittenhouse* 8(1993), 20－22.

Warwick, Andrew, "Cambridge Mathematics and Cavendish Physics: Cunningham, Campbell and Einstein's Relativity 1905－1911, Part I: The Uses of Theory", *Stud. Hist. Phil. Sci.* 23(1992), 625－656.

_____, "Cambridge Mathematics and Cavendish Physics: Cunningham, Campbell and Einstein's Relativity 1905－1911, Part II: Comparing Traditions in Cambridge Physics", *Stud. Hist. Phil. Sci.* 24(1993), 1－25.

_____, "The Laboratory of Theory or What's Exact about the Exact Sciences?" in Norton Wise, ed. *The Values of Precision*. Princeton: Princeton University Press, 1995. 311－362.

_____, "Exercising the Student Body: Mathematics and Athleticism in Victorian Cambridge", in Christopher Lawrence and Steven Shapin, eds. *Science Incarnate: Historical Embodiments of Natural Knowledge*. Chicago: Univ. of Chicago Press, 1998.

288 – 326.

_____, *Masters of Theory: Cambridge and the Rise of Mathematical Physics*. Chicago: University of Chicago Press, 2003.

Wilson, David B., "Experimentalists among the Mathematicians: Physics in the Cambridge Natural Sciences Tripos, 1851 – 1900", *Historical Studies of Physical Sciences* 12(1982), 325 – 371.

구자현, 「헬름홀츠의 생리학 연구의 특성과 청각의 공명 이론」, 서울대학교 이학석사학위논문, 1995.

_____, 「Rayleigh의 소리의 방향 지각 연구에 대한 과학사적 고찰」, 한국음향학회지, 21(2002), 695 – 702.

_____, 「레일리의 실험 음향학 연구의 성과: 도구의 개선과 정밀성의 증진」, 한국음향학회지, 22(2003), 113 – 120.

_____, 「19세기 영국 음향학의 특성 탐구: 음악과의 상호 작용을 중심으로」, 한국음향학회지, 25(2006), 72 – 77.

김영식 편, 『역사속의 과학』 서울: 창작과 비평사, 1982.

_____, 『근대사회와 과학』 서울: 창작과 비평사, 1989.

베버, 막스, 『음악사회학』 서울: 민음사, 1993.

임경순, 『현대 물리학의 선구자들』 서울: 다산출판사, 2001.

이상원, 「실험의 성격과 구조: 이론망에 기초한 인식적 접근」, 서울대학교 이학박사학위논문, 2000.

홀, 도날드 E., 『음악을 위한 음향학』(*Musical Acoustics*) 박관우, 안정모 역. 서울: 삼호출판사, 1990.

· 저자 ·

구자현   •약 력•
(具滋賢)
서울대학교 자연대학 물리학과 졸업
서울대학교 대학원 과학사 및 과학철학 협동과정 석사
서울대학교 대학원 과학사 및 과학철학 협동과정 박사
서울대, 건국대, 숭실대, 홍익대, 서울시립대, 성공회대, 숙명여대, 대전대에서 강의
현재 영산대학교 자유전공학부 조교수

•주요논저•

「British Acoustics and its Transformation from the 1860s to the 1910s」
「소리의 그늘, 반사, 간섭, 회절의 검출을 위한 레일리의 선구적 실험에 대한 연구」
「19세기 영국 음향학의 특성 탐구: 음악과의 상호 작용을 중심으로」
「Raylcigh's Acoustical Research on the Fog Signal」
「레일리의 실험 음향학 연구의 성과: 도구의 개선과 정밀성의 증진」
「Rayleigh의 소리의 방향지각 연구에 대한 과학사적 고찰」
「엘리스(Havelock Ellis)의 성심리학 연구」(공저)
『화염검의 언저리에서: 소설 속의 물리학은 재미있다』
『Landmark Writings in Western Mathematics 1640-1940』(공저)
『놀라운 발견들』(역서)
『과학과 종교, 상생의 길을 가다』(역서)
『Time: 시간여행 가이드』(역서)
『아인슈타인의 나의 세계관』(공역)
『천문학』(역서) / 『시간과 공간』(역서) / 『전기』(역서)
『탈 것』(역서) / 『날씨와 환경』(역서) / 『물질과 에너지』(역서) / 『우주』(역서)

레일리의 음향학 연구의
성격과 성과

• 초판 인쇄	2008년 1월 30일
• 초판 발행	2008년 1월 30일
• 지 은 이	구자현
• 펴 낸 이	채종준
• 펴 낸 곳	한국학술정보㈜
	경기도 파주시 교하읍 문발리 513-5
	파주출판문화정보산업단지
	전화 031) 908-3181(대표) · 팩스 031) 908-3189
	홈페이지 http://www.kstudy.com
	e-mail(출판사업부) publish@kstudy.com
• 등 록	제일산-115호(2000. 6. 19)
• 가 격	33,000원

ISBN   978-89-534-8065-0 93400 (Paper Book)
        978-89-534-8066-7 98400 (e-Book)